Georg Klemperer

Grundriss der klinischen Diagnostik

Georg Klemperer

Grundriss der klinischen Diagnostik

ISBN/EAN: 9783743361959

Hergestellt in Europa, USA, Kanada, Australien, Japan

Cover: Foto ©berggeist007 / pixelio.de

Manufactured and distributed by brebook publishing software (www.brebook.com)

Georg Klemperer

Grundriss der klinischen Diagnostik

GRUNDRISS

DER

KLINISCHEN DIAGNOSTIK.

VON

Dr. G. KLEMPERER,

Privatdocent an der Universität, Assistent der I. medicinischen Klinik.

Mit 56 Abbildungen.

BERLIN 1890.
VERLAG VON AUGUST HIRSCHWALD.
NW. UNTER DEN LINDEN 68.

Herrn

Geh. Med.-Rath Prof. Dr. E. Leyden

Director der I. medicinischen Klinik

zum 25 jährigen Kliniker-Jubiläum

am 6. April 1890

verehrungsvoll zugeeignet.

Vorwort.

In dem vorliegenden Büchlein sind die Regeln der medicinisch-klinischen Diagnostik so wiedergegeben, wie sie auf der Berliner I. medicinischen Klinik geübt werden, und wie ich sie selbst seit dem Beginn meiner Lehrthätigkeit in meinen Vorlesungen und Cursen vortrage.

Ich gebe nur wieder, was ich in glücklichen Lehrjahren empfangen, wenn ich dies anspruchslose Büchlein den Gaben der Verehrung zugeselle, welche an seinem klinischen Ehrentage meinem hochverehrten Chef von dankbaren Schülern dargebracht werden.

Berlin, 15. März 1890.

G. Klemperer.

Inhalts-Verzeichniss.

	Seite
Der Gang der diagnostischen Untersuchung	1
I. Anamnese und Allgemeinstatus	4
II. Diagnostik der acut-fieberhaften oder Infectionskrankheiten	13
Specielle Symptomatologie	17
III. Diagnostik der Krankheiten des Nervensystems	26
Specielle Symptomatologie	49
IV. Diagnostik der Krankheiten des Digestionsapparates	52
Diagnostik der Magenkrankheiten	56
Specielle Symptomatologie	65
Diagnostik der Krankheiten des Darms und des Peritoneums	66
Diagnostik der Leberkrankheiten	71
Specielle Symptomatologie	73
V. Diagnostik der Krankheiten des Respirationsapparates	75
Percussion des Thorax	82
Auscultation des Thorax	88
Untersuchung des Sputums	92
Specielle Symptomatologie	99
VI. Diagnostik der Krankheiten des Kehlkopfs	104
VII. Diagnostik der Krankheiten des Circulationsapparates	110
Lehre vom Puls	119
Specielle Symptomatologie	123
VIII. Untersuchung des Urins	125
IX. Diagnostik der Nierenkrankheiten	153

	Seite
Diffuse Nierenerkrankungen	153
Anderweitige Nierenerkrankungen	155
Untersuchung von Concrementen	157
X. Diagnostik der Stoffwechselanomalien	160
XI. Diagnostik der Krankheiten des Blutes	169
Specielle Symptomatologie	176
XII. Thierische und pflanzliche Parasiten	179

Die Abbildungen sind von Herrn Cand. med. Johannes Mann meist nach eigenen Präparaten gezeichnet, zu geringerem Theil nach älteren Präparaten und Abbildungen des Herrn Geheimrath Leyden. Herrn Mann sage ich auch an dieser Stelle meinen besten Dank für die sorgfältige Ausführung der Zeichnungen.

Der Gang der diagnostischen Untersuchung.

Das Endziel der praktischen Medicin ist die Heilung und Behandlung der Krankheiten. Die unumgänglich nothwendige Vorbedingung einer planmässigen Behandlung ist die Erkenntniss der vorliegenden Krankheit. Die Lehre von der Erkennung der Krankheiten ist die Diagnostik.

Eine vollständige Diagnose umfasst: 1. Die Benennung der Krankheit, d. i. die Einordnung derselben in eine bestimmte Krankheitsgruppe. 2. Die Erkenntniss des Stadiums, eventuell der Besonderheit oder der Complicationen der Krankheit. 3. Die Erkenntniss und Würdigung der zur Zeit bestehenden oder im weiteren Verlauf drohenden Gefahren.

Die Diagnose ist das Ergebniss der Krankenuntersuchung. Diese besteht aus Krankenexamen (Anamnese) und objectiver Untersuchung (Status praesens).

Man thut gut, in Anamnese und Status praesens sich an die Reihenfolge eines bestimmten Schemas zu halten, um keinem Irrthum durch Versäumniss ausgesetzt zu sein.

Folgendes Schema ist seit lange auf der I. medicinischen Klinik im Gebrauch:

Name, Alter, Stand. Datum der Untersuchung.

Anamnese.
1. Hereditäre Verhältnisse.
2. Kindheit, Menstruation.
3. Allgemeine Lebensverhältnisse, Beschäftigung.
4. Vergangene Krankheiten, Puerperien
5. Gegenwärtige Krankheit, ihre Prodrome und angebliche Ursache.

6. Die ersten Erscheinungen der Krankheit. (Fieberfrost? Subjective Beschwerden, Functionsstörungen.)
7. Verlauf der Krankheit bis heute.
8. Bis wann stieg sie an? War eine Besserung oder Nachlass?
9. Bisherige Behandlung.
10. Complicationen; Angaben des Patienten über die Hauptfunctionen, z. B. Schlaf, Appetit, Husten, Auswurf, Urin etc.; Kräftezustand, Ernährung, Aussehen.

Status praesens.
A. Allgemeiner Theil.
  I. Constitution. (Statur, Knochenbau, Muskulatur, Fettpolster.)
  II. Lage. (Active oder passive Rückenlage etc.)
  III. Gesicht
    1. Farbe.
    2. Ernährung.
    3. Ausdruck
    4. Blick.
  IV. Haut
    1 Farbe
    2. Exantheme, Oedeme, Narben, Decubitus.
    3. Beschaffenheit. (Trocken, feucht.)
    4. Temperatur und ihre Vertheilung
  V. Puls
    1. Frequenz, Rhythmus.
    2. Beschaffenheit der Arterie.
    3. Beschaffenheit der Pulswelle.
    4. Spannung der Arterie.
  VI. Respirationsfrequenz und Typus.
  VII. Auffällige Symptome.
  VIII. Klagen des Patienten.
B. Specieller Theil.
  I. Nervensystem.
    1. Sensorium. (Frei? Benommen?)
    2. Kopfschmerzen, Schwindel.
    3. Schlaf.
    4. Tremor.
    5. Delirien, abnorme Stimmungen.
    6. Sensibilitäts- und Motilitätsstörungen.
  II. Digestionsapparat.
    1. Lippen, Zunge.
    2. Rachen.
    3. Appetit
    4. Durst.
    5. Erbrechen.
    6. Stuhlgang.
    7. Palpation des Abdomens.

        8. Percussion des Abdomens.
        9. Aufblähung des Magens.
     10. Untersuchung des Mageninhalts.
III. **Respirationsapparat.**
    1. Rhythmus der Athmung.
    2. Bau des Thorax.
    3. Athembewegungen. (Frequenz, Typus, Ergiebigkeit Einseitigkeit.)
    4. Abnormitäten.
    5. Husten und Auswurf.
    6. Percussion.
    7. Auscultation.
    8. Bronchophonie.
IV. **Circulationsapparat.**
    1. Inspection der Herzgegend
    2. Inspection der grossen Gefässe.
    3. Palpation.
    4. Spitzenstoss.
    5. Percussion des Herzens.
    6. Auscultation des Herzens.
    7. Auscultation der grossen Gefässe.
V. **Urin.**
    1. Wilkürliche, schmerzhafte Entleerung?
    2. Menge in 24 Stunden.
    3. Specifisches Gewicht.
    4. Farbe, Trübung.
    5. Reaction.
    6. Eiweiss und Zucker.
    7. Sedimente, Formbestandtheile.

Anmerkung zum Schema. Der Anfänger thut gut, sich das Schema einzuprägen und stets die Reihenfolge desselben bei der Untersuchung innezuhalten. Der erfahrene Arzt gewinnt den Allgemeinstatus in wenig Augenblicken, während er gleichzeitig die anamnestischen Fragen an den Patienten richtet. Durch Anamnese und Allgemeinstatus wird meist die diagnostische Aufmerksamkeit auf bestimmte Organsysteme hingelenkt, mit denen man die Specialuntersuchung beginnt. Der als erkrankt befundene Organapparat wird mit der grössten Sorgfalt untersucht, bei den übrigen Organen begnügt man sich mit der Feststellung der Hauptpunkte.

I. Anamnese und Allgemeinstatus.

1. Anamnese. Die genaue Aufnahme der Anamnese ist von der grössten Wichtigkeit und kann oft für die Diagnose entscheidend sein.

Hereditäre Belastung ist besonders wichtig für die Diagnose der Phthisis und der Nervenkrankheiten. Früher überstandene Krankheiten können unmittelbare Ursachen der jetzigen sein: Scarlatina führt zu acuter Nephritis und zu Schrumpfniere; Gelenkrheumatismus zu Endocarditis (Klappenfehler). Wiederholte Bronchialkatarrhe und Asthma zu Volumen pulmonum auctum. Gewerbe und Beruf verursachen bestimmte Krankheiten: Bei Malern Bleikolik, bei Steinträgern Herzüberanstrengung, bei Trompetern Emphysem, bei Steinhauern und Müllern Phthise. Bestimmte Schädlichkeiten führen zu bestimmten Folgekrankheiten: Alkoholismus zu Lebercirrhose oder Debilitas cordis oder Neuritis. Bestimmte anamnestische Data sind von besonderer Bedeutung, z. B. Haemoptoe (Phthise), Haematemesis (Ulcus), anfallsweises Auftreten von Icterus (Gallenstein). — Bei der speciellen Symptomatologie werden die wichtigsten anamnestischen Beziehungen besprochen werden.

Für den Anfänger sei bemerkt, dass die Aufnahme der Anamnese oft die erste Berührung zwischen dem hilfesuchenden Patienten und dem Arzt bildet; der Ton und die Art der Fragen sei stets bei aller Bestimmtheit freundlich und geeignet Vertrauen einzuflössen.

2. Ernährungs- und Kräftezustand. Man erkennt den Ernährungszustand meist auf den ersten Blick: 1. am Gesicht (fett oder mager, von lebhafter oder bleicher Farbe, frische oder tiefliegende Augen, lebendiger oder fahler Blick), 2. am übrigen Körper (Fettpolster, Musculatur des Rumpfes, der Arme und Beine).

Der Ernährungszustand leitet die Diagnose zu einer bestimmten Gruppe von Krankheiten. Schlechter Ernährungszustand ist das Zeichen der kachektischen Krankheiten (Phthisis, Carcinom, Leukämie und Anämie, schwerer Diabetes). Guter Ernährungszustand bei längerer Krankheitsdauer spricht gegen kachektische Krankheiten. Acute Fieberkrankheiten verschlechtern den Ernährungszustand wegen der kurzen Dauer meist nicht wesentlich; dagegen führen die subacuten (Typhus, Meningitis) zu starker Abmagerung. Differentialdiagnostisch besonders wichtig ist der Ernährungszustand bei Lungenkrankheiten (Phthisis bei Kachektischen, Bronchialkatarrhe meist bei kräftigen Menschen) und bei Magenkrankheiten (Carcinom bei Kachektischen, Ulcus und Neurose meist bei gut genährten Individuen).

3. **Constitution und Habitus.** Durch den häufigen Anblick von Kranken lernt der Arzt gewisse Gesammteindrücke von einzelnen Krankheitsformen festzuhalten, aus dem er im gegebenen Falle auf den ersten Blick einen gewissen Krankheitsverdacht schöpft. Dieser Gesammteindruck setzt sich aus Ernährungszustand, Farbe, Haltung, Blick, Sprache etc. zusammen. Die Beurtheilung des Habitus ist von unleugbarem Werth, darf aber die sorgfältige Untersuchung nicht beeinträchtigen.

Habitus phthisicus bei Tuberculose. Blasses, oft durchgeistigtes Antlitz mit feiner Haut und circumscripter Wangenröthe; schlanker Hals; paralytischer Thorax. Magerer, schlanker Wuchs.

Habitus apoplecticus. Rundes, dunkelrothes, feistes Gesicht. Augen wässerig glänzend. Kurzer Hals; meist fassförmiger Thorax. Fetter Körper. Oft kurzer, schnaufender Athem. Bei Alkoholismus, Emphysem, Neigung zu Apoplexien.

Habitus neurasthenicus. Meist gut genährtes, ausdrucksvolles Gesicht. Augen intelligent, leidend, mit unstetem Ausdruck; Sprache oft hastig. Hypochondrisch und launisch, oft misstrauisch.

Es ist Sache der Erfahrung, den Krankheitshabitus zu erkennen. Ein gewisser Instinkt (der ärztliche Blick) ist hier oft massgebend, jedoch durch viele Uebung wohl zu ersetzen.

4. **Die Lage des Patienten,** welche sofort wahrgenommen wird, kann den Gesammteindruck des Krankheitsbildes beeinflussen. Bei Rückenlage achte man, ob der Patient wie ein Gesunder mit leichter Muskelspannung im Bett liegt (active Rückenlage) oder, der Schwere nachgebend, zusammengesunken, mit hochgerutschten Knien (passive Rückenlage). Die letztere ist stets ein Zeichen von Schwäche oder Collaps und von übler Vorbedeutung. Dauernde Seitenlage wird oft bei Affectionen einer Körperhälfte eingenommen (Pneumonie, Pleuritis, Bronchiektasen) und kann in solchen Fällen von diagnostischem Werth sein. Bauchlage in seltenen Fällen von Magengeschwüren.

Unruhige Lage (Jactatio, Agitatio). Zeichen des versatilen Fiebers (s. u.), oft Vorbote von Delirien (s. u.). Gleichzeitig mit der Wahrnehmung ist das Periculum solcher Zustände zu würdigen (Bewachung, Narcotica).

Sitzende Stellung, meist in Folge hochgradiger Dyspnoe = Orthopnoe. findet sich meist bei schweren Herzkrankheiten.

5. Tonus der Gesichtszüge, Gesichtsausdruck, Blick.

Die Beurtheilung des Gesichtsausdruckes ist von hohem diagnostischen Werth.

Facies composita der lebendige Ausdruck des verständnissvollen Mienenspiels. Facies Hippocratica oder decomposita das unbewegte, entstellte, seelenlose Antlitz in Bewusstlosigkeit und Agone.

Man gewöhne sich. den Zustand des Sensoriums aus den Gesichtszügen zu erkennen. Besonders in fieberhaften Krankheiten ist das von Werth. Unter diesen gehen Typhus abdominalis. Meningitis. Miliartuberculose mit benommenem Sensorium einher. Dabei ist der Blick wie verschleiert, ausdruckslos. das Gesicht stumpf und apathisch. Der Gesichtsausdruck solcher Kranken ist sehr charakteristisch; man kann ihn wohl auf den ersten Blick erkennen. Andere fieberhafte Krankheiten geben ein mehr turgescirtes, aber klares Aussehen.

Der Anfänger präge sich den Gesichtsausdruck seiner Kranken ein; das Studium der Physiognomik ist von zweifellosem diagnostischem Werth und wurde von den scharf beobachtenden alten Aerzten sehr gepflegt. Natürlich darf auch hierüber die genaue Untersuchung nicht vernachlässigt werden.

6. Die Färbung des Gesichts und der Körperhaut.

Auf die Hautfarbe ist in jedem Falle besonders zu achten; hierdurch wird oft die Diagnose wesentlich gefördert.

Die gewöhnliche Hautfärbung (mässig rothe Wangen, frischrothe Lippen, übrige Haut blassrosa) erlaubt nur negative diagnostische Schlüsse.

a) Rothfärbung des Gesichts (Echauffirtheit, starke Turgescenz, oft Schweiss und glänzende hervortretende Augen) ist meist ein Fiebersymptom. Hierdurch wird der Arzt sofort geleitet, nach den weiteren Fiebersymptomen zu forschen. (Doch denke man an die flüchtige Röthe der Erregung, der Scham etc.)

b) Abnorme Blässe (Pallor eximius), kreidebleiche

oder wachsgelbe Färbung der Wangen und der Körperhaut. Blässe der Lippen ist das Zeichen der Anämie. Hierbei hat man sich sofort die Frage vorzulegen, ob die Anämie secundär oder essentiell sei. Alle kachektischen Krankheiten führen bei längerem Bestehen zu secundärer Anämie. Erst nachdem durch die Organuntersuchung Phthisis, Carcinom, Amyloidentartung etc. ausgeschlossen ist, ist man berechtigt, auf Grund der abnormen Blässe essentielle Anämie zu diagnosticiren. Hierauf ist die Blutuntersuchung vorzunehmen (Cap. XI.) und danach die Differentialdiagnose zwischen Chlorose, Leukämie, Anämie, perniciöser Anämie zu stellen.

Plötzliches Eintreten abnormer dauernder Blässe unter Zeichen des Collapses spricht für innere Blutung (in Magen, Darm, Tube etc.).

c) Gelbfärbung (Icterus) ist das Zeichen des in der Haut abgelagerten Gallenfarbstoffes. 1. Hieraus ist in den meisten Fällen eine Lebererkrankung zu diagnosticiren. Gleich mit dem ersten Blick stellt der Arzt fest, ob das icterisch gefärbte Gesicht von guter Ernährung und leidlich gesundem Ausdruck oder schlechtgenährt und schwerleidend aussieht. Icterus mit gutem Ernährungszustand beruht meist auf Katarrh des Duodenums und der Gallengänge (Icterus simplex). Bei schwerem Krankheitszustand spricht man von Icterus gravis; derselbe ist durch schwere Leberaffectionen verursacht (Cap. IV.). 2. Ausser durch Lebererkrankungen wird Icterus hervorgerufen durch toxische Stoffe, welche die rothen Blutkörperchen zerstören (Vergiftung mit Phosphor, Arsenwasserstoff etc., schwere Sepsis).

d) Broncefärbung ist das Zeichen der Addison'schen Krankheit, welche wahrscheinlich auf einer Affection der Splanchnici und Nebennieren beruht und unter allmäliger Kachexie zum Tode führt. Charakteristisch sind braune Flecke auf der Schleimhaut des Mundes.

e) Cyanose (blaurothe Färbung). Wird am besten an den Lippen und den Fingernägeln erkannt. Sie beruht auf CO_2-Ueberladung des Blutes; diese wird verursacht: 1. Durch zu langsame Blutcirculation, durch Stauung. Cyanose ist ein wichtiges Zeichen von uncompensirter Herzkrankheit. 2. Durch Störung des Lungengaswechsels: a) Hinderung des Gaswechsels durch übermässige Ausdehnung des Abdomens (Tumoren, Ascites etc.). b) Durch Lungenkrankheiten. Diese pflegen indess erst in sehr vorgeschrittenen Stadien zur Cyanose zu führen, weil im Beginn und auf der Höhe der Erkrankung oft vicariirende Mehrathmung der gesunden Lungentheile stattfindet. Bei Pneumonie ist Eintritt von Cyanose mali ominis. Für **Miliartuberculose** ist Cyanose pathognostisch.

Locale Cyanose ist durch venöse Stauung (Thromben, Tumoren) bedingt. Im Gesicht oft durch Erfrierung.

7. Dyspnoe (behinderte Athmung, Lufthunger). Obwohl die Feststellung des Respirationsmodus zu der speciellen Untersuchung gehört, hat der Arzt doch sofort festzustellen, ob ruhiger Athem oder behinderte bezw. mühsame Athmung vorhanden ist.

Man unterscheide sorgfältig zwischen beschleunigter und behinderter Athmung. Einfach beschleunigte Athmung (über 24 Athemzüge in der Minute) findet sich bei Gemüthsaffecten, Körperanstrengungen, bei Hysterie, beim Fieber. Eine besondere diagnostische Bedeutung kommt der blossen Vermehrung der Athemfrequenz nicht zu.

Dyspnoe ist **Athemnoth**. Beschleunigung der Athemzüge mit Anspannung der Hilfsmuskulatur; sie wird vom Patienten als Lufthunger empfunden. Eigentliche Dyspnoe ist immer mit Cyanose verbunden und beruht auf derselben Ursache wie diese CO_2-Ueberladung des Blutes.

Dyspnoe mit Cyanose ist ein überaus wichtiges Symptom, pathognostisch für Herzkrankheit oder vorgeschrittene Lungenkrankheit. in selteneren Fällen bei Abdominalkrankheiten, die die Zwerchfellbewegung hindern.

Anderweitige Veränderungen der Respiration bleiben der Specialuntersuchung vorbehalten.

8. Hydrops, Oedeme (Anschwellungen des Unterhautgewebes, welche auf Fingerdruck Gruben hinterlassen). Wassersüchtige Anschwellungen sind ein so auffälliges Symptom, dass sie meist von dem Patienten dem Arzte geklagt werden. Doch können sie von indolenten Kranken übersehen werden, und man gewöhne sich, alsbald danach zu sehen. Die ersten Spuren werden an der Knöchelgegend durch Fingerdruck erkannt. Das Vorhandensein von Oedemen ist für die Richtung der Diagnose bestimmend. Man beachte zuerst, ob gleichzeitig Cyanose und Dyspnoe vorhanden ist. Fehlt dies, so beurtheile man Kräftezustand und Blutmischung, bezw. untersuche den Urin auf Eiweiss.

a) **Hydrops mit Cyanose und Dyspnoe** ist das Zeichen von uncompensirten Herzkrankheiten.

Diese verursachen hochgradige Stauung des venösen Rückflusses. Das Blut verweilt übermässig lange in den Geweben, wo es allen O verliert und sehr viel CO_2 aufnimmt. Die überfüllten Venen vermögen nicht mehr in gewohnter Menge die Lymphflüssigkeit aufzunehmen, welche nun die Gewebe überschwemmt.

b) **Hydrops mit Albuminurie** ist das Zeichen der Nierenkrankheiten; der Entdecker dieses Zusammenhanges ist der englische Arzt Richard Bright; man nennt deshalb das Symptomenbild Hydrops und Albuminurie: **Brightsche Krankheit**.

Man kann den Hydrops bei Albuminurie folgendermassen erklären: Für gewöhnlich sind die feinen Gefässe undurchlässig für grössere Mengen Plasma in Folge einer lebendigen Thätigkeit der Wandzellen. Diese Thätigkeit ist nur dann intact, wenn die Zellen gut ernährt werden, d. h. wenn die Blutmischung normal ist. Die Blutmischung wird schlecht, wenn die Nieren erkranken; denn dies Organ scheidet in gesundem Zustande alle Abfallsstoffe aus dem Blut aus; in Krankheiten des Nierenepithels bleiben Abfallsstoffe im Blut zurück, die Gefässwandzellen werden in Folge der schlechten Ernährung durchlässig und es kommt zu Oedem. Gleichzeitig führen alle Erkrankungen des Nierenepithels zum Durchtritt von Eiweiss in den Urin.

c) **Hydrops der Kachektischen.** Oedeme ohne Dyspnoe und Cyanose, ohne Albuminurie können in allen Zuständen sehr schlechter Ernährung, insbesondere in den kachektischen Krankheiten bei Carcinomatösen, Anämischen, Phthisikern etc., aber auch vorübergehend bei Inanition und Ueberanstrengung vorkommen.

Diese Oedeme sind ebenfalls durch die schlechte Blutmischung zu erklären, welche die Wandzellen der Gefässe durchlässig macht. Die schlechte Blutmischung kommt entweder durch directe Bluterkrankung (Anämie, Leukämie, schwere Chlorose) oder durch schlechte Ernährung bezw. Consumption (Hungerzustand, Carcinom) zu Stande.

9. Exantheme (Ausschläge). Bei der Betrachtung der Haut hat man darauf zu achten, ob Ausschläge vorhanden sind oder nicht. Diese sind besonders für die fieberhaften Krankheiten von grosser Wichtigkeit; oft entscheiden sie ohne Weiteres die Diagnose. Exantheme muss man öfters gesehen haben, um sie im einzelnen Falle wieder zu erkennen; aus der Beschreibung sind sie schwer aufzufassen.

Das Masernexanthem ist zackig-grossfleckig, das Scharlachexanthem ganz kleinfleckig, so dass es diffus roth aussieht. Roseola sind stecknadelkopf- bis erbsengrosse wenig erhabene rothe Flecke, die bei **Typhus abdominalis** spärlich über den Bauch, seltener über die Brust verstreut sind. (Bei Flecktyphus sehr reichliche Roseola.) Fleckförmige Blutergüsse unter der Haut werden als **Purpura** bezeichnet und kommen bei Gelenkrheumatismen vor oder als eigene Krankheit (Morbus maculosus Werlhofii). Punktförmige Blutungen (**Petechien**) sind das Zeichen von Hautembolien bei ulceröser Endocarditis (nicht zu verwechseln mit Insectenstichen).

Exantheme zeigen sich oft erst mehrere Tage nach Beginn des Fiebers; das Fehlen des Exanthems schliesst deshalb die Diagnose eines exanthematischen Fiebers nicht aus.

10. Temperatur der Haut. Man legt die Hand leicht auf die Brust des Patienten und schiebt sie vorsichtig in die Achselhöhle. Auf diese Weise kann man die Körpertemperatur ziemlich gut abschätzen. Gesteigerte Körpertemperatur ist das Hauptsymptom des **Fiebers**. Glaubt man die Temperatur über 37° C., so geht man zur thermometrischen Messung und zur weiteren Diagnostik der fieberhaften Krankheiten über (Cap. II.)

Das erste Fiebersymptom, das der Arzt wahrnimmt, ist die lebhafte Röthe des erhitzten Gesichts. Wenn er diese bemerkt, ist es natürlich das Allernächste, dass er mit der Hand die Körpertemperatur zu schätzen sucht und alsbald das Thermometer einlegt, während er gleichzeitig den Puls fühlt, nach Exanthemen sucht etc.

Wenn der Patient schwitzt, ist die Schätzung mit der Hand unzuverlässig.

11. Trockenheit der Haut und Schweiss. Bei der Betastung gewahrt man gleichzeitig dies Symptom, das unter Umständen von Werth sein kann. Grosse Trockenheit kommt in allen Zuständen vor, die zu reichlichen Wasserausgaben führen: Polyurie, Diabetes, starke Durchfälle, Cholera. Auch der Schweiss kann diagnostisch wichtig sein; er kündigt in fieberhaften Krankheiten oft die Krise an; in chronischen Krankheiten ein Zeichen von Schwäche (Nachtschweisse der Phthisiker); begleitet oft Collaps und Agone.

12. Puls. Das Fühlen des Pulses ist hergebrachter Weise eine der ersten Manipulationen, die der Arzt vornimmt. Am Pulse kann man erkennen:

a) Ob **Fieber** vorhanden ist oder nicht. Im Fieber ist die Pulsfrequenz beschleunigt (über 90), die Spannung erhöht, dabei die Arterie weich (fieberhafter Puls).

b) Ob der **Kräftezustand** gut ist. Der kräftige Mensch hat einen gut gespannten, vollen Puls, der geschwächte, lange Zeit Kranke einen kleinen, oft frequenten, wenig gespannten Puls.

c) Ob besondere Veränderungen am Herzen oder bestimmten Organen vorhanden sind. Dieses sehr wichtige Capitel bleibt der speciellen Diagnostik vorbehalten (Cap. VII.).

Man fühlt den Puls, indem man die Finger (nicht den Daumen) der rechten Hand auf die Radialis legt, wenig oberhalb des Handgelenks; der Anfänger gewöhne sich, vor sich hin zu zählen, mit der Uhr in der Hand, $1/4$ Minute, und dann sofort die Minutenfrequenz zu nennen. Der Geübte schätzt die Frequenz leicht auf 5—10 Schläge genau.

Das Pulsfühlen ist eine Kunst, die man nur durch viele Uebung an vielen Kranken lernt. Erfahrene Aerzte bringen es darin zu einer ausserordentlichen Vollendung. Man vermag in der That aus dem Pulsfühlen eine Reihe der wichtigsten diagnostischen Behelfe zu gewinnen. Die alten Aerzte, Meister der Beobachtung, haben auf das Pulsfühlen den grössten Werth gelegt.

13. Auffällige Symptome. Es ist für die diagnostische Schulung von ausserordentlichem Werthe, wenn man sich nach der Beendigung der allgemeinen Betrachtung des Patienten in jedem Falle die Frage vorlegt, ob man nicht Auffälliges übersehen hat. Auch hier ist es natürlich Sache der Uebung und Erfahrung, gewisse Symptome sofort zu sehen und aufzufassen, die leicht der allgemeinen Betrachtung entgehen können und die man dann bei der systematischen Organuntersuchung findet.

Als auffällige Symptome können alle Punkte des Allgemeinstatus imponiren (Pallor eximius faciei, Dyspnoe und Cyanose, Oedeme etc.). Daneben kommt es in Folge gewisser Organerkrankungen zu auffälligen Symptomen, die man auf den ersten Blick wahrnehmen kann und dann zum Ausgangspunkt der weiteren Diagnostik macht, z. B. Ascites (Bauchwassersucht), Meteorismus (Auftreibung des Leibes durch luftgefüllte Därme), Drüsenpackete, Venenschwellungen der Haut, Erbrechen, Besonderheiten des Urins oder des Sputums u. A. m.

Zu den auffälligen Symptomen gehören ausserdem eine Reihe von Zeichen, welche weniger für die Differentialdiagnose als für die Beurtheilung des augenblicklichen Zustandes eines Kranken von Werth sind.

1. **Collaps**, plötzliches Verfallen eines Patienten, Klein- und Frequentwerden des Pulses, Jagen der Respiration, Erbleichen des Antlitzes, Kühlwerden von Nase und Extremitäten, schnelles Sinken der Eigentemperatur, entsteht durch innere Blutung oder durch plötzliche Herzschwäche meist

im remittirenden bezw. Reconvalescenzstadium fieberhafter Krankheiten. Namentlich im letzten Stadium des Typhus und nach Diphtherie ist Collaps zu fürchten. Er entsteht manchmal durch rasches Aufrichten im Bett, zu frühes bezw. zu langes Aufsein, in Folge übermässiger Anstrengung bei der Stuhlentleerung, öfters auch ohne ersichtlichen Grund. Collaps ist ein Zeichen grössten Periculums und ist unabhängig von der bestehenden Krankheit zu würdigen und zu behandeln.

2. **Stertor** (Röcheln, Trachealrasseln) ist das durch Flüssigkeitsansammlung in den grossen Luftwegen entstehende weithörbare, **in- und exspiratorische Rasseln**, ein Zeichen beginnender Agone.

3. **Agone** (Todeskampf) ist die Gesammtheit der Zeichen fortschreitender Lähmung aller Muskel- und Nervenfunctionen (besonders Facies Hippocratica, Stertor, Erlöschen des Bewusstseins).

Ist die eingetretene Agone sicher festgestellt, so besteht die Indication der **Euthanasie**, d. h. der Todeskampf ist durch Narcotica zu erleichtern.

Zeichen des sicheren **Todes** sind: Fehlen der Athmung, des Pulses, der Herztöne, jeglicher Reflexe (insbesondere Cornearflexe).

In seltenen zweifelhaften Fällen wendet man gewisse Experimente an (Blosslegen und Durchschneiden einer Arterie, elektrische Reizung von Muskeln, Einstechen einer Nadel ins Herz etc.).

II. Diagnostik der acut-fieberhaften oder Infectionskrankheiten.

Die **Anamnese** hat ausser den allgemeinen Gesichtspunkten besonders zu berücksichtigen: **Frühere Infectionskrankheiten** (Typhus, Masern, Scharlach u. A. befallen den Menschen gewöhnlich nur ein Mal im Leben; Pneumonie, Gelenkrheumatismus, Erysipel häufig mehrmals). **Unmittelbare Krankheitsursache** (ähnliche Krankheitsfälle in der Umgebung des Patienten, Gelegenheit zur Infection etc.). **Prädisponirende Momente** (Erkältung, Diätfehler, Trauma, Erregungen). **Die Initialsymptome** (Schüttelfrost, Kopfschmerzen, Mattigkeit, Halsschmerzen, Seitenstechen, Kreuzschmerzen, Erbrechen etc.)

Man erkennt die fieberhaften Krankheiten an dem Symptomencomplex des Fiebers: Geröthetes, echauffirtes Gesicht, oft schwitzend; beschleunigte Athmung; beschleunigter voller, dabei weicher Puls; lebhafter Durst, wenig Appetit, erhöhte Körpertemperatur, verminderter, hochgestellter (dunkelgefärbter) Urin.

Temperaturmessung. Man constatire sofort die Höhe der Temperatur durch Schätzung und durch das Thermometer.

Das Thermometer wird in der geschlossenen Achselhöhle 10 Minuten (seltener im Anus 5 Minuten) gelassen. Die Temperatur im Anus ist 0,6—1,0° C. höher als in der Achselhöhle. Die deutschen Aerzte messen mit Celsius-Scala, die französischen öfters mit Réaumur-, die englischen und amerikanischen meist mit Fahrenheit-Scala. Die in Betracht kommenden Grade entsprechen sich folgendermassen:

$$n° C. = 4/5 \, n° R. = 9/5 \, n° + 32° F.$$

C.	R.	F.
36°	28,5°	96,8°
37°	29,6°	98,6°

C.   R.   F.
$38° = 30,4° = 100,4°$
$39° = 31,2° = 102,2°$
$40° = 32° = 104°$
$41° = 32,8° = 105,8°$

Sehr zu empfehlen sind **Maximumthermometer**, bei welchen nach der Herausnahme ein über dem Quecksilberfaden haftendes Metallstäbchen dauernd die gemessene Temperatur zeigt.

Recht handlich sind die sog. **Minutenthermometer**, welche in Folge ihrer Kleinheit und eines besonderen Quecksilberamalgams in 3 Minuten in der Achselhöhle die Temperatur richtig zeigen.

Die Temperatur des gesunden Menschen beträgt 36,5—37,5° C., Morgens ist sie am niedrigsten, gegen Abend gewöhnlich 0,5—1,0° höher. Leichte Temperaturerhöhungen kommen vorübergehend zu Stande nach reichlichen Mahlzeiten (Verdauungsfieber), grossen Anstrengungen, heissen Bädern. Dauernde Temperaturerhöhung ist das Hauptzeichen des **Fiebers**. Man bezeichnet Temperatur unter 36° als **Collapstemperatur**; 36—37° normal; 37,5—38,0° **subfebrile Temperatur**; 38,0—38,5° **leichtes Fieber**; 38,5° bis 39,5° (Abends) **mässiges Fieber**; 39,5—40,5° **beträchtliches Fieber**; darüber **hohes Fieber**; über 41,5° **hyperpyretische Temperaturen**.

Auch im Fieber zeigt die Temperatur Tagesschwankungen; Morgens geringer Abfall (**Remission**), Abends Ansteigen (**Exacerbation**). Fällt die Exacerbation auf den Morgen, die Remission auf den Abend, so spricht man von **Typus inversus** (meist bei Phthisis).

Für die specielle Diagnose der fieberhaften Krankheiten ist es nothwendig, den **Fiebertypus** und den **Fieberverlauf** zu erkennen; zu diesem Zwecke wird während der ganzen Fieberzeit jeden Morgen und jeden Abend die Temperatur gemessen und in ein Schema (s. unten) eingetragen; man erhält so die **Fiebercurve**. Jede acut-fieberhafte Krankheit hat eine charakteristische Curve.

Der **Fiebertypus** wird erkannt an der Differenz zwischen der Morgen- und Abendtemperatur.[1]) Man unterscheidet: **continuirliches Fieber**, in welchem die Tagesdifferenz nicht mehr als 1° beträgt; **remittirendes Fieber**, mit Tagesdifferenz von mehr als 1,5°; **intermittirendes Fieber**, bei welchem das Fieber nur wenige Stunden anhält,

---

[1]) Eigentlich der Differenz zwischen der höchsten und niedrigsten an einem Tage gemessenen Temperatur; doch wird in praxi nur aus besonderen Gründen oder in besonders schweren Fällen öfters als 2 mal gemessen.

während der übrige Tag fieberfrei ist (Fieberanfall und fieberloses Intervall).

Im Verlauf fast aller fieberhaften Krankheiten kann man drei Stadien unterscheiden: Stadium incrementi, die Zeit der noch ansteigenden Temperatur; Fastigium, Höhestadium, die Zeit der sich wenig ändernden, meist hohen Temperatur; Stadium decrementi, Zeit des Fieberabfalls. Der Abfall kann schnell, in wenig Stunden, erfolgen: Krisis. Die Krisis wird oft durch Sinken der Pulsfrequenz und Schweissausbruch[1]) angekündigt; oft geht ihr ein kurzes, sehr hohes Steigen der Temperatur, manchmal mit Delirien, vorher (Perturbatio critica); nicht selten folgen auch dem kritischen Temperaturabfall (epikritische) Delirien, bisweilen kommt es danach zu Collaps. Das langsame, über Tage sich erstreckende Abfallen der Temperatur nennt man Lysis.

Ausserdem pflegt man den Verlauf der acut-fieberhaften Krankheiten, besonders derjenigen, welche mit Exanthemen verlaufen, einzutheilen in: 1. Stadium der Incubation: Zeit von der erfolgten Ansteckung bis zum Beginn der krankhaften Erscheinungen; 2. Stadium der Prodrome: Beginn des Fiebers bis Eruption des Exanthems; 3. Stadium der Eruption; 4. Stadium der Abschuppung oder Defervescenz.

Der Charakter des Fiebers. Bei schwerem Fieber unterscheidet man Febris stupida (apathischer Zustand, verschleierter Blick, absolute Ruhelage) und Febris versatilis (unruhiger Gesichtsausdruck, Jactatio, leichtes Deliriren, Flockenlesen). Der Uebergang von stupider in versatile Form ist von übler Vorbedeutung.

Pathognostische Symptome. Nach der Feststellung der Temperatur bezw. der Einsicht in die Fiebercurve suche man nach weiteren schnell wahrnehmbaren Zeichen, welche für die Diagnose entscheidend sind. Man gewöhne sich hier an eine gewisse Reihenfolge.[2])

1. Exantheme. Charakteristische Ausschläge finden sich bei Masern, Scharlach, Typhus abdominalis, exanthematicus, Variola, Varicellen, Erysipel. Die Exantheme entscheiden die Diagnose. Doch treten die Exantheme nicht

---

[1]) Der Schweiss der Krise ist oft von besonderem, nicht üblem Geruch.

[2]) Am besten zuerst Inspection des Gesichts und der Haut, dann die übrigen Organe von oben nach unten.

sofort mit dem Beginn des Fiebers auf und verschwinden oft früher als das Fieber, so dass die Diagnose dieser Hilfe manchmal entrathen muss.

2. **Betheiligung des Sensoriums.** Tiefe Apathie ist charakteristisch für Typhus. Meningitis. Miliartuberculose. Delirien sind für die Differentialdiagnose selten zu verwerthen.

3. **Herpes labialis et nasalis** (kleine Bläschen mit wasserhellem Inhalt, am Mundwinkel und der Nase, die bald abtrocknen und bräunlichen Schorf hinterlassen). Herpes ist sehr oft bei Meningitis und Pneumonie vorhanden, fehlt bei Typhus.

4. **Pulsfrequenz.** Kann unter Umständen diagnostisch sehr wichtig sein. Bei Meningitis sehr verlangsamt. Bei Scarlatina ungewöhnlich hoch. Bei Typhus für die Diagnose des Stadiums massgebend; auf der Höhe des uncomplicirten Typhus beträgt die Pulsfrequenz gewöhnlich nicht über 110.

5. **Betheiligung der Körperorgane:** Lippen: fuliginös (russfarbig) bei Typhus. Zunge: Himbeerzunge bei Scharlach, borkige Zunge bei Typhus. Hals: charakteristische Affectionen bei Angina und Diphtherie. Genickstarre bei Meningitis. Rostbraunes Sputum bei Pneumonie. Aufgetriebenes, dabei bei Betastung schmerzloses Abdomen bei Typhus. Milzschwellung besonders wichtig bei Typhus (Cap. IV.). Diarrhöen von charakteristischer Beschaffenheit bei Typhus. Röthung und Schwellung vieler Gelenke bei acutem Gelenkrheumatismus. Verhalten des Harns: Diazoreaction bei Typhus etc.

In vielen Fällen wird es durch Erkenntniss des Fiebertypus und Berücksichtigung der allgemeinen und speciellen Symptome alsbald gelingen, die Diagnose der vorliegenden Infectionskrankheit zu stellen.

Doch ist zu bedenken, dass zur Einsicht in den Fieberverlauf Tage lange Beobachtung gehört, dass sehr viel charakteristische Symptome sich erst im weiteren Verlaufe der Krankheit entwickeln (z. B. Exantheme, Milzschwellung, Diazoreaction, Diarrhoen etc.). Man muss sich deshalb sehr oft begnügen, aus der Temperatursteigerung und dem Habitus des Patienten die vorläufige Diagnose auf „acut-fieberhafte Krankheit" zu stellen, und alsbald die erforderlichen allgemein-therapeutischen Massnahmen treffen (Bettruhe, vorsichtige Lagerung, leichte Bedeckung, kühle, flüssige Diät,

Eisbeutel auf die Stirn, Verordnung verdünnter Säure, sachverständige Pflege). Diese therapeutischen Anordnungen sind für einige Tage von der speciellen Diagnose unabhängig. Nach einigen Tagen gelingt es meist, aus den sich entwickelnden Erscheinungen die differentielle Diagnose zu stellen.

Symptome der acuten Infectionskrankheiten.

Masern (Morbilli). (Fig. 1.) Incubation 10 Tage, unter Schnupfen. Husten, gastrischen Erscheinungen. Pro-

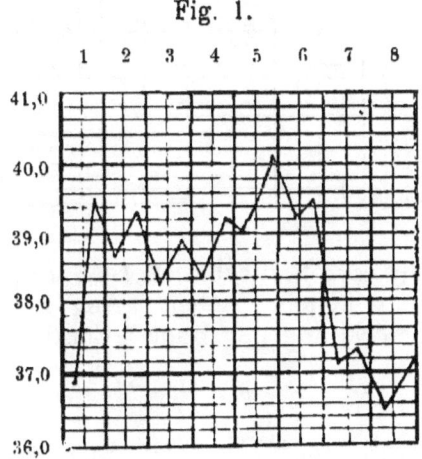

Fig. 1.

drome 2—3 Tage, mit Schüttelfrost und hohem Fieber beginnend. Am 2. (und 3.) Tage geringer Abfall des Fiebers, am 3. (oder 4.) Tage Eruption des Masernexanthems unter hohem Fieber. Am 4.—7. Tage Febris continua. Am 7. Tage kritischer Abfall. Abschuppung 14 Tage.

Hauptsächliche weitere Symptome: Schnupfen, Husten, Conjunctivitis mit Lichtscheu. Puls mässig beschleunigt (bei Kindern 140—160).

Scharlach (Scarlatina). (Fig. 2.) Incubation 2 bis 4 Tage, ohne krankhafte Störungen. Prodrome 1—2 Tage, mit Schüttelfrost und hohem Fieber einsetzend. Am 2. Tage Eruption der Scharlachröthe unter steigendem Fieber. Vom 4. Tage ab lytischer Abfall. Abschuppung 4—14 Tage. — Oft ist das Fieber des Scharlach ganz atypisch.

Hauptsächliche weitere Symptome: Angina, Himbeerzunge, oft in der Prodrome Erbrechen. Complicationen: Gelenkaffectionen, Nephritis. Otitis. Drüsenvereiterungen.

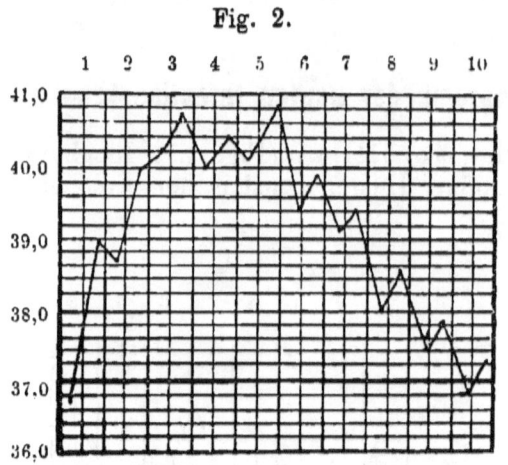

Fig. 2.

Erysipel. (Fig. 3.) Incubation 1—8 Tage. Beginn mit Schüttelfrost und hohem Fieber. Am 1. oder 2. Tage Röthung und Schwellung der Haut. Continuirliches Fieber

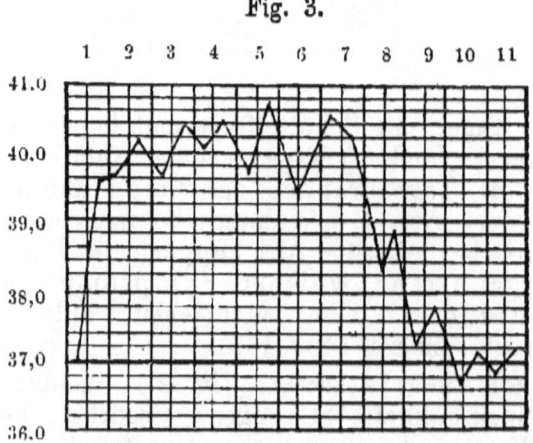

Fig. 3.

während der Ausbreitung des Erysipels. Oft schubweises Auftreten der Entzündung und Röthung, welchen unregelmässig remittirendes oder intermittirendes Fieber entspricht.

Croupöse Pneumonie. (Fig. 4 und 5.) Beginn mit Schüttelfrost, hohem Fieber und Stechen in einer Brust-

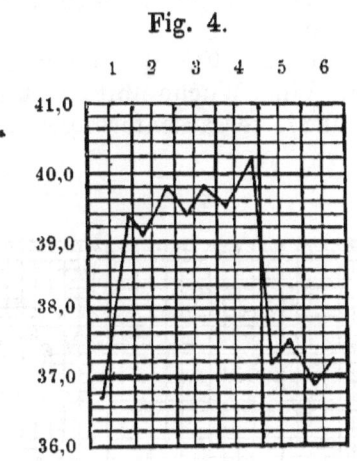

Fig. 4.

Fig. 5.

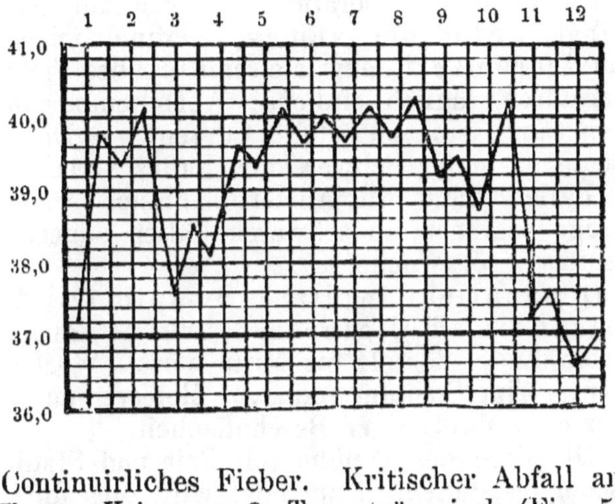

seite. Continuirliches Fieber. Kritischer Abfall am 3., 5., 7., 9. Tage. Krise am 3. Tage trügerisch (Fig. 5), meist von neuer Continua gefolgt. Manchmal Krise über mehrere Tage hingezogen.

Pathognostisches Zeichen: Rubiginöses Sputum.

Milzschwellung oft vorhanden, bleibt dann nachweisbar bis zur vollendeten Resorption des Exsudats.

Physikalisch: Dämpfung. Bronchialathmen. Knisterrasseln.

Lange anhaltendes Fieber ist das Zeichen der Entstehung eines Empyems oder der seltenen Ausgänge: Lungenabscess, Gangrän, Verkäsung.

Typhus abdominalis. (Fig. 6.) Incubation 7—21 Tage. Prodrome ungefähr eine Woche mit leichtem Unwohlsein. Stadium incrementi, terrassenförmiger, aufwärts remitti-

Fig. 6.

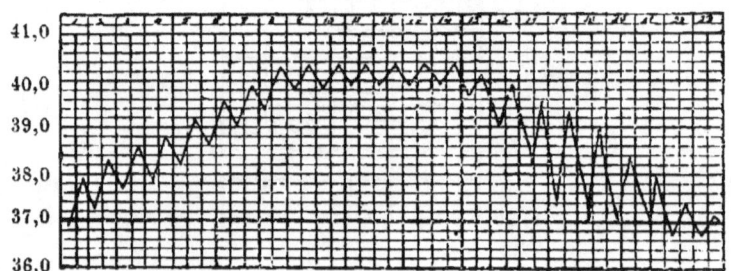

render Anstieg der Temperatur, Höhestadium erreicht am 4.—7. Tage. Stadium acmes, continuirliches Fieber. Stadium decrementi, abwärts remittirendes Fieber. Morgentemperaturen täglich sinkend, Abendtemperatur 2—3° höher, langsamer sinkend (steile Curven). — Die Zeitrechnung ist je nach der Schwere des Falles verschieden. In leichten Fällen kann die Abwärtsremission schon am 14. bis 16. Tage beginnen, in schweren Fällen dauert die Continua bis in die 5. Woche.

Hauptsächliche weitere Symptome: Apathie, Benommenheit. Fuliginöse, borkige Zunge. Roseola (vom Ende der 1. bis Mitte der 2. Woche. Milzschwellung (im Stadium Acmes). Meteorismus. Durchfälle von erbsenbreiartiger Beschaffenheit.

Die Diagnose des Typhus soll Zeit und Stadium möglichst genau feststellen. Manchmal wird dies durch besondere Complicationen ermöglicht, so kommen Darmblutungen nur während des abwärts remittirenden Fiebers vor. Auch tödtliche Darmperforationen ereignen sich im Stadium decrementi.

Die Prognose richtet sich u. A. nach der Frequenz und Spannung des Pulses, dem Grade der Benommenheit.

Typhus exanthematicus. (Fig. 7.) Incubation 3 bis 21 Tage. Keine Prodrome. Beginn mit Schüttelfrost und hoher Temperatur. Am 3. Tage reichliche Roseola. Con-

Fig. 7.

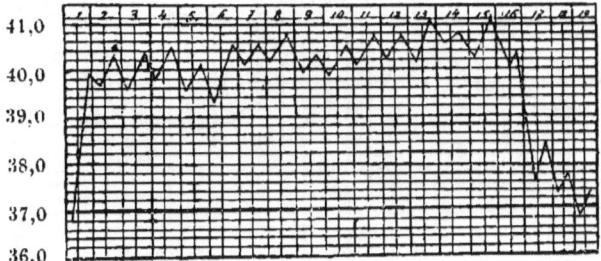

tinua 13—17 Tage. mit leichter Remission am 6.—8. Tage. Kritischer Temperaturabfall, mit Perturbatio critica.

Die Roseola wandelt sich bald in Petechien um. Bronchitis. Besonders schwere Gehirnsymptome.

Febris recurrens. (Fig. 8.) Incubation 5 bis 7 Tage. Ohne deutliche Prodrome. Beginn mit Schüttelfrost und

Fig. 8.

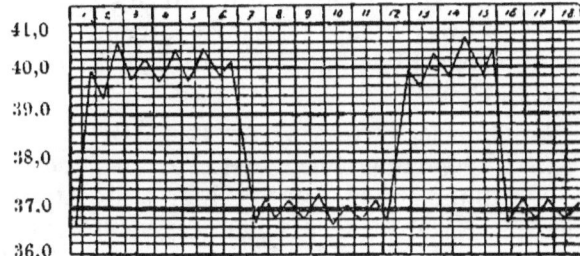

schnellem Steigen. 5—7 Tage Continua. Kritischer Abfall. Hierauf 5—8 Tage fieberfrei. Darauf neue Continua, meist von kürzerer Dauer. Oft nach fieberfreier Zeit von 7 Tagen neue Continua von 2—3 Tagen. — Hohe Pulsfrequenz. Milzschwellung. Roseola, Herpes. Im Blut während der Continua Spirochaete Obermeieri (Cap. XII.).

Variola. (Fig. 9.) Incubation 10 bis 13 Tage. Der eigentliche Verlauf in 4 Stadien: Stadium invasionis

Diagnostik der Infectionskrankheiten.

Fig. 9

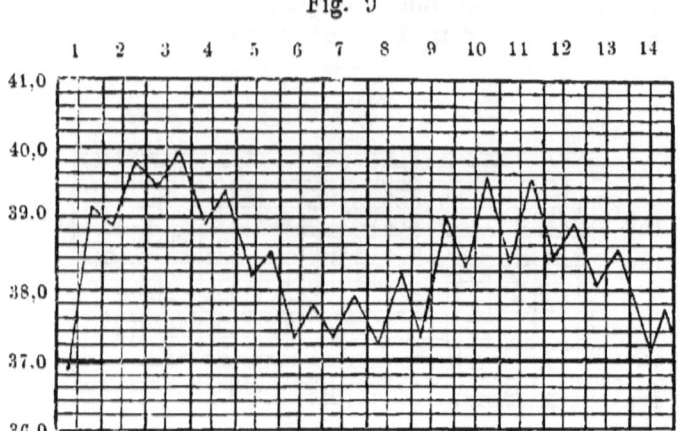

(Prodrome). mit Schüttelfrost und hohem Fieber beginnend. 3—4 Tage. Stadium eruptionis. Nachlassen des Fiebers, bis zum 9. Tage. Stadium maturationis (Eiterfieber), heftiges remittirendes Fieber. 9.—11. Tag. Stadium exsiccationis. lytisches Aufhören des Fiebers.

Das Exanthem bildet zuerst rothe Flecke, die allmälig in grösser werdende Papeln übergehen. sich am 6. Tage mit trübem Inhalt füllen. am 8. Tage eitergefüllte Bläschen enthalten; vom 9. Tage an tritt der Inhalt aus, vom 11. Tage an erfolgt die Abtrocknung. Das Exanthem befällt auch Mund- und Rachenschleimhaut. — Heftige Schmerzen im Knie und im Rücken.

Variolois (Febris variolosa) — Fig. 10 — nennt man die leichteste Erscheinungsform der Variola, bei der auf das Invasionsstadium sofort das Stadium exsiccationis folgt, ohne Eiterfieber. Exanthem oft nur angedeutet vorhanden. oft in ganz unregelmässigen Erscheinungsformen (Erytheme).

Varicellen (Windpocken). Fieber beginnt mit Schüttelfrost und hält sich continuirlich bis zur Abtrocknung des Exanthems. 2—4 Tage.

Exanthem charakteristisch, rosa gefärbte. leicht erhabene Flecken. aus denen alsbald Blasen werden. Befällt auch Gaumen und Rachen. Selten variola-ähnlich, dann dadurch zu unterscheiden. dass bei Varicellen alle Stufen des Exanthems neben einander vorkommen. Prognose der Varicellen unbedingt gut.

Fig. 10.

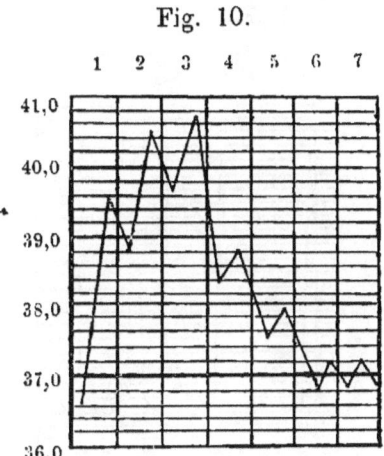

Malaria (Wechselfieber, Febris intermittens). (Fig. 11, 12. 13.) Incubation 7—21 Tage. Ohne wesentliche Prodrome. Frostanfall mit hohem Steigen der Temperatur; nach wenigen Stunden kritischer Abfall des Fiebers unter Schweiss, dann Apyrexie. Der Anfall wiederholt sich um dieselbe Tageszeit am folgenden Tage (Febris intermittens quotidiana) — Fig. 11 — oder einen Tag um den anderen (Intermittens tertiana) — Fig. 12 — oder jeden vierten Tag (Intermittens quartana) — Fig. 13. Kommt der einleitende Frostanfall vor oder nach der regelmässigen Tageszeit, so spricht man

Fig. 11.

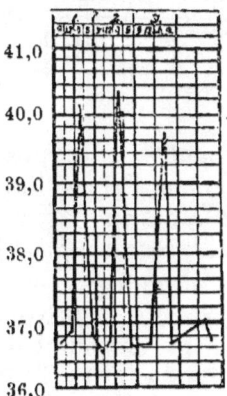

24   Diagnostik der Infectionskrankheiten.

Fig. 12.

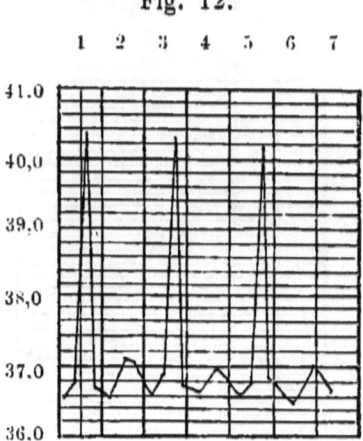

Fig. 13.

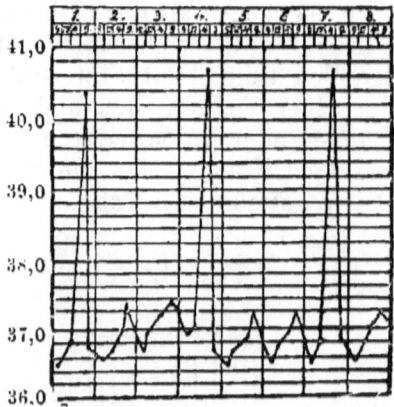

von Intermittens anteponens oder postponens. Zwei Anfälle an einem Tage nennt man Febris intermittens duplicata.

Zu der Diagnose Malaria ist ausser dem Fiebertypus nothwendig: 1. Milzvergrösserung. 2. Die specifisch coupirende Wirkung von Chinin.

Intermittirendes (bezw. unregelmässig intermittirendes) Fieber, das auf Chinin nicht weicht, ist auf Endocarditis oder tiefliegende Abscesse oder latente Tuberculose zu beziehen.

Eine Reihe von acuten Infectionskrankheiten verläuft

unter unregelmässigem Fieber, welches einen bestimmten Typus schwer erkennen lässt; die Diagnose derselben stützt sich auf die Localaffection.

Angina follicularis. Röthung und Schwellung des weichen Gaumens, der Tonsillen und des Rachens, oft mit weissem oder graulichem Belag, der aber meist ohne Blutung zu entfernen ist. Submaxillardrüsen oft geschwollen. Fieber mit Frost beginnend, mehrere Tage continuirlich oder leicht remittirend. Allgemeinerscheinungen meist nicht sehr intensiv bezw. nach wenigen Tagen ermässigt.

Es kommt manchmal zu Abscedirung der Tonsillen (Angina apostematosa).

Diphtherie. Tonsillen und Gaumen haben missfarbigen nekrotisch-fibrinösen Belag, nach dessen Entfernung die Schleimhaut blutet. In schweren Fällen Beläge in der Nase, Kehlkopf, Bronchien. Schwellung der Submaxillardrüsen. Charakteristisch die schweren Allgemeinerscheinungen (kleiner, frequenter Puls, benommenes Sensorium). Albuminurie. Fieber durchaus atypisch und für die Prognose nicht massgebend; diese wird theils durch die Schwere der Rachenaffection, theils durch die Intensität der Allgemeininfection bedingt.

Acute Miliartuberculose. Ganz atypisches Fieber. Pathognostisch: Starke Cyanose und Dyspnoe. Ueber grösseren Lungenabschnitten crepitirendes Rasseln ohne Dämpfung. Ophthalmoskopischer Nachweis von Choroidealtuberkeln.

Meningitis cerebrospinalis. Unregelmässiges, theils continuirliches, theils remittirendes Fieber von langem Verlauf mit vielen Nachschüben. Starke Benommenheit. Pathognostisches Symptom: Genickstarre. Ausserdem meist eingezogener Leib, Erbrechen, verlangsamter Puls.

Die Diagnose hat auch die Ursache festzustellen. 1. Epidemische (sporadische) Meningitis, durch den Fränkel'schen Pneumococcus verursacht, bei sicherem Ausschluss der anderen Ursachen zu diagnosticiren; die Diagnose ist erleichtert bei bestehender Epidemie. 2. Tuberculöse Meningitis, bei bestehender, meist vorgeschrittener Lungentuberculose 3. Meningitis vom Ohre ausgehend, bei bestehender Otitis media.

Acuter Gelenkrheumatismus. Unregelmässig remittirendes Fieber. Röthung, Schwellung und Schmerzhaftigkeit verschiedener Gelenke. Fieber und Localaffection in den meisten Fällen durch Salicylsäure oder Antipyrin zu coupiren.

III. Diagnostik der Krankheiten des Nervensystems.

Für die **Anamnese** von Nervenkrankheiten sind folgende Punkte besonders wichtig: 1. Heredität bei psychischen Erkrankungen, Neurasthenie, Epilepsie, Hysterie, eventuell Syphilis der Eltern. 2. Vorhergegangene Krankheiten, besonders Syphilis: acute Infectionskrankheiten. 3. Ursachen und veranlassende Momente: Traumen, Erkältungen, Schreck, Intoxicationen (Blei, Quecksilber, Alkoholismus, starkes Rauchen).

Zustand des Sensoriums: Trübung des Bewusstseins, Benommenheit, Apathie in fieberhaften Krankheiten ist ein Zeichen schwerer Infection und macht die Prognose ernst. Diagnostisch zu verwerthen für Typhus, Meningitis, Miliartuberculose.

In fieberlosen Krankheiten ist Apathie und Benommenheit meist der Vorläufer vollkommener Bewusstlosigkeit (Coma, Sopor). Coma findet sich: 1. Bei Vergiftungen; hier ist die Anamnese entscheidend, bezw. die Untersuchung des sofort ausgespülten Mageninhalts auf Gifte. 2. Bei Apoplexien; erkannt an der meist halbseitigen Lähmung; je tiefer und länger dauernd der Sopor, desto schlechter die Prognose. 3. Im Verlaufe von Stoffwechselerkrankungen, besonders Diabetes (Coma diabeticum); erkannt an den tiefen, mühsamen Respirationen (grosse Athmung von Kussmaul). Immer tödtlich endend. Selten bei Carcinom und Anämie. 4. Im Verlaufe von Nephritis (urämisches Coma), meist mit Krämpfen einhergehend.

Trübungen des Sensoriums von leichter Apathie bis zum Stupor sind oft Zeichen bestehender Geisteskrankheit. Dieselbe wird diagnosticirt durch die gleichzeitigen Aeusserungen von Hallucinationen oder Wahnideen bezw. den Ausschluss aller obengenannten Organerkrankungen.

Für die innere Diagnostik besonders wichtig ist die Kenntniss der **Psychosen** nach gewissen Medicamenten (Salicyl, Brom etc.), bei Chorea, im letzten Stadium der Herzkrankheiten, in allen Inanitionszuständen; es kommt hierbei zu Gehörs- und Gesichtstäuschungen sowie zu Verfolgungs- oder religiösem Wahn.

Eigentliche Geistesstörung (Manie, Melancholie, Paranoia, Paralyse) wird in ausgesprochenen Fällen leicht als Irrsinn erkannt und dem Irrenhaus überwiesen.

Der Beurtheilung des inneren Arztes bezw. der inneren Klinik unterliegen meist die ersten unklaren Anfänge von Trübung des Urtheils oder der Empfindung.

Bei der Erkennung solcher unbestimmten psychischen Anomalien (unmotivirte Verstimmtheit, jäher Wechsel der Stimmung, Abnahme von Intelligenz und Gedächtniss, moralische Erschlaffung) muss der Arzt sofort der Frage näher treten, ob es sich im Einzelfalle um die geistige Reaction auf etwaige somatische Functionsstörungen oder um beginnende Geisteskrankheit handelt. Im letzteren Fall sind die Anfangszeichen der progressiven Paralyse zu suchen: Pupillenstarre, Fehlen bezw. Erhöhung der Kniephänomene, Sprachstörung etc. Die weitere Erörterung dieser eminent wichtigen Fragen erfolgt in der psychiatrischen Klinik.

Delirien in fieberhaften Krankheiten, bedingt durch die Höhe des Fiebers, ohne wesentliche prognostische Bedeutung; häufig vor der Krise (Perturbatio critica); nach der Krise (Defervescenzdelirien) oft Zeichen des Collapses. Delirien sind prognostisch um so ernster, je niedriger die Temperatur ist. In fieberlosen Zuständen bei Inanition und bei Potatoren.

Kopfschmerzen, wenn vorübergehend, von geringer diagnostischer Bedeutung (Fieberhitze, Ueberarbeitung, Excesse, Dyspepsie etc.). **Anfallsweise**: halbseitig (Migräne); bestimmten Nervengebieten folgend, mit Druckpunkten (Neuralgie). **Dauernde Kopfschmerzen** bei Neurasthenischen; oft das erste Zeichen der Urämie; bei tertiärer Lues (Dolores osteocopi, besonders bei Nacht).

Schwindel. Oft bei Magen- und Darmleiden. Mit schrillem Ohrensausen bei Gehöraffectionen (Labyrinth): Menière'scher Schwindel. Bei Gehirntumoren, speciell Affectionen des Kleinhirns.

Anatomische Vorbemerkungen.

Die Diagnostik der Erkrankungen des Nervensystems setzt genaue anatomische Kenntnisse voraus. Die für die Klinik wichtigsten Beziehungen seien hier kurz erläutert.

Die **motorischen** Bahnen gehen aus von den psychomotorischen Centren der Grosshirnrinde (Fig. 14).

Fig. 14.

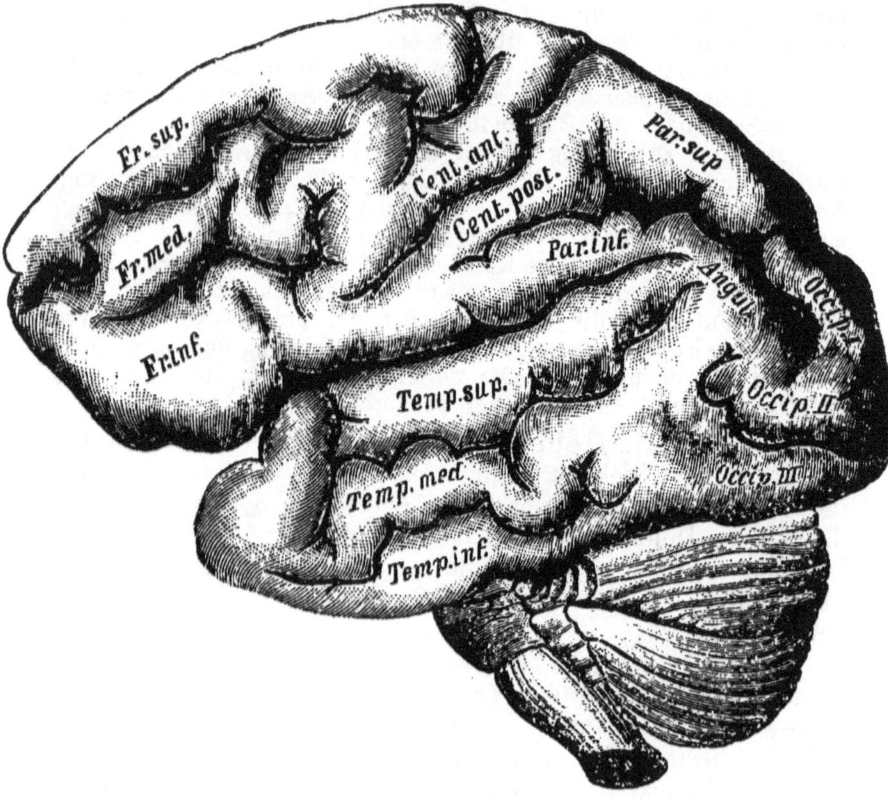

Das Centrum für die Bewegungen des Arms liegt im mittleren Drittel der vorderen Centralwindung (Cent. ant.); das Centrum für Facialis und Hypoglossus im unteren Drittel derselben; das Centrum für die Bewegungen des Beins im oberen Drittel beider Centralwindungen und im Lobus paracentralis, welcher an der Medianfläche die beiden Centralwindungen vereinigt. Das Sprachcentrum liegt in der linken (dritten) unteren Stirnwindung (Fr. inf.), in deren hinterem Theil und der Insula Reilii (zwischen Fr. inf. und Temp. sup.). Das corticale Sehcentrum liegt im Occipitallappen (über Hemiopie s. unter Hirnnerven), das corticale Hörcentrum im Temporallappen.

Von den motorischen Rindencentren gehen die motorischen

Fasern, sich vereinigend, durch den Stabkranz zur inneren Kapsel (Fig. 15).

Fig. 15.

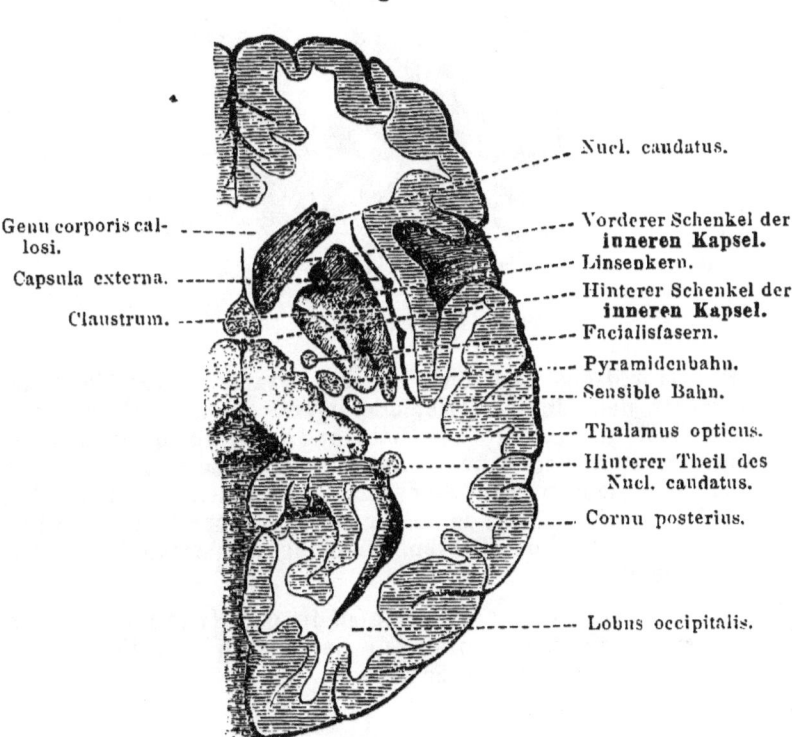

Hier liegen die Pyramidenbahnen im mittleren Drittel des hinteren Schenkels, zwischen Thalamus opticus und Linsenkern, dicht benachbart den Facialisfasern. Dies ist die Prädilectionsstelle der Apoplexien.

Von der inneren Kapsel ziehen die motorischen Fasern durch den Hirnschenkelfuss (die sensiblen durch die Haube) in den Pons. Vom Pons in die Medulla oblongata, wo sie die Pyramiden bilden und sich grösstentheils kreuzen. Im Rückenmark (Fig. 16) verlaufen die gekreuzten motorischen Fasern in der Pyramidenseitenstrangbahn nach abwärts, die wenigen ungekreuzten in der Pyramidenvorderstrangbahn.

Von den Pyramidenbahnen treten die motorischen Fasern in die Vorderhörner der grauen Substanz, von da durch die vorderen Wurzeln aus dem Rückenmark heraus, durch die peripherischen Nerven zu den Muskeln.

Fig. 16.

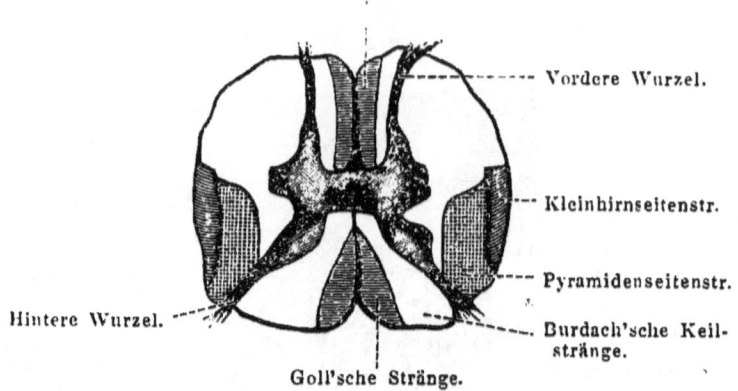

Das trophische Centrum für die Pyramidenbahn liegt im Grosshirn, so dass durch Verletzung irgend eines Theils der motorischen Bahn neben der bezw. Lähmung auch absteigende Degeneration der Pyramidenbahn erfolgt; das trophische Centrum für die peripheren motorischen Nerven liegt in den Ganglienzellen der Vorderhörner. Läsion in diesen und peripher von denselben erzeugt Degeneration der Nerven, Lähmung und Atrophie der betreffenden Muskeln.

Die **sensiblen** Bahnen verlaufen in den Hintersträngen und Hinterhörnern nach aufwärts; sie kreuzen sich gleich nach ihrem Eintritt, bezw. in der Schleife

Lähmungen.

(Absolute Bewegungsunfähigkeit eines Gliedes = Paralyse, motorische Schwäche eines Gliedes = Parese.)

Nach der Feststellung vorhandener Lähmungen (schlaffes Herabfallen eines aufgehobenen Gliedes) hat man sich zu fragen:

1. Ist die Lähmung halbseitig (Hemiplegie, z. B. ein Arm und ein Bein), doppelseitig (Paraplegie, z. B. beide Beine oder beide Arme) oder nur eine Extremität bezw. Muskelgruppe betreffend (Monoplegie, z. B. ein Arm oder die Serrati)? Hemiplegien beruhen meist auf Läsionen des Gehirns, Paraplegien auf Läsionen des Rückenmarks (doch ist an periphere multiple Neuritis zu denken). Monoplegien auf Läsionen der Gehirnrinde oder peripheren Nerven.

2. Ist die Lähmung **schlaff** oder **spastisch**?

Schlaff gelähmte Glieder sind passiv leicht zu bewegen, spastische setzen Bewegungsversuchen lebhaften Widerstand entgegen bezw. contrahiren sich krampfhaft, haben erhöhte Reflexe.

Spastische Lähmungen sind vorhanden, wenn sich in den gelähmten Muskeln oder ihren Antagonisten Contracturen ausbilden; ferner bei Erhöhung der Reflexe, z. B. durch Degeneration der Pyramidenbahnen.

3. Sind **Atrophien** vorhanden? Atrophische Lähmungen beruhen auf Läsionen der peripheren Nerven oder der grauen Vorderhörner des Rückenmarks.

Den organischen Lähmungen gegenüber stehen die **functionellen**, welche nicht auf anatomischer Ursache, sondern auf einer Lähmung des Willens beruhen (hysterische, Schrecklähmung). Man erkennt sie an dem Fehlen trophischer und elektrischer Störungen, an gleichzeitig bestehenden hysterischen Symptomen (Hemianästhesie, Krämpfe, Contracturen etc.), vor Allem an dem gesammten psychischen Verhalten der Kranken.

Hemiplegien. Bei diesen ist die Aetiologie und der befallene Gehirntheil zu diagnosticiren (topische Diagnostik).

Aetiologie.

1. **Embolie:** Plötzliche Entstehung, betrifft meist Arteria fossae Sylvii, daher mit motorischer Aphasie vereint. Nothwendig ist der Nachweis des Ursprungs der Embolie (Endocarditis).
2. **Apoplexie:** Plötzliches Eintreten; Nachweis bestehender Arteriosclerose. Befällt meist die grossen Centralganglien (Corpus striatum, innere Kapsel) — Fig. 15 — ist meist mit unterer Facialislähmung verbunden.
3. **Lues:** Erweichungsherd in Folge Arterienverschluss durch Endarteriitis syphilitica. Langsame Entstehung. Oft andere Herde (Augenmuskellähmungen etc.). Nachweis von bestehender oder überstandener Lues. Prompter Erfolg antisyphilitischer Behandlung.
4. **Einfache arteriosclerotische Erweichungsherde:** Höheres Alter, bestehende Arteriosclerose, keine Lues, kein Erfolg von antisyphilitischer Cur.
5. **Toxische Ursachen:** Bei bestehender Urämie, im

letzten Stadium von Carcinom und Phthise, meist vorübergehend und atypisch.

Man halte fest, dass Hemiplegien jüngerer Leute meist auf Lues beruhen, und versuche in zweifelhaften Fällen stets antisyphilitische Behandlung.

Die topische Diagnose der Hemiplegien ergiebt sich zumeist aus der gleichzeitigen Betheiligung von Hirnnerven und Sprache.

Folgende Herde sind hauptsächlich zu merken: 1. Hemiplegie mit motorischer Aphasie: dritte linke Frontalwindung. 2. Hemiplegie mit unterer Facialislähmung: hinterer Schenkel der inneren Kapsel. 3. Hemiplegie mit Hemianästhesien: hinterster Abschnitt der inneren Kapsel. 4. Hemiplegie mit gekreuzter Oculomotoriuslähmung: Hirnschenkel. 5. Hemiplegie mit gekreuzter Facialislähmung (Gubler): Pons.

Paraplegien. Es ist festzustellen, ob dieselben auf Rückenmarksläsion oder auf peripherer Neuritis beruhen. Alle spastischen Paraplegien gehören dem Rückenmark an. Bei schlaffen Paraplegien ist entscheidend: 1. Die Betheiligung der Sphincteren (Blase, Mastdarm), welche nur bei Rückenmarkslähmung vorkommt. 2. Die Reflexe; dieselben fehlen bei Neuritis und sind bei Rückenmarkslähmung meist erhöht. 3. Die Aetiologie: Lähmungen nach Alkoholismus sind peripheren Ursprungs.

Im einzelnen Fall kann es ausserordentlich schwer werden, die Differentialdiagnose zwischen Poliomyelitis (Läsion der grauen Substanz) und peripherer Neuritis zu stellen, da seltener Weise auch bei Neuritis Sphincterenparese vorkommt, ebenso im hyperästhetischen Stadium der Neuritis die Reflexe erhöht sein können, andererseits bei tiefer Myelitis mit Zerstörung des Reflexbogens die Reflexe fehlen.

Ist Rückenmarkslähmung diagnosticirt, so ist festzustellen:

1. Der Sitz und die Ausbreitung der Erkrankung: Lähmung beider Beine: Lumbar- und unteres Dorsalmark, der Arme und Beine: oberes Dorsal- und Cervicalmark.

2. Die Natur des Processes: Myelitis, Tumor, Carcinom, tuberculöse Caries, Lues.

Der Tumor bezw. die Caries muss fühlbar (die Wirbelsäule ist genau zu untersuchen), Carcinom oder Tuberculose in andern Organen nachweisbar sein; für Lues spricht Betheiligung von Hirnnerven bezw. der Nachweis specifischer Inspection.

In allen zweifelhaften Fällen ist antiluetische Therapie einzuleiten.

Lähmungen der Hirnnerven. Diese werden erkannt an dem Ausfall der Functionen der versorgten Muskeln und ergeben sich aus den anatomischen Verhältnissen.

Die wichtigsten Symptome seien hier angegeben. Es ist zu diagnosticiren aus:

Störungen des Geruchssinns, geprüft durch riechende, jedoch nicht reizende Substanzen (Moschus, Asa foetida): **Olfactoriuslähmung.**

Herabsetzung der Sehschärfe, Einschränkung des Gesichtsfeldes, Schwächung der Farbenempfindung: **Opticuslähmung** (ophthalmoscopische Untersuchung).

Hemiopie = Hemianopsie (die Erblindung gleichseitiger Hälften der Retina) beruht auf Läsion des Occipitallappens oder des Tractus opticus bis zum Chiasma. **Amblyopie** oder **Amaurose** eines ganzen Auges beruht auf Läsion des Opticus peripher vom Chiasma.

Ptosis, Doppeltsehen, Erweiterung der Pupille, Pupillenstarre: **Oculomotoriuslähmung.**

Das Auge kann nicht nach oben und aussen bewegt werden: **Trochlearislähmung.**

Das Auge kann nicht nach aussen bewegt werden: **Abducenslähmung.**

Die Kaumuskeln sind functionsunfähig: Lähmung der motorischen Portion des **Trigeminus.**

Die mimischen Gesichtsmuskeln sind functionsunfähig: **Facialislähmung.** Aus der Betheiligung von Geschmack, Speichelsecretion, Gehör und Gaumensegel lässt sich genau der Ort diagnosticiren, an welchem die Leitungsunterbrechung stattgefunden hat (Erb'sches Schema).

Störungen des Gehörs können auf **Acusticusaffection** bezogen werden, doch ist die otoskopische Untersuchung massgebend.

Störungen des Geschmacks auf dem hinteren Drittel der Zunge: **Glossopharyngeusläsion.**

Abweichung der Zunge nach einer Seite: **Hypoglossuslähmung,** Lähmung des Sternocleidomastoideus und Cucullaris: **Accessoriuslähmung.**

Pulsbeschleunigung und Verlangsamung der Athmung: **Vaguslähmung.**

Lähmung der Rückenmarksnerven wird erkannt an dem Ausfall der Function der versorgten Muskeln (Anatomie).

Nur die häufiger vorkommenden Symptomencomplexe seien hier erwähnt:

Erb'sche Lähmung (Lähmung des Mm. deltoides, biceps, brachialis internus, supinator longus, infraspinatus), Läsion des Plexus brachialis (5.—8. Cervical-, 1—2. Brustnerv).

Medianuslähmung: Pronation und Beugung der Hand unmöglich; desgl. Beugung und Opposition des Daumens und Beugung der Finger in den beiden letzten Phalangen. Die Grundphalangen können gebeugt werden; der 3., 4. und 5. Finger sind gebrauchsfähig.

Ulnarislähmung: Gestört: Beugung und ulnare Seitwärtsbewegung der Hand und Beugung der 3 letzten Finger. Kleine Finger unbeweglich. Grundphalangen können nicht gebeugt werden. Streckung der Endphalangen der 4 letzten Finger, Spreizung und Wiedernäherung der Finger unmöglich. Bei lange bestehender Ulnarislähmung das charakteristische Bild der Klauenhand. Die ersten Phalangen stark dorsal flectirt, die Endphalangen vollständig gebeugt, die Interossei atrophisch.

Radialislähmung: Die Hand hängt in Beugestellung schlaff herab und kann nicht gestreckt werden. Finger gebeugt, die erste Phalanx kann nicht gestreckt werden. Daumen gebeugt und adducirt, kann weder abducirt noch gestreckt werden. Der ausgestreckte Vorderarm kann nicht supinirt werden (Supination in Beugestellung durch den M. biceps).

Zwerchfelllähmung: N. phrenicus, charakteristische Modification der Athembewegungen: angestrengtes oberes Brustathmen ohne inspiratorische Vorwölbung des Epigastriums.

Peroneuslähmung: Charakteristisches schlaffes Herabhängen des Fusses, namentlich beim Gehen deutlich. Unmöglich ist Dorsalflexion des Fusses und der Zehen, Abduction des Fusses und Heben des äusseren Fussrandes. Bei langem Bestehen von Peroneuslähmung dauernde Spitzfussstellung (Pes equinus).

Tibialislähmung: Unmöglich ist Plantarflexion des Fusses (die Kranken können sich nicht auf die Zehen stellen), Adduction des Fusses und Plantarflexion der Zehen.

Die Diagnose der Lähmung von Hirn- oder Rückenmarksnerven erfordert ausser der anatomischen Erkenntniss: 1. Die Feststellung der Ursache (Trauma, Druck, Erkältung, infectiöse Entzündung nach acuten oder in chronischen Krankheiten). 2. Die Feststellung der Intensität der Lähmung. Diese wird erkannt an der Art der elektrischen Erregbarkeit (s. u.). Man unterscheidet: a) Die leichte Form: elektrische Erregbarkeit der gelähmten Muskeln ganz normal. b) Die Erb'sche Mittelform: partielle Entartungsreaction. Die Erregbarkeit des Nerven sinkt, ohne zu erlöschen, in den gelähmten Muskeln kommt es zu Steigerung der galvanischen Erregbarkeit bei directer Reizung.

AnSZ > KaSZ; Zuckungen träge. c) **Schwere Form**: complete Entartungsreaction (faradische und galvanische Erregbarkeit des Nerven erloschen, faradische Erregbarkeit der Muskeln erloschen, galvanische Erregbarkeit der Muskeln quantitativ und qualitativ verändert: träge wurmförmige Zuckungen. AnSZ = KaSZ).

Sprachstörung. Man hat zu unterscheiden zwischen Sprachstörung durch Functionsstörung der Muskeln (Anarthrie) und gehinderter Sprachbildung bei ganz intactem Muskelapparat (Aphasie). Anarthrie beruht auf Läsion der Medulla oblongata (bulbäres Symptom).

Bei Aphasie ist zu unterscheiden, ob der Patient gesprochene Worte gut auffasst und nur an der Uebertragung des richtig Gedachten in die Sprache gehindert ist (motorische oder atactische Aphasie), oder ob ihm der Begriffsinhalt der Sprache verloren gegangen sind, so dass er den Sinn der ihm vorgesprochenen Worte nicht versteht und selbst nicht im Stande ist, Wortbegriffe zu produciren (sensorische oder amnestische Aphasie). Der Herd der atactischen Aphasie ist die Broka'sche (3. linke Stirn-) Windung, der Herd der sensorischen ist die 1. linke Schläfenwindung.

Ataxie ist das Unvermögen, bei gut erhaltener motorischer Kraft complicirte Bewegungen in geschickter Weise auszuführen (zu coordiniren); kommt wahrscheinlich dadurch zu Stande, dass nach dem Verlust centripetaler Leitungsbahnen die Bewegungen nicht mehr durch die feinen Empfindungen controlirt werden. Ataxie ist das Hauptsymptom der Tabes, sowie der peripheren Neuritiden nach Alkoholismus, Diphtherie; ausserdem bei Kleinhirnläsionen.

Man prüft auf Ataxie der Arme, indem man bei geschlossenen Augen den Rock zuknöpfen lässt, durch Schriftprobe etc. der Beine, indem man mit dem rechten Fuss das linke Knie berühren, mit dem Bein einen kleinen Kreis beschreiben lässt u. s w. Im Dunkeln nimmt die Ataxie zu.

Romberg'sches Symptom nennt man Schwanken beim Stehen mit geschlossenen Augen; hauptsächlich bei Tabes.

Gang. Geringe Störungen der Beweglichkeit oder der Coordination der Beine erkennt man sehr deutlich an dem oft charakteristischen Gang des Patienten (spastischer, paretischer, ataktischer Gang).

Motorische Reizerscheinungen.

Krämpfe. Man unterscheidet klonische (ununterbrochene, kurzdauernde Zuckungen, wenn über den ganzen Körper verbreitet, Convulsionen) und tonische Krämpfe (lang anhaltende Contractionen; wenn über den grössten Theil der Skeletmuskeln verbreitet, Tetanus).

Klonisch-tonische Krämpfe kommen vor bei:
1. Epilepsie: erst tonische, dann klonische Krämpfe mit absoluter, den Anfall überdauernder Bewusstlosigkeit, weiten und reactionslosen Pupillen, Blässe und später Cyanose des Gesichts, oft Verletzungen der Zunge etc.
2. Eklampsie bei Schwangeren und Gebärenden. Indication zur sofortigen Entbindung in Narkose.
3. Urämie, im Verlaufe acuter und chronischer Nephritis; in einzelnen Fällen verläuft die Nephritis unbemerkt und erst der Nachweis des Albumens im Harn sichert die urämische Natur der Krämpfe.
4. In Folge directer Reizung motorischer Centra des Gehirns durch Tumoren, Abscesse, Cysticerken u.s.w.
5. Bei Kindern in Folge erhöhter Reflexerregbarkeit im Beginn fieberhafter Krankheiten, beim Zahnen, bei Indigestionen, Würmern. (Brech- oder Abführmittel!)

Rein tonische Krämpfe kommen vor bei:
1. Tetanie; meist beschränkt auf die Beugemuskeln beider Arme und der Unterschenkel. Dauer der Anfälle Minuten bis Stunden, selten Tage. Meist täglich mehrere Anfälle. Der Anfall durch Druck auf die grösseren Arterien- und Nervenstämme des Armes hervorzurufen (Trousseau'sches Phänomen). Temperatur normal. In der anfallsfreien Zeit mechanische und elektrische Erregbarkeit der peripheren Nerven gesteigert. Die Prognose ist gut.
2. Tetanus (rheumaticus oder traumaticus), Starrkrampf. Tonische Krampfspannung der Gesichtsmuskeln (Risus Sardonicus, Trismus), der Rückenmuskeln (Opisthotonus), der Bauchmuskeln, weniger der Arme und Beine. Die continuirliche Starre

von einzelnen ruckweisen Anfällen unterbrochen. Temperatur gesteigert, vor dem Tode hyperpyretisch. Verlauf meist letal.

3. Localisirte Krämpfe in einzelnen Nerven kommen theils reflectorisch, theils als eigenes Leiden bei neuropathischen Individuen vor, betreffen besonders:
Trigeminus: Kaumuskelkrampf, Trismus, bei Tetanus, Meningitis, Epilepsie, Hysterie (künstliche Ernährung!).
Facialis: Mimischer Gesichtskrampf = Tic convulsiv.
In seltenen Fällen den Accessorius (Sternocleidomastoideuskrampf), einzelne Schultermuskeln etc.
Schmerzhafte Wadenkrämpfe (Crampi) nach starken Muskelanstrengungen, bei Hysterischen und Alkoholisten.

Intentionskrämpfe, d. h. tonische Krämpfe in den willkürlich bewegten Muskeln, sind das pathognostische Symptom der Thomsen'schen Krankheit (Myotonia congenita). Dies Leiden dauert durch das ganze Leben.

Jeder willkürliche Muskel, welcher vorher längere Zeit in Ruhe war, geräth bei seiner Contraction in leichten Tetanus; der Patient kann den Muskel nicht sofort erschlaffen lassen, ist also unfähig, geordnete Bewegungen auszuführen; nach längerer mühsamer Bewegung wird die Contraction leichter. Die elektrische Erregbarkeit eigenthümlich verändert (myotonische Reaction, Erb).

Zitterbewegungen (Tremor) in den ruhenden Muskeln ist namentlich bei nervösen Menschen ein Zeichen grosser psychischer Erregung; dauernder Tremor ohne pathologische Bedeutung oft bei alten Leuten (Tremor senilis), pathognostisch für chronischen Alkoholismus. Ausgiebige Zitterbewegungen (Schüttelkrämpfe) bei Paralysis agitans.

Zitterbewegungen in willkürlich bewegten Muskeln (Intentionstremor), pathognostisch für multiple Sclerose. Im Schlafe sistiren die Zitterbewegungen.

Zittern der Augen (Nystagmus) bei multipler Sclerose, bei Arbeitern, die aus langer Arbeit im Dunkeln ans Licht kommen (Nystagmus der Bergleute), bei Hysterischen und gewissen nervösen Augenerkrankungen.

Choreatische Bewegungen, unwillkürliche, uncoordinirte Bewegungen, welche die willkürlichen Bewegungen erschweren und unterbrechen, nur im Schlafe aufhörend, sind pathognostisch für die Chorea (Veitstanz), eine functionelle Neurose. Selten bei cerebralen Lähmungen.

Von unwesentlicher Bedeutung sind:

Athetose-Bewegungen, unfreiwillig erfolgende eigenthümliche Spreizungen und Beugungen der Finger, als besondere Krankheit (**Athetosis** oder als Symptom gewisser centraler Nervenleiden, besonders der cerebralen Kinderlähmung).

Zwangsbewegungen, Zwangslagen, besonders bei Läsionen des Kleinhirns; coordinirte Krämpfe (Lach-, Schrei-, Springkrämpfe) bei Hysterie, Epilepsie.

Kataleptische Starre der Muskeln; dieselben verharren starr in jeder ihnen gegebenen Lage bei schwerer Hysterie, in der Hypnose, doch auch bei Meningitis, in gewissen Geisteskrankheiten (Melancholia attonita).

Reflexe.

Man unterscheidet Haut- und Schleimhautreflexe, Sehnenreflexe und Reflexfunctionen, deren Verhalten von einander oft durchaus verschieden ist.

Hautreflexe nennt man die durch Reizung der sensiblen Hautnerven reflectorisch hervorgerufenen Muskelzuckungen.

Man erregt die Reflexe durch Kitzeln, Stechen, Streichen, Kälte (Berührung mit Eis).

Man untersucht gewöhnlich:

1. **Fusssohlenreflex**: Bei Reizung der Fusssohle Dorsalflexion des Fusses bezw. Anziehen des Beines gegen den Leib.

2. **Cremasterreflex**: Bei Streichen an der Innenseite des Oberschenkels reflectorisches Hinaufsteigen des Testikels.

3. **Bauchdeckenreflex**: Bei Reizung der Bauchhaut (Percussionshammerstiel) Contraction der gleichseitigen Bauchmuskeln.

4. Von geringerer Bedeutung: **Glutäal-, Scapular-, Brustwarzenreflex**, die auch bei Gesunden oft fehlen.

Abschwächung oder **Fehlen** der Hautreflexe wird constatirt, wenn die Reflexleitung (centripetaler Nerv, Vorderhorn des Rückenmarks, motorischer Nerv) unterbrochen ist: bei Erkrankungen der peripheren Nerven und des Rückenmarks.

Steigerung der Hautreflexe: 1. bei erhöhter Erregbarkeit der reflexvermittelnden Theile: Hauthyperästhesie, Strychninvergiftung, gewisse Neurosen; 2. bei Aufhebung von Hemmungsvorgängen: Gehirn- und Rückenmarksaffectionen.

Schleimhautreflexe sind: 1. **Conjunctival-** und **Cornealreflex**: Schliessen der Augen bei Berührung der Binde- und Hornhaut; 2. Würgbewegungen bei Rachenreizung; 3. Niesen bei Nasenreizung, Husten bei Kehlkopf oder Luftröhren-Reizung.

Sehnenreflexe nennt man Muskelcontractionen, welche durch mechanische Reizung der Sehnen (Periost, Fascien) hervorgerufen werden.

1. **Kniephänomen (Patellarreflex).** Man beklopft mit dem Percussionshammer bei gebeugtem, ganz schlaff herabhängendem Unterschenkel die Patellarsehne, so wird der Unterschenkel durch Spannung des Quadriceps mit einer zuckenden Bewegung nach vorn geworfen. Hierbei ist es durchaus nothwendig, dass die Aufmerksamkeit des Patienten von dem Knie abgelenkt wird. Man wende hierzu den Jendrassik'schen Kunstgriff an: der Patient verschränkt die Hände über der Brust und zieht angestrengt mit der einen Hand an der andern; in diesem Augenblick percutirt man unversehens die Patellarsehne.

2. **Achillessehnenreflex.** Bei leicht dorsal flectirtem Fuss des Patienten percutirt man kurz die Achillessehne: der Gastrocnemius wird deutlich contrahirt. Dieser Reflex kann auch bei Gesunden fehlen.

3. **Fussklonus (Fussphänomen).** Man macht eine schnelle energische Dorsalflexion des Fusses bei leicht gebeugtem Knie, so tritt lebhaftes Zittern des Fusses ein. Bei Gesunden sehr selten.

4. Sehnenreflexe an den oberen Extremitäten bei Gesunden sehr selten.

Die Sehnenreflexe **fehlen**, wenn der Reflexbogen unterbrochen ist. Die Reflexbahn geht durch die sensiblen Nerven, Hinterstränge des Rückenmarks, Vorderhörner, motorische Nerven. Also Fehlen der Reflexe bei allen peripherischen Lähmungen (multiple Neuritis, diphtherische, alkoholische Neuritis, traumatische Lähmung), bei den Degenerationen der Hinterstränge (Tabes) und den Affectionen der grauen Substanz im Lumbalmark (Poliomyelitis).

Erhöhung der Reflexe findet statt, wenn reflexhemmende Centra erkranken, welche wahrscheinlich im Gehirn liegen und ihre Leitungsbahnen durch die Pyramidenbahnen des Rückenmarks senden. Also Erhöhung der Reflexe bei cerebralen Lähmungen, sowie bei chronischer Myelitis, namentlich denjenigen Formen, welche zu spastischen Lähmungen führen.

Reflexfunctionen: 1. Reaction der Pupille auf Lichteinfall und bei Accommodation.

Der M. sphincter pupillae wird vom N. oculomotorius, der M. dilatator pupillae vom N. sympathicus innervirt. Oculomotoriusreizung verengert, Sympathicusreizung erweitert die Pupille (Myosis bezw. Mydriasis). Oculomotoriuslähmung erweitert, Sympathicusreizung verengt. Das Centrum wird ins untere Halsmark verlegt (Centrum cilio-spinale).

Die Pupillenreaction kann bei verschiedenen Gehirnaffectionen fehlen. Von grösster diagnostischer Wichtigkeit ist die reflectorische Pupillenstarre bei Tabes dorsalis: bei Accommodation verengt sich die Pupille, aber nicht auf Lichteinfall; daneben bei Tabes oft die Pupillen äusserst eng (Myosis spinalis) oder auch ungleiche Pupillenweite. Reflectorische Pupillenstarre ist weiterhin ein Frühsymptom der progressiven Paralyse.

2. Störungen der Koth- und Harnentleerung, sowie des Sexualreflexes (Urinpressen, Urinträufeln, Obstipation, selten Incontinentia alvi), sind pathognostisch für Lendenmarkserkrankung, besonders bei Tabes und diffuser Myelitis. Vorgeschrittene Tabiker werden impotent.

Von geringer diagnostischer Wichtigkeit ist die directe mechanische Erregbarkeit der Muskeln, welche meist gut erhalten ist.

Auch die paradoxe Contraction (Westphal), welche bei multipler Sclerose, Paralysis agitans u. a. vorkommt, ist bisher wenig zu verwerthen. Sie besteht darin, dass der Fuss, wenn er passiv dorsal flectirt wird, in dieser Stellung auch nach dem Loslassen mehrere Minuten verbleibt, wobei die Sehne des M. tibialis anticus stark vorspringend sichtbar wird.

Sensibilitätsprüfung.

Die Diagnose jeder Erkrankung des Nervensystems ist zu vervollständigen durch die Sensibilitätsprüfung. Störungen der Sensibilität sind für manche Gehirn- und Rückenmarkserkrankungen pathognostisch, z. B. Läsion der inneren Kapsel, Tabes, Höhlenbildung im Rückenmark (Syringomyelie), Neuritis. In vielen anderen Fällen liegt die Bedeutung der Sensibilitätsprüfung darin, dass durch dieselbe die Ausbreitung und die Intensität des Processes erkannt wird.

Eine sorgfältige Ausführung der Sensibilitätsprüfung erfordert eine Reihe zum Theil schwieriger Cautelen, welche im Folgenden nur angedeutet werden können.

Man unterscheidet: Anästhesie (Aufhebung oder Verminderung des Empfindungsvermögens); Hyperästhesie (Steigerung desselben, wobei ganz schwache Reize als starke empfunden werden; Parästhesien (abnorme Empfindungen: Gefühl von Jucken, Kriebeln, Ameisenlaufen, Pelzigsein, Vertodtung etc.) Neuralgien sind Schmerzen im Gebiet eines bestimmten Nerven, die meist in Paroxysmen auftreten; Druckpunkte nennt man die Punkte, wo der Nerv dicht unter der Haut oder am Knochen verläuft, die bei Druck besonders schmerzhaft sind.

Die Neuralgien sind besondere Krankheiten, z. B. Trigeminusneuralgie, Supraorbitalneuralgie, Ischias.

Eine besondere Art der Neuralgie sind die zu bestimmter Tageszeit wiederkehrenden Paroxysmen, meist bei Personen, die früher Malariafieber gehabt haben (Malarianeuralgie, larvirte Intermittens); diese weichen auf grosse Dosen Chinin.

Die vollständige Prüfung der Sensibilität hat die verschiedenen **Empfindungsqualitäten** zu berücksichtigen, deren jede einzeln in verschiedener Weise tangirt sein kann (partielle Anästhesie).

Man prüfe **Tastsinn, Schmerzempfindung, Ortssinn oder Localisationsvermögen, Drucksinn, Kraftsinn, Muskel- und Gelenksinn, Temperatursinn, elektrocutane Sensibilität.**

Diese Prüfungen müssen zu verschiedenen Zeiten gemacht werden, da gespannte Aufmerksamkeit des Patienten nothwendig ist.

1. **Tastsinn:** Man berührt die verschiedensten Hautbezirke sanft mit dem Pinsel; die Augen des Kranken sind geschlossen, er muss bei jeder Berührung „ja" rufen. In manchen Fällen, besonders bei Tabes, erfolgt die Reaction des Patienten merklich später als die Berührung (**verlangsamte Leitung**).

2. **Schmerzempfindung** wird geprüft durch Stechen mit einer Stecknadel, durch Kneifen, starke elektrische Ströme. **Analgesie** ist die Unempfindlichkeit bei sonst schmerzhaften Reizen, z. B. tiefen Nadelstichen (bezw. die einfache Berührungsempfindung), Analgesie bei Hysterie, Tabes und peripherer Neuritis. In einzelnen Fällen constatirt man **Verspätung der Schmerzempfindung**; bisweilen wird Tast- und Schmerzempfindung nacheinander gefühlt (**Doppelempfindung**).

3. **Ortssinn oder Lokalisationsvermögen.** Man berührt den Kranken; derselbe muss sofort den Ort der Berührung angeben oder ihn selbst mit dem Finger bezeichnen. Hierher gehört die Bestimmung der **Tastkreise**: man bestimmt durch wiederholtes Aufsetzen eines verschieden weit geöffneten Zirkels die kleinste Entfernung, in welcher die 2 Zirkelspitzen noch als zwei Tasteindrücke empfunden werden. Diese Distanz beträgt bei Gesunden für:

    Zungenspitze 1 mm.
    Fingerspitze 2 mm.
    Lippenroth 3 mm.
    Dorsalfläche der 1. und 2. Phalanx und Innenfläche der Finger 6 mm.
    Nasenspitze **7** mm.
    Thenar und Hypothenar 8 mm.

Kinn 9 mm.
Spitze der grossen Zehe, Wangen und Augenlider 12 mm.
Ferse 22 mm.
Handrücken 30 mm.
Hals 35 mm.
Vorderarm, Unterschenkel, Fussrücken 40 mm.
Rücken 60—80 mm.
Oberarm und Oberschenkel 80 mm.

4. **Drucksinn.** Erhebliche Störungen desselben werden durch verschieden starken Druck mit dem Finger erkannt. Feinere Störungen durch Auflegen verschieden schwerer Gewichte auf die Extremität, welche auf eine feste Unterlage gestützt wird; der Patient muss die Unterschiede zwischen den Gewichten angeben. Der Gesunde erkennt Unterschiede von $^1/_{10}$ des ursprünglichen Drucks, der geringste wahrnehmbare nach unten beträgt 0,005—0,5 g.

5. **Kraftsinn** wird geprüft, indem man verschieden schwere, in ein Tuch eingebundene Gewichte nacheinander mit der Hand aufheben und ihre Schwere abschätzen lässt; beim Gesunden ist der Kraftsinn feiner als der Drucksinn.

6 **Gelenk- und Muskelsinn.** Durch denselben wird die Lage der einzelnen Glieder bei geschlossenen Augen beurtheilt. Man prüft denselben, indem man bei geschlossenen Augen den Patienten z. B. die Phalangen der Finger in mehr oder weniger grossen Excursionen beugt und feststellt, welche Excursionen der Patient eben noch wahrnimmt; oder indem man die kleinsten Abductionen des Beins feststellt, welche Patient als solche empfindet. Störungen des Gelenksinns bei allen Unterbrechungen der sensiblen Leitungsbahnen, insbesondere bei Tabes und Neuritis, meist schon vor dem Deutlichwerden grober ataktischer Störungen zu constatiren.

7. **Temperatursinn.** Man berührt die Haut mit (abgetrockneten) Reagensgläsern oder Metallcylindern, welche mit kaltem bezw. warmem Wasser gefüllt sind. Der Gesunde erkennt Temperaturunterschiede von $^1/_2-1^0$ zwischen 25 und 35^0. Als perverse Temperaturempfindung wird es bezeichnet, wenn Patienten bei Berührung mit Eisstückchen Hitzeempfindung haben. Eine andere neuere Temperatursinn-Prüfung beruht darauf, dass die absolute Temperaturempfindlichkeit, welche unter normalen Verhältnissen gewisse constante örtliche Verschiedenheiten zeigt, an verschiedenen Hautstellen mit einander verglichen wird (Goldscheider).

8. **Elektrocutane Sensibilität.** Ein faradischer Strom wird durch einen Metallpinsel geleitet und der Rollenabstand notirt, bei welchem der Strom eben gefühlt wird.

Prüfung der elektrischen Erregbarkeit.

Die Untersuchung der elektrischen Erregbarkeit gelähmter Muskeln und Nerven führt zu wichtigen Schlüssen in Bezug auf den Ort der Erkrankung, besonders aber zu sicherer Vorhersage der voraussichtlichen Erkrankungsdauer.

Methodik und normales Verhalten. Die elektrische Untersuchung geschieht mit dem faradischen (Inductions-) und mit dem galvanischen (constanten) Strom. Der eine indifferente Pol wird auf's Sternum gesetzt, der andere differente auf den zu prüfenden Nerven oder Muskel. Die Reizung des Muskels vom Nerven aus heisst indirecte, die Reizung durch Aufsetzen der Elektrode auf den Muskel selbst directe Reizung. Man setzt den differenten Pol für die Reizung eines jeden Nerven oder Muskels auf bestimmte empirisch festgestellte Punkte, welche aus den Figuren 17—21 zu ersehen sind.

Bei der faradischen Untersuchung erhält man bei directer und indirecter Reizung deutliche Contractionen. Man notirt den Rollenabstand (RA in Millimetern), bei welchem die erste geringste Zuckung auftritt.

Fig. 17.

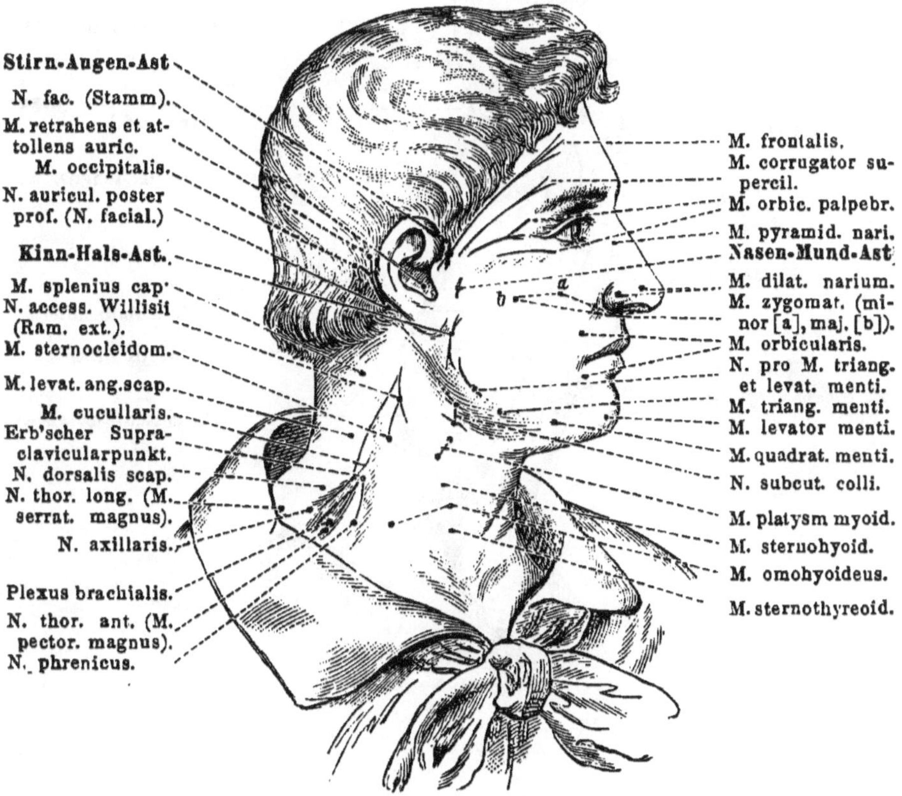

Stirn-Augen-Ast
N. fac. (Stamm).
M. retrahens et attollens auric.
M. occipitalis.
N. auricul. poster prof. (N. facial.)

Kinn-Hals-Ast.
M. splenius cap·
N. access. Willisii (Ram. ext.)
M. sternocleidom.

M. levat. ang.scap.
M. cucullaris.
Erb'scher Supraclavicularpunkt.
N. dorsalis scap.
N. thor. long. (M. serrat. magnus).
N. axillaris.

Plexus brachialis.
N. thor. ant. (M. pector. magnus).
N. phrenicus.

M. frontalis.
M. corrugator supercil.
M. orbic. palpebr.
M. pyramid. nari.
Nasen-Mund-Ast
M. dilat. narium.
M. zygomat. (minor [a], maj. [b]).
M. orbicularis.
N. pro M. triang. et levat. menti.
M. triang. menti.
M. levator menti.
M. quadrat. menti.
N. subcut. colli.
M. platysm myoid.
M. sternohyoid.
M. omohyoideus.
M. sternothyreoid.

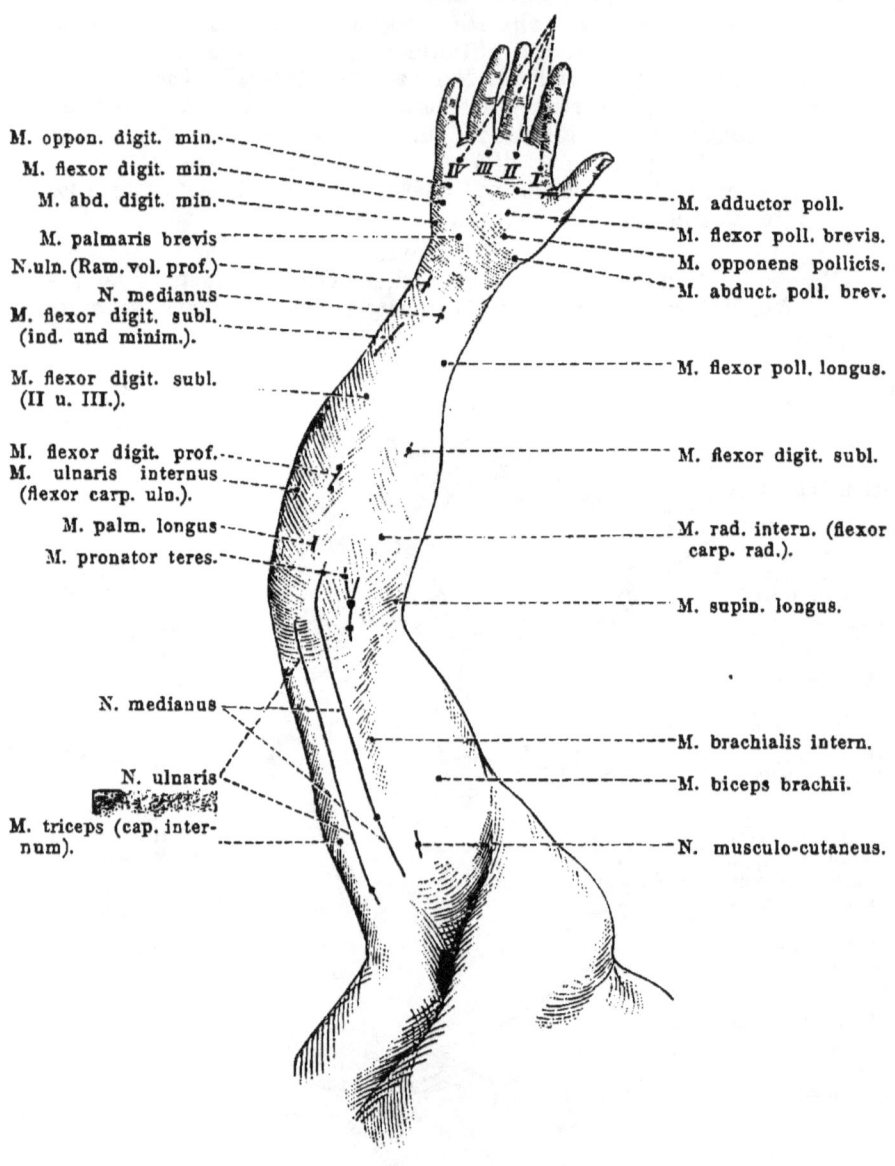

Fig. 18.
Mm. lumbricales.

Diagnostik der Krankheiten des Nervensystems. 45

Fig. 19.

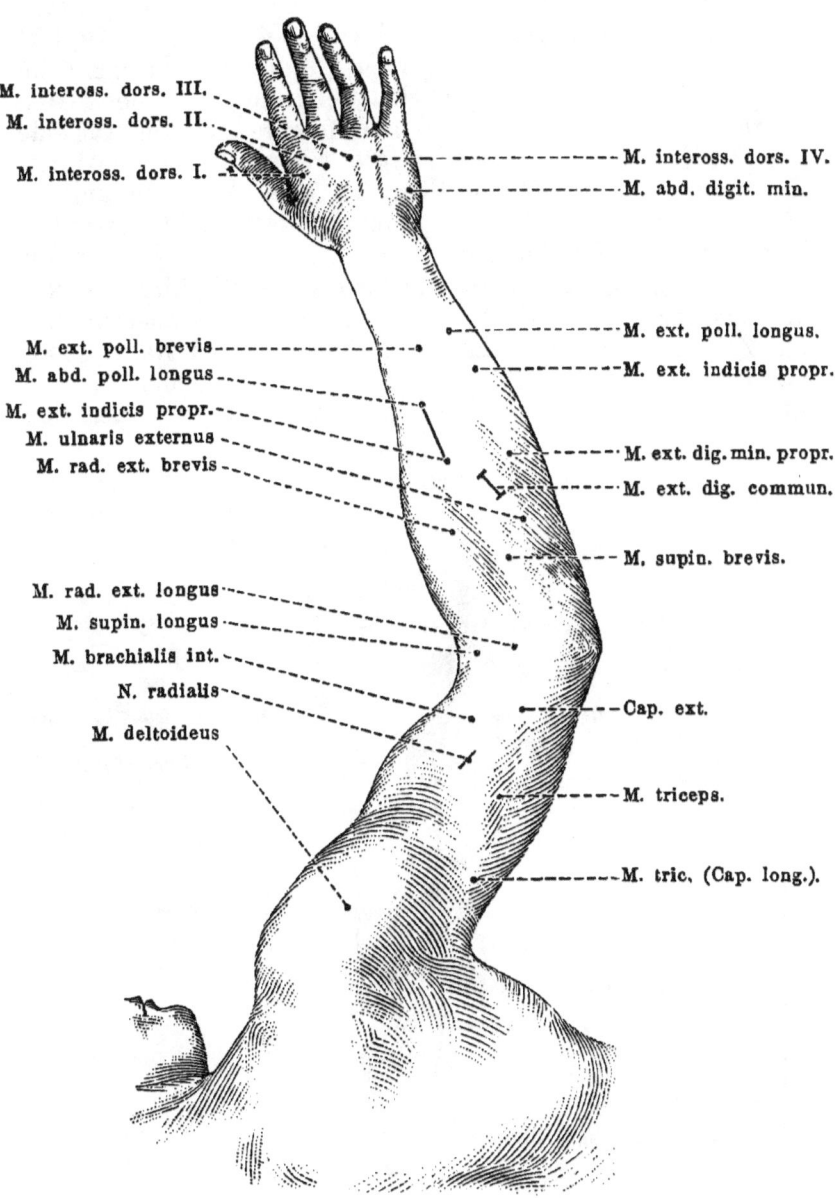

Bei der galvanischen Untersuchung wird mit Hilfe eines **Stromwenders** (von N normal auf W Wechsel) der differente Pol bald zum negativen Pol (Kathode, Zinkpol), bald zum positiven Pol (Anode, Kohle- oder Kupferpol) gemacht. Bei allmäliger Steigerung der Stromstärke tritt die erste schwache Muskelzuckung ein, wenn der Strom so geschlossen wird, dass der differente Pol die Kathode darstellt (KaSZ). Man notirt die verwandte Stromstärke (Zahl der eingeschalteten Elemente oder Ablesung am absoluten Galvanometer). Bei dieser Stromstärke bleiben Kathodenöffnung, Anodenschliessung, Anodenöffnung ohne Erfolg. Bei steigender Stromstärke erfolgt allmälig Anodenöffnungszuckung (AnOZ) und Anodenschliessungszuckung (AnSZ); erst bei sehr starken Strömen (wobei KaSZ schon tetanisch wird) erhält man schwache Kathodenöffnungszuckung (KOZ). Die Reihenfolge der Zuckungen des nor-

Fig. 20.

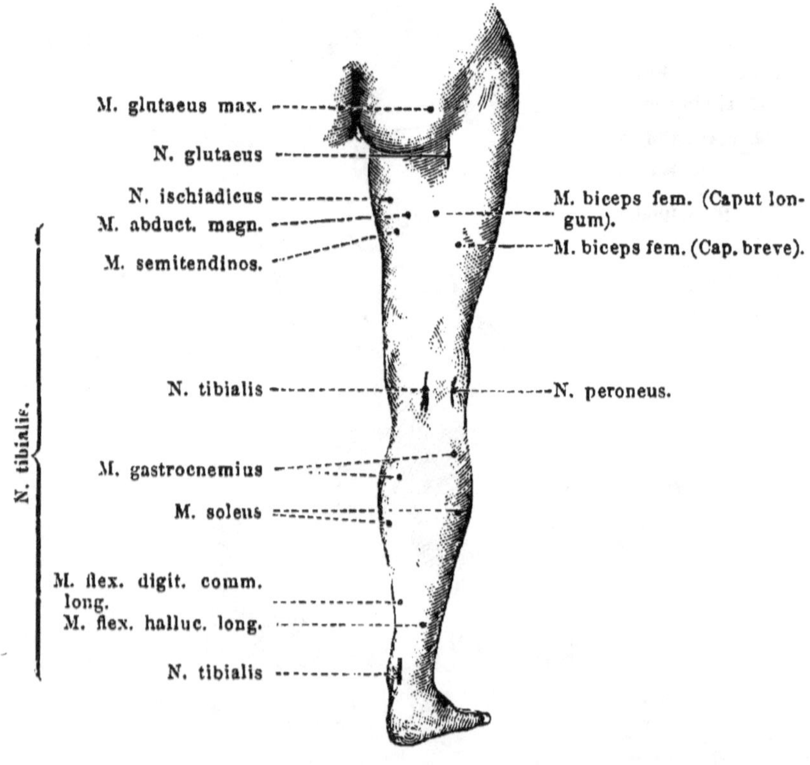

Diagnostik der Krankheiten des Nervensystems. 47

malen Muskels bei wachsender Stromstärke und indirecter Reizung ist also folgende¹): 1. KaSZ; 2. AnOZ; 3. AnSZ; 4. KaSTe; 5. KaOZ. Die Zuckungen sind kurz und blitzartig.

Quantitative Veränderung der elektrischen Erregbarkeit. In verschiedenen Krankheiten ist die elektrische Erregbarkeit in Nerven und Muskeln einfach erhöht oder vermindert, ohne dass die Reihenfolge und die Qualität der Zuckungen verändert ist.

Zum Vergleich benutzt man bei einseitigen Lähmungen die entsprechenden Nerven und Muskeln der anderen Körper-

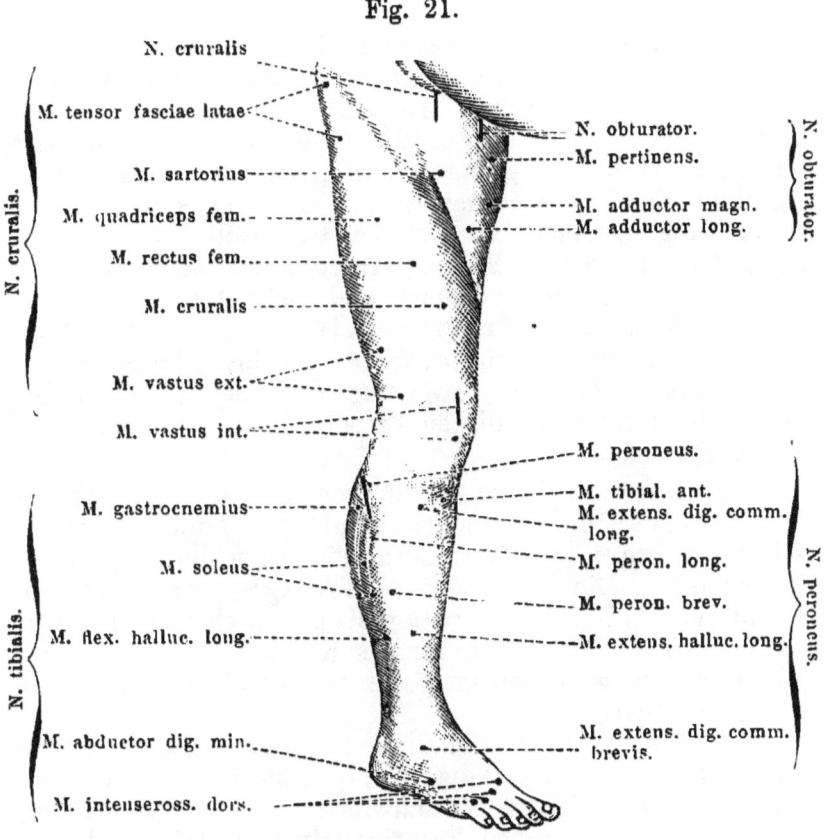

Fig. 21.

¹) Folgende Abkürzungen sind üblich: Ka = Kathode, An = Anode, S = Schliessung. O = Oeffnung, z = schwache Zuckung, Z = stärkere Zuckung, Te = Tetanus.

hälfte. Bei doppelseitigen Lähmungen oder Allgemeinerkrankungen benutzt man zum Vergleich die Erregbarkeitszahlen einiger Nerven bei normalen Menschen, und zwar prüft man den N. frontalis, N. accessorius, ulnaris, peroneus.

Die elektrische Erregbarkeit ist einfach gesteigert besonders bei Tetanie, bei gewissen frischen peripheren Lähmungen.

Die elektrische Erregbarkeit ist einfach vermindert bei allen lange bestehenden Lähmungen, die zu einfacher Muskelatrophie führen, so bei Apoplexien, bulbären und Rückenmarkslähmungen, wenn die trophischen Ganglien intact sind.

Qualitative Veränderung der elektrischen Erregbarkeit: Entartungsreaction (EaR). Qualitative Veränderung der elektrischen Erregbarkeit ist ein untrügliches Zeichen, dass der Nerv peripher gelähmt ist, d. h. dass bei Hirnnerven die grauen Kerne, bei Spinalnerven die Ganglien der Vorderhörner selbst erkrankt sind oder die Erkrankung peripher von diesen trophischen Centren gelegen ist. In diesen Fällen sinkt kurze Zeit nach dem Eintreten der Lähmung mehr und mehr die faradische und galvanische Erregbarkeit im Nerven. Nach 8—14 Tagen ist die Erregbarkeit absolut erloschen; mit den stärksten Strömen ist keine Zuckung hervorzurufen. Auch die directe faradische Erregbarkeit des Muskels erlöscht gänzlich.

Im Gegensatz hierzu wird von der 2. Woche an die directe galvanische Erregbarkeit des Muskels erheblich gesteigert; die Zuckungen erfolgen schon bei geringer Stromstärke. Die Zuckungen sind träge, langgezogen, wurmförmig. Die AnSZ tritt bei gleichschwachem Strom auf wie KaSZ, ist oft stärker als KaSZ; oft erfolgt KaOZ bei wenig grösserer Stromstärke als AnOZ (complete Entartungsreaction).

In schweren bezw. unheilbaren Fällen sinkt nach vier- bis achtwöchentlicher Dauer die galvanische Muskelerregbarkeit bis zu völligem Verschwinden. In heilbaren Fällen werden die elektrischen Erregbarkeitsverhältnisse allmälig normal. In diesen Fällen stellt sich aber die willkürliche Beweglichkeit der gelähmten Muskeln oft weit früher wieder her als die elektrische Erregbarkeit.

Partielle Entartungsreaction, welche leichtere Intensität der Lähmungen diagnosticiren lässt, besteht darin, dass faradische und galvanische Erregbarkeit des Nerven und faradische Erregbarkeit des Muskels nur in geringem Masse sinkt, während die gekennzeichneten charakteristischen Veränderungen bei der directen galvanischen Muskelreizung sich ganz ausbilden. (Vergl. S. 34.)

Parallel dem elektrischen Verhalten geht der **trophische** Zustand der gelähmten Muskeln; Erkrankung der Vorderhornganglien, sowie der Nerven peripher von diesen führt zu **degenerativer Atrophie**; Erkrankung central von den trophischen Centren nur ganz allmälig zu geringer Abmagerung der gelähmten Muskeln.

Entartungsreaction findet sich bei **peripherischen Läsionen der motorischen Nerven** (traumatischer und rheumatischer, diphtherischer, toxischer Lähmung, multipler Neuritis, Alkohol-Neuritis), bei Erkrankung der grauen Vorderhörner und der grauen Kerne des Bulbus (atrophische Kinderlähmung, Poliomyelitis).

Entartungsreaction fehlt bei allen cerebralen und allen spinalen Lähmungen, deren Ursache central von den trophischen Centren gelegen ist.

Prognostisch folgt aus EaR, dass entweder irreparable Atrophie der befallenen Muskeln eintritt oder bestenfalls in 2—3 Monaten eine Wiederherstellung erfolgen kann. Das Fehlen von EaR lässt mit Sicherheit das Fehlen grober anatomischer Veränderungen diagnosticiren; prognostisch folgt aus fehlender EaR Heilung in kürzerer Zeit, oft 3—4 Wochen.

Partielle EaR sagt, dass die Muskeln schwere anatomische Veränderungen erlitten haben, während die Nerven verschont sind, giebt also quoad tempus bessere Prognose als complete EaR.

Symptome einiger Erkrankungen des Nervensystems.

Cerebrale Lähmungen sind im Vorhergehenden genügend besprochen (S. 31).

Gehirnabscess wird diagnosticirt: 1. Aus dem Nachweis der Ursache (Trauma, Otitis, Lungengangrän); 2. aus den Allgemeinerscheinungen (Kopfschmerz, Schwindel, Erbrechen) von wechselnder Intensität; 3. aus unregelmässig remittirendem Fieber; 4. aus fehlender Stauungspapille;

5. aus Herdsymptomen, welche je nach der Localität verschieden sind; dieselben können jedoch ganz fehlen.

Tuberculöse Meningitis. 1. Nachweis anderweitiger tuberculöser Organerkrankung. 2. Unregelmässig remittirendes Fieber. 3. Verlangsamter, irregulärer Puls. 4. Schwere Benommenheit des Sensoriums mit Delirien. 5. Genickstarre.

Gehirnsyphilis. 1. Nachweis der überstandenen Lues. 2. Erfolg der antisyphilitischen Therapie. 3. Oft intensive prodromale Kopfschmerzen, epileptiforme Convulsionen und apoplectiforme Anfälle. Die Allgemeinerscheinungen und die Herdsymptome sind nicht durchaus charakteristisch und kommen auch bei Tumoren, Blutungen etc. vor. In allen zweifelhaften Fällen ist Schmiercur einzuleiten, welche gleichzeitig die diagnostische Entscheidung bringt.

Gehirntumoren. Diese werden diagnosticirt: 1. Aus den Allgemeinerscheinungen (Kopfschmerz, Schwindel, Erbrechen, Convulsionen, psychische Schwäche), welche allmälig eintreten und langsam zunehmen; 2. aus den Herdsymptomen, welche je nach der befallenen Hirnlocalität verschieden sind.

Progressive Bulbärparalyse. Sprachstörung (Anarthrie), Atrophie der Zunge, der Lippen, der mimischen Gesichtsmuskeln, des unteren Facialis. Dadurch maskenartiger Gesichtsausdruck. Schlingbeschwerden durch Atrophie der Pharynxmuskulatur. Schwäche und Monotonie der Sprache durch Atrophie der Larynxmuskeln. Unmöglichkeit des Hustens. Schliesslich Athemlähmung.

An die Entartung der bulbären Kerne schliesst sich oft die Degeneration der gesammten Pyramidenbahnen (Muskelatrophie und erhöhte Sehnenreflexe an den oberen, spastische Parese an den unteren Extremitäten), welche von Charcot u. A. als besonderes Krankheitsbild amyotrophische Lateralsclerose beschrieben wird.

In einigen Fällen schliesst sich an die bulbären Erscheinungen progressive spinale Muskelatrophie (s. u.), welche auf Entartung der Vorderhörner und vorderen Wurzeln beruht.

Alle 3 Erkrankungen betreffen denselben motorischen Leitungsapparat und stellen verschiedene Lokalisationen desselben dar, dessen diagnostische Trennung in vielen Fällen künstlich erscheint.

Myelitis. Die Symptome sind je nach der Höhe des Processes im Rückenmark verschieden.

Myelitis cervicalis. Paraplegie der Beine, Lähmung und Sensibilitätsstörungen in beiden Armen. Sehnenreflexe erhöht. Spastische Erscheinungen. Blasen- und Mastdarmstörungen.
Myelitis dorsalis. Wesentlich dieselben Symptome, aber die Arme ganz frei.
Myelitis lumbalis. Paraplegie beider Beine, obere Extremitäten frei. Blasen- und Mastdarmstörung. Haut- und Sehnenreflexe abgeschwächt oder verschwunden.

Als besondere Form der chronischen Myelitis sind beschrieben die sogen. spastische Spinalparalyse (Erb, Charcot), spastische Erscheinungen in den Extremitäten, erhöhte Reflexe bei erhaltener Blasen- und Geschlechtsfunction, welche angeblich auf alleiniger Läsion der Pyramidenbahnen beruht, die progressive spinale Muskelatrophie, die allmälig zu degenerativer Atrophie der Arm- und Schultermuskulatur führt und auf Läsion der grauen Vorderhörner und vorderen Wurzel beruht.

Hierher gehört auch das Krankheitsbild der Poliomyelitis (Läsion der grauen Substanz), das vielfach mit multipler Neuritis verwechselt, der Diagnose schwer zugänglich ist. Sicher als Poliomyelitis anzusehen ist die essentielle (spinale) Kinderlähmung, deren Diagnose gestellt wird 1. aus dem Kindesalter, 2. aus dem acuten Anfang, 3. der nachfolgenden schlaffen Lähmung mit Atrophie und EaR, 4. den erloschenen Reflexen, 5. der erhaltenen Sensibilität.

Tabes dorsualis. Pupillenstarre, Fehlen der Sehnenreflexe, blitzartige Schmerzen in den Beinen, Ataxie, Romberg'sches Phänomen, Analgesie bezw. Anästhesien, verlangsamte Leitung, Parästhesien. Durch den Nachweis von Pupillenstarre und beiderseitigem Fehlen der Reflexe ist die Diagnose gesichert. Verlauf in 3 Stadien (neuralgisches, ataktisches, paraplegisches Stadium).

Multiple Sclerose des Gehirns und Rückenmarks. Intentionszittern, scandirende Sprache, Nystagmus, spastisch-paretischer Gang und erhöhte Sehnenreflexe, allmälig eintretende psychische Schwäche.

IV. Diagnostik der Erkrankungen des Digestionsapparates.

Lippen. An der Farbe der Lippen erkennt man den Ernährungszustand (S. 4) und die Blutbeschaffenheit (S. 7) Schnelles Trocken- und Borkigwerden der Lippen verräth fieberhafte Krankheit. Charakteristisch ist die bräunliche russartige Färbung der Lippen bei Typhus (Fuligo).

Zähne. Der gesunde Mensch hat feuchte Zähne: trockene, mit Borken belegte Zähne deuten auf Unbesinnlichkeit und Fieber. (Bei guter Krankenpflege müssen auch bei soporösen Kranken Zähne, Lippen und Mund feucht und rein gehalten werden.)

Der gute Zustand des Gebisses ermöglicht gutes Kauen. Beim Fehlen vieler Zähne werden die Bissen unzerkleinert herunter geschluckt. Schlechtes Gebiss kann man oft für die Diagnose chronischer Gastritis verwerthen.

Bei Kindern kann man an der Zahl der Zähne bezw der Zeit des Durchbruchs leicht das Alter erkennen; die Kenntniss der Durchbruchsverhältnisse ist für die Diagnostik vieler Kinderkrankheiten nothwendig.

Das Milchgebiss besteht aus 20 Zähnen (jederseits 2 Schneide-, 1 Eck-, 2 Backzähne). Sie brechen durch vom 3. Monat bis Ende des 3. Lebensjahres, gewöhnlich in folgender Reihenfolge: Die mittleren unteren Schneidezähne 3.—10. Monat (Mittel 7. Monat), die mittleren oberen 9.—16. Monat, die äusseren oberen Schneidezähne 10—16. Monat, die äusseren unteren 13.—17. Monat. Die 4 vorderen Backzähne 16.—21. Monat, die 4 Eckzähne 16. bis 25. Monat, die 4 hinteren Backzähne 23.—36., im Mittel 24. bis 30. Monat.

Der Wechsel der Zähne beginnt um das 7. Lebensjahr und geht gewöhnlich in derselben Reihenfolge vor sich, wie der erste Durchbruch. Die dritten Mahlzähne (Weisheitszähne) kommen zwischen 18.–30. Jahr. Das bleibende Gebiss hat 32 Zähne (jederseits 2 Schneide-, 1 Eck-, 2 Back-, 3 Mahlzähne).

Zunge. Die Betrachtung der Zunge ist nach altem ärztlichen Brauch der Anfang der Untersuchung. Die Zunge des Gesunden hat eine frischrothe Farbe, ist feucht, zittert nicht beim Hervorstrecken.

In fieberhaften Erkrankungen vor Eintritt verständiger Pflege ist die Zunge trocken, rissig, mit missfarbigen Borken belegt. Charakteristisch ist das Aussehen der Zunge im Typhus (bräunlich, an den Seiten rothe Streifen) und im Scharlach (Himbeerzunge).

In nicht fieberhaften Krankheiten beurtheilt man, ob die Zunge frischroth oder belegt ist.

Gutes Aussehen der Zunge spricht oft gegen Magenerkrankung. Das Belegtsein der Zunge verräth oft katarrhalischen Zustand der Magenschleimhaut. Doch gehen diese Zustände nicht regelmässig parallel, so dass die diagnostischen Schlüsse aus dem Zungenbelag mit Vorsicht zu ziehen sind. (Kranke mit Ulcus ventriculi und Salzsäureüberschuss haben meist nicht belegte Zunge.)

Die Zungenentzündung (Glossitis), Anschwellung und grosse Schmerzhaftigkeit der Zunge, ist eine seltene schwere Infectionskrankheit, die meist chirurgischer Behandlung bedarf.

Mund. Die Entzündung der Mundschleimhaut (Stomatitis) erkennt man an Schwellung, Auflockerung und Schmerzhaftigkeit, meist durch schlechte Mundpflege verursacht; oft bei Quecksilbergebrauch (Gurgeln mit Kali chloricum!).

Soorplaques sind kleine grauweissliche membranöse Auflagerungen auf der Mundschleimhaut, welche bei entkräfteten Kindern in Folge von Unreinlichkeit, bei Erwachsenen meist am Ende schwerer Krankheiten (Phthisis, Sepsis etc.) entstehen (cfr. Cap. XII.). Der Erreger der Soorvegetationen ist ein Hefepilz (Sacharomyces albicans), welcher auf saurem Nährboden in Sprossketten, auf alkalischem Boden in Fäden auswächst. Im Munde in Fäden und runden Conidien.

Rachen mit Tonsillen. Die Inspection des Rachens, bei herabgedrückter Zunge vorgenommen, zeigt, ob infectiöse Processe hier localisirt sind (Angina oder Diphtherie? S. 25). Im Uebrigen achte man auf die Zeichen chronischer Pharyngitis (Schleimhaut geschwulstet, geröthet, mit Schleim überzogen); dieselbe wird in vielen Fällen durch dieselbe Schädlichkeit erzeugt, welche zu chronischer Gastritis führen (Alkoholismus, zu starkes Rauchen, Essen sehr heisser Speisen, doch auch bei Staubarbeitern, Rednern, Sängern).

Unempfindlichkeit des Rachens ist oft ein Zeichen von Hysterie oder sehr vorgeschrittenem Alkoholismus, und kann die Diagnose des Magenleidens auf Neurose oder alkoholistische Gastritis leiten. Hyperästhesie, übermässige Würgbewegung bei Berührung, ebenfalls oft bei Säufern.

Speichel ist ein alkalisches, mucinhaltiges Drüsensecret, dessen wirksamer Bestandtheil die Diastase ist, welche aus Stärke Zucker bildet. Bei Stomatitis und in einigen Krankheiten, z. B. Diabetes, wird der Speichel sauer. Bei Hyperacidität des Magens scheint die diastatische Wirksamkeit oft verringert. Doch kommt eine diagnostische Bedeutung der Speicheluntersuchung bisher nicht zu.

Man erkennt den Speichel an der Blutrothfärbung beim Ansäuern und Versetzen mit Eisenchlorid; diese Reaction beruht auf dem Gehalt des Speichels an Rhodankalium (CNSK).

Oesophagus.

Von den Erkrankungen der Speiseröhre haben nur die Verengerungen diagnostische Wichtigkeit. Man erkennt sie an den Klagen der Patienten, dass der Bissen im Halse oder vor dem Magen stecken bleibe und nach einiger Zeit, oft mit fauligem Geschmack wieder zurückgewürgt werde.

Ueber der verengten Stelle bilden sich durch den Druck der Nahrung Ausbuchtungen (Divertikel), in welchen es oft zu Zersetzungen und Fäulniss der Speisen kommt. Im Divertikel kann z. B. Milch stunden- und tagelang zurückbleiben.

Die Diagnose der Verengerung wird sicher gestellt durch Einführung einer mässig harten Schlundsonde von gewöhnlichem Caliber. Bevor man dieselbe einführt, hat man in jedem Fall zu untersuchen, ob etwa ein Aortenaneurysma vorhanden ist; in diesem Fall muss die Sondenuntersuchung unterbleiben.

Es ist zu diagnosticiren: 1. der Sitz der Verengerung. Hiervon hängt die Möglichkeit eines chirurgischen Eingriffs ab. Man markirt an der eingeführten Sonde die Stelle, wo sie die oberen Schneidezähne berührt, und misst die Länge der herausgezogenen Sonde von der Marke an.

Die Entfernung von den oberen Schneidezähnen bis zur Cardia misst bei Erwachsenen gewöhnlich 40 cm. Von den oberen Schneidezähnen bis zum Anfang des Oesophagus 15 cm; von den oberen Schneidezähnen bis zur Kreuzungsstelle des Oesophagus mit dem Bronchus 23 cm.

2. **Die Ursache der Verengerung**; von dieser Feststellung ist Prognose und Behandlung unmittelbar bedingt. Die Verengerung kommt zu Stande durch **Narbenbildung** nach Anätzung durch Säuren oder alkalische Laugen; dies muss durch die Anamnese eruirt werden (Conamen suicidii oder Versehen); durch **Carcinom**; dies ist die häufigste Ursache. Massgebend ist das Alter, der ziemlich schnelle Kräfteverfall, das Aussehen (fahlgraues Colorit); seltener durch **Tumoren** des Mediastinums oder **Aortenaneurysma**; diese müssen percutorisch etc. nachgewiesen werden; oder durch verkäste **Bronchialdrüsen** am Lungenhilus, dann muss Tuberculose anderer Organe bestehen.

Ganz selten ist **luetische** Strictur, die erst angenommen werden kann, wenn Syphilis nachgewiesen ist und jede andere Aetiologie ausgeschlossen ist. Bei hysterischen jungen Personen ist an **nervösem** Spasmus (der Cardia) zu denken.

Narben- und carcinomatöse Oesophagusstrictur bieten der Behandlung schwere, aber dankbare Aufgaben.

In solchen Fällen wird die Diagnose vervollständigt durch die Feststellung der **Durchgängigkeit** bezw. **Weite der Strictur**. Man versucht die verengte Stelle vorsichtig mit verschieden starken Bougies zu passiren. Der Beweis für die erfolgte Passage liegt nicht immer im Tiefergleiten der Sonde, diese kann sich in grossen Divertikeln umbiegen, sondern im Hören des **Schluckgeräusches** beim Schlucken des Patienten.

Das Schluckgeräusch wird auscultirt 1. hinten links neben der Wirbelsäule in der Höhe des 6. Brustwirbels; es ist ein kurzes, dumpfes Geräusch, das unmittelbar nach dem Schluckact zu hören ist. Bei Stenose ist es sehr schwach, bei Verschluss der Speiseröhre fehlt es ganz. 2. Vorn am Rippenbogen links neben dem Processus xiphoideus; hier hört man neben dem (primären) Schluckgeräusch 3 bis 5 Secunden später ein (secundäres sogen. Durchpressgeräusch. Bei Verengerungen hört man das Durchpressgeräusch 5—12 Secunden später.

Eine andere diagnostische Bedeutung kommt dem Schluckgeräusch nicht zu.

Die Diagnostik der Magenkrankheiten.

In Bezug auf die Anamnese ist Folgendes zu berücksichtigen:

Hereditäre Verhältnisse selten von Werth (allenfalls bei Carcinom oder Neurasthenie). Von grösster Wichtigkeit ist die Lebensweise des Patienten; ob er Berufsschädlichkeiten ausgesetzt war (sitzende Lebensweise, Kummer und Sorge, psychische Erregungen, Intoxicationen mit Blei etc.), ob er Gelegenheit zu häufigen Diätfehlern hatte (grobe, voluminöse Nahrung, Schlingen, schlechtes Kauen, heisses Essen), ob er Alkoholist, starker Raucher war. Eine wesentliche Frage ist, ob der Patient in steter event. schneller Abmagerung begriffen ist

Man nehme dann die Klagen über die dyspeptischen Erscheinungen genau auf, versäume jedoch nicht, alsbald nach etwaigen früheren Erscheinungen von Seiten anderer Organe (Lunge, Herz, Niere) zu forschen.

Die Klagen aller Magenkranken, durch welche die Aufmerksamkeit des Arztes auf das erkrankte Organ hingeleitet wird, beziehen sich auf allgemeine, sog. dyspeptische Erscheinungen: Appetitlosigkeit, Aufstossen, Sodbrennen, Druck und Völle in der Magengegend, Schmerzen im Magen, Abgeschlagenheit. Keins dieser Symptome ist an und für sich charakteristisch genug, um eine genaue Diagnose der vorliegenden Magenkrankheiten zu gestatten. Von besonderer diagnostischer Wichtigkeit ist, dass die dyspeptischen Symptome auch im Verlaufe anderer Organkrankheiten vorkommen z. B. im Beginn und Verlauf der Lungenschwindsucht (phthisische Dyspepsie), bei Herzkranken im Stadium der gestörten Compensation, im Gichtanfall, bei Diabetikern.

Appetit ist ein wichtiges Zeichen guter Gesundheit. Appetitlosigkeit ist ein Zeichen krankhafter Störung im Allgemeinen, ohne dass man specielle Schlüsse daraus ziehen kann. Die meisten fieberhaften und chronischen Krankheiten vermindern den Appetit. Speciell von den Magenkrankheiten gehen Gastritis, Carcinom meist mit Appetitlosigkeit einher, Ulcus und Hyperacidität meist mit gutem Appetit. Doch sind zahlreiche Ausnahmen vorhanden. Uebermässig gesteigerter Appetit, Heisshunger (Bulimie), ebenso perverse Appetitempfindungen, krankhafte Geschmacksgelüste sind meist Zeichen von Neurosen des Magens, doch auch bei anderen Affectionen.

Man hat den Zustand des Appetits oft als untrügliches Anzeichen guter oder gestörter Verdauungstätigkeit betrachtet; dies ist nur bedingungsweise richtig. In vielen Fällen besteht bei schlechtem Appetit gute Verdauungskraft. Doch bedarf es bei der Ernährung appetitloser Patienten besonderer Sorgfalt.

Aufstossen. Dies Symptom hat keine differentialdiagnostische Bedeutung.

Sodbrennen, saures Brennen im Schlund. Dies ist stets ein Zeichen vermehrten Säuregehalts im Magen. Doch folgt hieraus keine sichere Diagnose, weil es sich ebenso gut um Salzsäureüberschuss (anorganische Hyperacidität) handeln kann, wie um starke Gährungen, welche gerade bei Salzsäuremangel (anorganische Anacidität) eintreten und zur reichlichen Bildung von Essigsäure, Milchsäure, Buttersäure führen (organische Hyperacidität). Diese Zustände der organischen und der anorganischen Hyperacidität geben verschiedene Prognose und erfordern durchaus verschiedene Diät und Behandlung, trotzdem beide dasselbe Symptom des Sodbrennens darbieten.

Gefühl von Druck und Völle im Magen. Dies Symptom kommt bei den verschiedensten Affectionen vor.

Schmerzen im Magen. Dies Symptom ist für die differentielle Diagnose nur mit grösster Vorsicht zu benutzen. Häufig findet es sich bei Ulcus, doch auch bei Neurosen und Katarrhen. Nur diejenigen Schmerzen, welche an einer circumscripten Stelle localisirt und stets an derselben Stelle empfunden werden, sind für Ulcus charakteristisch.

Erbrechen.

Erbrechen kommt zu Stande, wenn durch Erregung eines in der Medulla oblongata belegenen Centrums gleichzeitig die Bauchmuskeln und das Zwerchfell contrahirt, der Pylorus geschlossen, die Cardia eröffnet und wahrscheinlich antiperistaltische Magenbewegungen veranlasst werden. Die Erregung des Brechcentrums findet entweder direct vom Blute aus statt: durch Brechmittel oder durch toxische Stoffe (bei chronischer Nephritis, Urämie, Cholera), oder durch reflectorische Reizung. Reflectorische Erregung des Erbrechens kann von den verschiedensten Organen stattfinden, vom Gehirn (Meningitis, Tumoren), vom Bauchfell (Peritonitis, Perityphlitis), von den Nieren (Nierensteine, Pyelitis), der Blase (Blasenoperationen), von den Geschlechtsorganen (bei Cervixreizung, Gravidität), oder vom Magen (bei sehr vielen Magenkrankheiten).

Auch durch psychische Vorgänge, besonders durch Ekel, kann Erbrechen hervorgebracht werden.

Wiederholtes Erbrechen ist ein Zeichen verschiedener

Organerkrankungen. Pathognostisch für Meningitis, Peritonitis, Urämie. Bei Morbus Brightii ist Erbrechen mali ominis als erstes Zeichen der Urämie. Bei Meningitis hängt die Prognose zum Theil von der Häufigkeit des Erbrechens ab. (Morphium!) Bei Schwangeren ist vereinzeltes Erbrechen bedeutungslos; ein eigenes, prognostisches sehr ernstes Symptomenbild bietet das „unstillbare" Erbrechen der Schwangeren, welches die Indication zur künstlichen Frühgeburt abgiebt.

Wiederholtes Erbrechen in fieberhaften Krankheiten fordert besondere diagnostische Berücksichtigung; es kann sich handeln um prodromales Erbrechen (z. B. Scharlach und Erysipel); es kann ein wesentliches Krankheitssymptom sein (Meningitis, Peritonitis); es kann durch Medicamente oder durch unzweckmässige Nahrung veranlasst sein. Die schwerste Form ist Erbrechen aus reizbarer Schwäche, oft mit Singultus verknüpft, meist im Remissions oder beginnendem Reconvalescenzstadium auftretend.

Von besonderer diagnostischer Wichtigkeit sind periodisch wiederkehrende Anfälle häufigen Erbrechens, die von ganz anfallsfreien Zwischenräumen unterbrochen sind: sog. gastrische Krisen; dieselben kommen bei Rückenmarkskrankheiten vor, besonders bei Tabes dorsualis. Oft wird durch dies charakteristische Symptomenbild zuerst die Aufmerksamkeit auf die bis dahin übersehene Tabes gelenkt.

Auf Grund des Erbrechens allein ist danach niemals Magenerkrankung zu diagnosticiren; hierzu bedarf es weiterer dyspeptischer Symptome und Untersuchung.

Erbrechen in Magenkrankheiten. Wiederholtes Erbrechen kommt bei so verschiedenen Magenaffectionen vor (Ulcus, Gastritis, Neurose etc.), dass dadurch eine specielle Diagnose nicht ermöglicht wird.

Bestandtheile des Erbrechens: Nahrungsbestandtheile durch Zersetzung und Gährung vielfach verändert (aus den Kohlehydraten entwickeln sich Milchsäure, Buttersäure, Essigsäure; aus dem Fett freie Fettsäuren; aus den Eiweisskörpern neben den Peptonen Leucin und Tyrosin); Speichel (namentlich bei Vomitus matutinus); Schleim (besonders bei Gastritis, doch nicht charakteristisch); Galle (meist ohne diagnostische Bedeutung); Harnstoff (bei Urämie; über den Nachweis siehe Cap. VIII.).

Mikroskopische Untersuchung des Erbrochenen: Man findet Nahrungsbestandtheile (quergestreifte Muskelfasern, Fettkügelchen, Stärkezellen, Pflanzenfasern), Pflasterepithelien aus Mund und Oesophagus, Leucocyten, verschiedenartige Bacillen und

Diagnostik der Erkrankungen des Digestionsapparates. 59

Coccen, Sprosspilze und Sarcine. Das Vorkommen von Sarcinepilzen hat keine besondere diagnostische Bedeutung. (Fig. 22.)

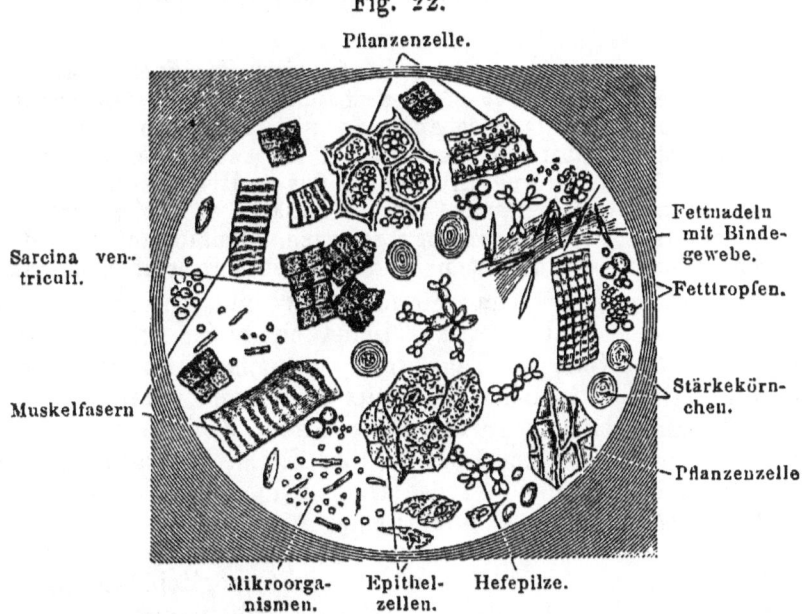

Fig. 22.

Dagegen giebt es bestimmte Arten von Erbrechen, die pathognostisch sind.

1. **Blutbrechen** (Hämatemesis): a) Erbrechen frischen, schwarzbraunen gut riechenden Blutes, charakteristisch für Ulcus (oder Lebercirrhose). b) Erbrechen alten, zersetzten, übelriechenden, bräunlichen Blutes (kaffesatzartiges Erbrechen) bei Carcinom.

Man achte auf die Unterscheidung von Blutbrechen und Bluthusten. In den meisten Fällen wird von den Patienten Erbrechen oder Husten charakteristisch beschrieben. Manchmal aber waren beim Husten gleichzeitig Würgbewegungen vorhanden, oder das der Lunge entstammende Blut wird erst heruntergeschluckt und dann erbrochen. In manchen Fällen ist Haemoptoe oder Haematemesis das erste Zeichen der bis dahin latenten Lungen- oder Magenaffection, so dass der Patient von der Blutung auf's Höchste erschreckt, den Vorgang nicht genau beschreiben kann. In solchen (immerhin seltenen) Fällen kann die Differentialdiagnose um so schwieriger sein, als für Fälle frischer Blutung die Regel gilt, die Organuntersuchung möglichst schonend vorzunehmen oder ganz aufzuschieben.

2. **Kothbrechen** (Miserere) ist das Zeichen des Darmverschlusses (Ileus). (Vergl. S. 67.)

3. Sehr voluminöses, in grösseren Zwischenräumen eintretendes Erbrechen ist charakteristisch für **Erweiterung des Magens.**

In dem erweiterten Magen häufen sich die Speisen an, in Folge der Muskelschwäche oder mechanischer Hindernisse werden sie nicht in den Darm geschafft. So wie der Magen durch die dauernde Zufuhr übermässig ausgedehnt ist, entleert er sich eines Theils des Inhalts durch Erbrechen, das meist 1—2 Liter stark vergohrenen Inhalt herausbefördert. Danach ist Patient wohler, isst mehrere Tage unter anfangs geringen, allmälig zunehmenden Beschwerden, bis von Neuem sehr reichliches Erbrechen eintritt.

4. Erbrechen früh Morgens bei ganz nüchternem Magen, wobei unter grosser Uebelkeit meist nur Schleim, selten klarer Saft zu Tage tritt, ist charakteristisch für alkoholistische Gastritis (Vomitus matutinus potatorum).

5. Erbrechen unmittelbar nach dem Genuss der Speise, meist mit dem Gefühl des Ekels, charakteristisch für hysterische oder nervöse Dyspepsie. Man suche nach anderen Zeichen von Neurasthenie.

In den meisten Fällen ist es nicht möglich, auf Grund der Klagen über die dyspeptischen Erscheinungen die specielle Diagnose zu stellen. Dazu bedarf es der

objectiven Untersuchung des Magens.

Die Würdigung des Allgemeinstatus, über den man sich während der Klagen des Patienten orientirt, ist von grösstem Werth. Schneller Kräfteverfall spricht für Carcinom, gutes Aussehen meist dagegen; doch kann auch chronischer Katarrh und Magenerweiterung zu grosser Abmagerung führen. — Man achte auf das Gebahren der Patienten, auf die Art, wie sie klagen, ihren Gesichts- und Augenausdruck, um Anhaltepunkte für Nervosität zu gewinnen.

Inspection. Ist meist von geringem Werth. Nur bei sehr bedeutender Dilatation sieht man den Magen wie eine ausgedehnte Blase die abgemagerte Bauchwand hervordrängen.

Palpation. Dabei ist zu achten: 1. auf **Schmerzhaftigkeit**, welche sich bei verschiedenen Affectionen findet. Nur streng localisirte Schmerzen sprechen für Ulcus; 2. auf das Vorhandensein von **Tumoren.** Nur wenn ein Tumor gefühlt ist. ist Carcinom zu diagnosticiren. Tumoren des

Magens sind bei der Athmung wenig verschieblich, Lebertumoren steigen bei der Athmung auf und nieder. Wird bei Verdacht auf Krebs kein Tumor gefühlt, so bleibt die Diagnose des Carcinoms in der Schwebe, da ein sehr kleiner Tumor, namentlich an der kleinen Curvatur, der Palpation entgehen kann.

Tumor des Magens bedeutet in den meisten Fällen, namentlich bei älteren Personen, Carcinom. Doch kommen praktisch sehr wichtige Ausnahmen vor: 1. Hypertrophie des Pylorus (namentlich bei Ulcus und Hyperacidität), welche als taubeneigrosser Tumor durchzufühlen ist. Die Diagnose wird ermöglicht durch gleichzeitige Ulcussymptome, meist gute Ernährung und das Nichtwachsen des Tumors. Doch kann namentlich bei hochgradiger Dilatation die Entscheidung sehr schwierig werden. 2. Perigastritis bei Ulcus chronicum. Chronisches Magengeschwür führt manchmal zu diffuser Infiltration und Verdickung der Umgebung, welche als flächenhafter Tumor durchzufühlen ist. Auch hier entscheidet der meist gute Ernährungszustand nach sehr langem Leiden, oft frühere Ulcussymptome, oft die Gestalt des Tumors die Diagnose.

Percussion. Durch dieselbe versucht man die Grösse des Magens zu bestimmen, doch giebt die Percussion meist unsichere Resultate, weil die umliegenden Därme zum Theil dieselben Schallverhältnisse darbieten (Fig. 23).

Der Magen liegt so in der Bauchhöhle gelagert, dass $^5/_6$ seines Volumens links von der Mittellinie, $^1/_6$ rechts von derselben liegt; der Fundus liegt in der Concavität der linken Zwerchfellkuppel; die Cardia in Höhe des 9.—11. Brustwirbels, kleine Curvatur und Pylorus sind von der Leber bedeckt; der Pylorus liegt in der rechten Sternallinie in der Höhe der Spitze des Proc. xiphoideus. Die untere Magengrenze liegt 2—3 Querfinger oberhalb des Nabels. Die Fläche, innerhalb welcher der tympanitische Schall des Magens über der Brustwand zu hören ist, wird **halbmondförmiger Raum** genannt; die Grenzen des halbmondförmigen Raumes sind: Leber, Lunge, Milz, Rippenbogen.

Die besten Ergebnisse ergiebt die einfache Percussion, wenn man auf leerem Magen in Pausen mehrere Glas Wasser trinken lässt; dann erhält man einen jedes Mal wechselnden Dämpfungsbezirk, welcher in den meisten Fällen die Lage der unteren Magengrenze deutlich erkennen lässt.

Die sichersten Resultate in Bezug auf die Grösse des Magens erhält man durch die

Aufblähung des Magens. Dieselbe muss in allen auf Dilatation verdächtigen Fällen vorgenommen werden.

Patient bekommt auf nüchternen Magen einen Kaffeelöffel

Fig. 23.

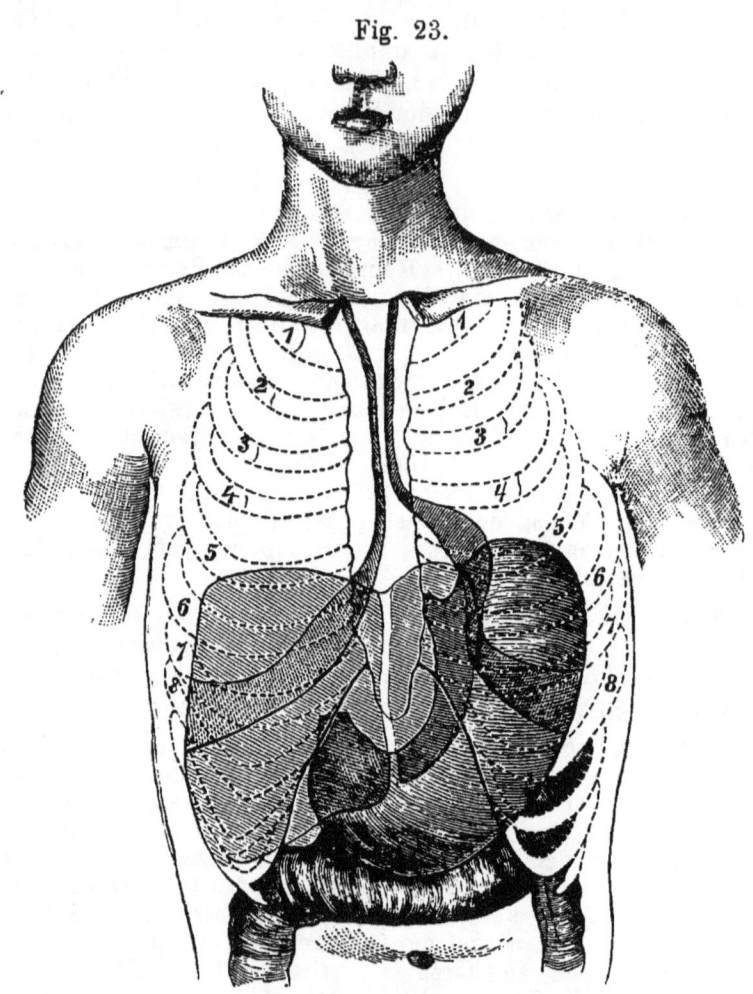

voll Weinsteinsäure (Ac. tartaricum), gleich darauf einen Kaffeelöffel voll Natron bicarbonicum, das er mit wenig Wasser hinunterschluckt. Im Magen entwickelt sich Kohlensäure und man sieht in vielen Fällen alsbald die Contouren des Magens sich deutlich an der Bauchwand abzeichnen. In anderen Fällen, wo der Magen sich nicht so sichtbar hervordrängt, ist jetzt für die Percussion der abnorm tiefe Schall des Magens von den Bauchorganen leicht abzugrenzen. — Hat man aus anderen Gründen den Magenschlauch eingeführt, so kann man den Magen direct mit Luft aus einem Spraygebläse aufblasen.

Der Magen gilt als erweitert, wenn die untere Grenze den Nabel erreicht oder überschreitet.

Mit Hilfe dieser Untersuchungsmethoden gelingt es in den meisten Fällen die Differentialdiagnose zu stellen.

In vielen Fällen bietet die so gestellte Diagnose genügende Anhaltepunkte für die nothwendige Therapie (z. B. Ulcus, Dilatatio). In einer grossen Reihe von Fällen indess ist die Therapie davon abhängig, wie die Säureverhältnisse im Magen beschaffen sind. Aus der anatomischen Diagnose kann man dies nur selten erschliessen, da sich verschiedene Fälle derselben Erkrankungsform in Beziehung auf den Säuregehalt des Magensafts verschieden verhalten können.

Die Therapie vieler Magenkrankheiten, besonders der Katarrhe und Neurosen, ist vorwiegend eine diätetische. Nun ist aber die Verordnung der Diät unmittelbar abhängig von der Säurebeschaffenheit des Magens. Kranke mit Salzsäurehyperacidität vertragen vorzüglich Fleisch und Milch, sehr schlecht Kohlehydrate und zum Theil Fett. Kranke mit Anacidität verdauen Fett und Kohlehydrate sehr gut, wenn die Gährungen hintangehalten werden, während Fleisch in grösseren Mengen ihnen leicht Beschwerden bereitet. — Die medicamentöse Therapie — ob Salzsäure oder Natron — ist direct von der Kenntniss des Säuregehaltes im Magen abhängig. — Schliesslich ist nicht selten erst aus der Untersuchung des Mageninhalts (bei organischer Hyperacidität) die Indication zu Ausspülungen des Magens zu entnehmen.

In allen denjenigen Fällen, in welchen die anatomische Diagnose für die Wahl der Behandlungsmethode keine genügenden Anhaltepunkte bietet, ist

die Untersuchung des Mageninhalts

auszuführen.

Methodik und normales Verhalten. Morgens, bei nüchternem Magen, wird ein weicher Magenschlauch eingeführt und mittelst einer kleinen Saugflasche aspirirt. Der gesunde Magen enthält nüchtern nichts oder nur wenige ccm schwach saurer Flüssigkeit. Danach trinkt Patient $1/2$ Liter Milch und isst zwei Weissbrödchen (Milch-Probefrühstück). 2 Stunden später wird der Schlauch von Neuem eingeführt, der Mageninhalt durch Aspiration zurückgewonnen. Der Mageninhalt wird filtrirt und das Filtrat auf den Säuregehalt untersucht. Die Einführung des Schlauches gelingt meist, ohne den Patienten sehr zu belästigen; doch bedarf es hierzu einer gewissen Uebung. Die Sondirung auf nüchternen Magen ist nicht in allen Fällen nothwendig, doch bei Hyperacidität u. a. erwünscht. Anstatt des Milchprobefrühstücks kann man dem Patienten reichen: 1. das Ewald'sche Probefrühstück, bestehend aus einer Semmel und einer Tasse Thee; $3/4$ Stunden später Wiedergewinnung; 2. die Leube-Riegel'sche Probemahlzeit, bestehend aus Graupensuppe, Beefsteak 150—250 g, 50 g Brod und ein Glas Wasser; 4—5 Stunden später Wiedergewinnung.

Anstatt der Aspiration kann man sich begnügen, durch Druck auf den Magen und Pressen des Patienten etwas Mageninhalt zu gewinnen (Ewald's Expression).

Das Filtrat des gewonnenen Mageninhalts wird folgendermassen untersucht:

1 Mit Lakmuspapier.

2 Auf freie Salzsäure. In ein Schälchen voll Magensaft tropft man einige Tropfen wässeriger Lösung von Methylviolet. Bei Anwesenheit von wenig Salzsäure wird die Lösung schwach blau, bei starkem Salzsäuregehalt tief blau. Oder man setzt einige Tropfen dünner (gelber) Tropäolinlösung hinzu; bei Anwesenheit von freier HCl wird die Lösung mehr oder weniger roth. Oder man verwendet das Günzburg'sche Reagens (2 g Phloroglucin, 1 g Vanillin in 30 g absoluten Alkohol gelöst, in dunkler Flasche). Von dieser Lösung wird ein Tropfen in einer Porzellanschale zu mehreren Tropfen Magensaft gesetzt und über der Flamme schwach erwärmt; bei Anwesenheit von Salzsäure entstehen rothe Streifen.

3. Auf Milchsäure mit dem Uffelmann'schen Reagens (zu 10 ccm 1 proc. Carbolsäurelösung setzt man 1—2 Tropfen Liq. ferri sesquichlorati, die Lösung wird schön blau-violet). Zu diesem Reagens lässt man im Probirgläschen Magensaft zufliessen, bei Anwesenheit grösserer Mengen Milchsäure tritt zeisiggelbe Farbe ein. Ist reichlich Salzsäure vorhanden, so kommt die Milchsäurereaction nicht zu Stande, man muss dann den Magensaft mit Aether ausschütteln, um die Milchsäure zu gewinnen.

4. Auf Pepton mit der Biuretreaction; eine Probe des Mageninhalts wird stark alkalisirt und tropfenweise dünne Kupfersulfatlösung zugesetzt; ist Pepton vorhanden, so tritt lebhafte Rothfärbung ein.

5. Es ist nothwendig, die Gesammt-Säuremenge (Acidität) zu erkennen. Zu diesem Zwecke werden 10 ccm Magensaft mit $^{1}/_{10}$ Normalnatronlauge titrirt.

Der 2 Stunden nach dem Milchfrühstück gewonnene Mageninhalt des Gesunden reagirt sauer auf Lakmus, giebt positiven Ausschlag der Salzsäurereaction, dagegen keine Milchsäurereaction.

Die Gesammtacidität beträgt 50—65 ccm $^{1}/_{10}$ Normallauge (auf 100 ccm Filtrat) = 0,18—0,24 proc. Salzsäure.

Die Salzsäurereactionen fehlen meist bei chronischer Gastritis und bei Carcinom; sie sind oft gesteigert bei Ulcus ventriculi und nervöser Dyspepsie.

Das Fehlen der Salzsäurereaction ist also nicht geeignet, die Diagnose für Carcinom zu entscheiden; doch spricht starke Salzsäurereaction meist gegen Carcinom.

Die Farbenreactionen werden beinflusst bezw. verdeckt durch Vorhandensein von Eiweisskörpern: sie sind deshalb mit Vorsicht zu verwerthen und stets durch weitere Reactionen, besonders aber durch die Bestimmung der Gesammtacidität zu controliren.

Ausser der Säure finden sich im Mageninhalt noch die verdauenden Fermente: Pepsin, welches die Eiweisskörper peptonisirt; Labferment, welches die Milch gerinnen macht; und deren Vorstufen, Pepsinogen bezw. Labzymogen. Die Untersuchung auf Fermente hat bisher keine wesentliche diagnostische Bedeutung gewonnen, da sie in den meisten Magenkrankheiten gut erhalten sind.

Die Betrachtung des wiedergewonnenen Mageninhalts (bezw. das Verhältniss seiner Menge zur Menge des Probefrühstücks) gestattet den Schluss, wie viel Speise der Magen in den Darm befördert hat (motorische Thätigkeit des Magens). Hieraus lässt sich im Einzelfall oft der Fortschritt zum Bessern oder Schlechtern beurtheilen. Nach Leube ist jeder Magen als insufficient zu betrachten, aus welchem 7 Stunden nach der Mittagsmahlzeit durch die Ausspülung noch Speisereste zu gewinnen sind.

Hauptsymptome der wichtigsten Magenkrankheiten.

Ulcus ventriculi. Localisirte Schmerzhaftigkeit, meist häufiges Erbrechen nach dem Essen. Haematemesis. Meist leidlicher Ernährungszustand. Salzsäuregehalt meist vermehrt, doch auch vermindert.

Carcinoma ventriculi. Fühlbarer Tumor des Magens. Kaffeesatzartiges Erbrechen. Kachexie. Meist fehlende Salzsäurereaction.

Dilatatio ventriculi. Voluminöses Erbrechen in grösseren Zwischenräumen. Der aufgeblähte Magen überschreitet Nabelhöhe. Träger Stuhl, wenig Urin, trockene Haut. Abmagerung.

Die Diagnose hat gleichzeitig die Ursache festzustellen: Strictur des Pylorus oder Atonie der Musculatur? In ersterem Falle ist die Ursache der Strictur zu diagnosticiren: Ulcusnarbe oder Carcinom? Die atonische Dilatation entsteht meist durch directe Ueberdehnung, bei Säufern, Fressern, und durch chronischen Katarrh.

Gastritis chronica. Die physikalische Untersuchung ergiebt keinen Grund für die schweren dyspeptischen Beschwerden. Nachweis einer Schädlichkeit, welche zur Gastri-

tis führt. Im Mageninhalt viel Schleim. Der Salzsäuregehalt ist meist vermindert, oft reichlich Gährungssäuren.
Nervöse Dyspepsie. Keine objectiven Symptome trotz lebhafter Beschwerden. Nachweis nervöser Constitution, anderweitiger neurasthenischer Erscheinungen. Fehlen von Schädlichkeiten, welche zu Gastritis führen.

Diagnostik der Krankheiten des Darms und des Peritoneums.

Man erkennt die Krankheiten des Darmes und Bauchfells an der Beurtheilung des Stuhlgangs und der Untersuchung des Abdomens.

Stuhlgang.

Der Gesunde hat täglich 1—2 Stuhlentleerungen von fester oder dickbreiiger Consistenz. Weichbreiige oder flüssige Stühle (Diarrhoen) treten ein, wenn der Speisebrei so schnell durch den Darm geht, dass nicht genug resorbirt werden kann, oder wenn eine Exsudation in den Darm stattfindet. Farbe und Menge der Fäces ist abhängig von der Nahrung. Bei hauptsächlicher Fleischnahrung: wenig, bräunlich, fest; viel Brod und Kartoffeln: reichlich, weich, gelbbraun; ausschliesslich Milch: gelbweiss, ziemlich fest.

Die gewöhnliche Kothfärbung ist zum Theil bedingt von reducirtem Gallenfarbstoff (Hydrobilirubin; die Reduction wird von den Darmbacterien bewirkt).

Abnorm gefärbte Stühle: Schwarzfärbung durch Blutung (s. u.) oder durch Medicamente: Eisen und Wismuth (Bildung von Schwefeleisen bezw. Schwefelwismuth). Grünfärbung durch Quecksilber; besonders Calomel (Bildung von Quecksilbersulfid gleichzeitig mit Gallenfarbstoff) oder durch unverändert durchgegangene Galle bei den Sommerdiarrhoen der Kinder. Grauweissfärbung: acholische Fäces, Fettstühle.

Fettstühle sind grauweiss, lehmartig, sehr übelriechend; sie kommen vor bei Abschluss der Galle vom Darm (Icterus), ausserdem hauptsächlich bei chronischer Peritonitis und schweren Anämien.

Blut im Stuhl: schwarzbraune Farbe, pechartiges Aussehen; bei Enteritis, Geschwülsten, Embolien der Art.

mesaraica, bei Typhus abdominalis und Purpura; Blutungen aus Hämorrhoiden und bei Dysenterie geben Abgang frisch rothen Blutes.

Eiter im Stuhl: besteht der Stuhlgang nur aus Eiter, so ist meist der Durchbruch eines peritonitischen Exsudats in den Darm zu diagnosticiren, eitrige Beimischungen zu meist diarrhoischem Stuhl sprechen für Ulcerationen des Dickdarms.

Schleim im Stuhl. Reiner Schleim beweist Katarrh des Rectums, ebenso Einhüllung der Scybala in Schleim.

Innig beigemischte Schleimhautpartikelchen bei festem Stuhl (Sagokörner oder bloss mikroskopisch nachweisbar): Dünndarmkatarrh, desgleichen die gallig gefärbten Schleimkörner. Röhrenförmige Schleimgebilde: **Schleimkolik** oder Enteritis membranacea.

Gewebsfetzen im Stuhl beweisen Ulcerationsprocesse.

Mikroskopische Untersuchung berücksichtigt Muskelfasern, Fett (in Schollen, Tropfen und Nadeln), Krystalle von Tripelphosphat, **Charcot-Leyden**'sche Krystalle. Leucocyten, nur von diagnostischem Werth, wenn sehr reichlich. Schleimkörnchen. Besonders werthvoll sind „verschollte" Epithelien (homogen, kernlos, spindelförmig), für die Diagnose chronischer Katarrh.

Verstopfung findet sich bei Personen mit sitzender Lebensweise, oft in Folge vorwiegender Fleischnahrung, bei bettlägerigen Kranken in Folge der ungewohnten Ruhe, und ist dann ohne wesentliche diagnostische Bedeutung.

Verstopfung abwechselnd mit Durchfällen spricht für chronischen Darmkatarrh.

Sehr lang anhaltende Verstopfung bei gleichzeitigem **Fehlen von Flatus** erweckt den Verdacht des Darmverschlusses (**Ileus**). (S. 68.)

Diarrhoe von kurzer Dauer ist diagnostisch weniger bedeutungsvoll; kommt vor durch nervöse oder psychische Einflüsse, Erkältungen, acuten Magendarmkatarrh, auch infectiös namentlich bei Kindern. (Cholerine, Sommerdiarrhoe.)

Länger anhaltende, chronische Diarrhoen kommen vor bei Stauung im Pfortaderkreislauf und bei Herzstauung; im Uebrigen gestatten sie stets die Diagnose einer ernsten Darmaffection (chronischer Darmkatarrh, dysenterische oder tuberculöse Geschwüre, amyloide Degeneration). Tuberculose ist nur bei Nachweis anderweitiger Organtuberculose, Amyloid nur bei nachgewiesener Aetiologie (Phthise, Lues,

Malaria. Eiterungen etc.) mit einiger Wahrscheinlichkeit zu diagnosticiren. Der Sitz der Geschwürsbildung ist oft aus der Art des beigemischten Schleims und Eiters (s. o.) zu erkennen. Chronische Diarrhoe ist manchmal das Zeichen von Urämie. Charakteristische Diarrhoen bei **Typhus** (erbsenbrühartig), bei **Cholera** (reiswasserähnlich), bei **Ruhr** (blutig-schleimig). Unstillbare Durchfälle bei Darmamyloid und schweren Formen von Darmgeschwüren.

Abdomen.

Normales Verhalten. Das Abdomen des Gesunden ist mässig gewölbt, wird bei der Athmung auf- und niederbewegt, ist weich, leicht eindrückbar, nirgends schmerzhaft bei der Palpation, bietet nirgends Resistenzen, giebt bei Percussion lauten tympanitischen Schall.

Einziehung des Abdomens. Das Abdomen ist kahnförmig eingezogen bei Contraction der Därme (Kolik, Meningitis) oder bei Leere derselben (Inanition. Magenerweiterung. Oesophagusstrictur).

Auftreibung des Abdomens. Das Abdomen ist stark hervorgewölbt, manchmal trommelförmig gespannt:

I. durch Luftansammlung in den Därmen (**Meteorismus**) überall ist lauter tympanitischer Schall, keine Fluctuation; mässiger Meteorismus bei Typhus abdominalis, bei chronischen Darmkatarrhen. Stauung im Pfortadersystem. Hochgradiger Meteorismus 1. bei Darmverschluss (**Ileus**). Die Diagnose Ileus ist gesichert, wenn zu starkem Meteorismus. Verfall der Gesichtszüge, kleiner frequenter Puls und **Kothbrechen** hinzutritt. Nachdem Ileus diagnosticirt ist, muss festgestellt werden: 1. der Sitz des Hindernisses, ob Dünndarm oder Dickdarm; 2. die Natur des Hindernisses (Invagination. Einklemmung. Narben. maligne Geschwulst).

Man versäume nie, zuerst die Bruchpforten zu untersuchen. Dünndarmverschluss giebt lebhafte sichtbare peristaltische Bewegung und starken Indicangehalt des Urins (s. u.), stürmische Allgemeinerscheinungen, Dickdarmverschluss, starkes Hervortreten der obern Abschnitte des Colon, wenig Indican, langsamere Entwickelung der Allgemeinerscheinungen. Die Diagnose der Natur der Hindernisse folgt meist aus der Anamnese und der Palpation des Abdomens.

Hochgradiger Meteorismus 2. bei acuter diffuser Peritonitis, dabei jede Berührung schmerzhaft, galliges Erbrechen, kleiner, frequenter Puls. Facies hippocratica.

II. durch Ansammlung freier Flüssigkeit in der Bauchhöhle (**Ascites**). Das Abdomen ist bei Rückenlage seitlich ausgedehnt, in der Mitte abgeflacht. Auf der Höhe des Abdomens lauter tympanitischer Schall; über den abhängigen Partien Dämpfung. Die Dämpfung ist durch eine horizontale Linie nach oben begrenzt und ändert bei Lagewechsel schnell ihren Ort. Bei Anschlagen an den Leib deutliche **Fluctuation** sichtbar.

Legt sich Patient auf die Seite, so ist sofort über der erhobenen Seitenfläche laute Tympanie, wird die Seitenlage gewechselt, so tritt in der jetzt unten liegenden Seite Dämpfung an Stelle der Tympanie.

Ist Ascites diagnosticirt, so sind folgende Möglichkeiten zu unterscheiden:

a) Es besteht allgemeiner Hydrops bei Herz- oder Nierenleiden und der Ascites hat sich nur als eine Theilerscheinung demselben secundär hinzugesellt, dann ist der Ascites diagnostisch von unwesentlicher Bedeutung.

Doch kann sich zu länger bestehendem Ascites in folge des Druckes auf die Venen secundäres Oedem der Beine gesellen.

b) Es besteht kein allgemeiner Hydrops, oder nur secundäres Oedem der Beine; dann handelt es sich entweder um:

Stauung im Pfortadersystem durch Lebererkrankung oder Verschluss der Vena portae; in diesem Falle ist die Ascitesflüssigkeit eiweissarm und das specifische Gewicht beträgt 1009 bis 1018; oder um chronische Bauchfellentzündung; in diesem Falle ist die Ascitesflüssigkeit eiweissreicher und das specifische Gewicht beträgt über 1018.

Das specifische Gewicht wird mittelst Urometer gemessen: die Flüssigkeit muss auf Zimmertemperatur abgekühlt sein. Messung bei Körperwärme ergiebt zu niedrige Werthe, auf je 3° C. über Zimmertemperatur 1 Araeometergrad zu wenig. Aus dem specifischen Gewicht kann man annähernd den Eiweissgehalt bestimmen, nach der Reuss'schen Formel $E = {}^3/_8 (S - 1000) - 2{,}8$. (E = Eiweissgehalt in Procenten, S = spec. Gewicht.)

Bei Stauungsascites handelt es sich meist um

Lebererkrankung, besonders Cirrhose. Dabei sind die Venen der Bauchwand geschwollen, besonders um den Nabel (Caput Medusae); es besteht Milzschwellung und Magendarmkatarrh. Anamnestisch ist Abusus spirituosorum nachzuweisen.

Andere Lebererkrankungen (Carcinom, Lues) sind viel seltener Ursache des Ascites und müssen beim Fehlen der für Cirrhose verwerthbaren Zeichen durch Palpation bezw. Anamnese nachgewiesen werden.

Pfortaderverschluss ist sehr selten und kommt durch Tumoren des Magens, des Pankreas u. s. w. oder Thrombose der V. portae zu Stande.

Die chronische Bauchfellentzündung beruht auf Carcinose oder Tuberculose, geht meist mit allgemeiner Kachexie einher und ist erst gesichert, wenn in anderen Organen Tuberculose oder Carcinom nachgewiesen ist.

Bei chronischer Peritonitis ist der Ascites oft durch entzündliche Verklebungen abgesackt, dann findet beim Lagewechsel keine prompte Aenderung der Dämpfungsgrenzen statt; oft hört und fühlt man Reibegeräusch.

III. Durch Geschwülste, dabei ist die Hervorwölbung meist ungleichmässig, oft an der Stelle des Ursprungsorgans am stärksten (Leber, Milz), über der Hervorwölbung besteht Dämpfung; oft verursacht die Geschwulst gleichzeitig Meteorismus. Die Diagnose der Geschwulst kann erst sicher gestellt werden, wenn dieselbe palpirt ist.

Man hüte sich vor Verwechselung mit Kotbanhäufungen, dieselben sind von teigiger Consistenz, eindrückbar und verschwinden bei energischer Anregung der Peristaltik.

Geschwülste gehen aus von der Leber (als Hyperplasie oder Neoplasma), der Milz (meist Hyperplasie), den Nieren, dem Darm, Magen, Netz, selten von Wirbelsäule oder Becken, von der Aorta (pulsirendes Aneurysma), von den weiblichen Genitalorganen.

Tumoren in der Ileocoecalgegend, ei- bis apfelgross, schmerzhaft, oft mit Erbrechen und Meteorismus vereinigt, bedeuten perityphlitisches Exsudat.

Ovarialtumoren und Schwangerschaft geben eine Dämpfung in der unteren Hälfte des Abdomens; die obere Dämpfungsgrenze ist nach oben convex; in den seitlichen Theilen des Abdomens bei Rückenlage lauter Schall; kein Schallwechsel.

Die Diagnose des Ausgangsorganes von Abdominaltumoren ist oft sehr schwierig. Als Unterstützungsmittel gebraucht man die Luftaufblasung des Darms vermittelst in den Anus eingeführten Mastdarmrohrs.

IV. Durch Luftaustritt in die Bauchhöhle; die Luftblase nimmt die höchste Stelle im Abdomen ein, bei linker Seitenlage verschwindet die Leberdämpfung, bei rechter Seitenlage verschwindet die Milzdämpfung. Luftblase im Abdomen ist das pathognostische Zeichen der fast immer tödtlichen P̱erforationsperitonitis.

Perforation des Magens tritt ein bei länger bestehendem Ulcus ventriculi, und zwar meist bei grosser Körperanstrengung oder nach reichlicher Mahlzeit; Perforation des Darms bei Typhus abdominalis, und zwar meist nach Blutungen.

Das Verschwinden der Leberdämpfung an sich ist nicht pathognostisch, sondern nur bei gleichzeitig nachweisbarem Schallwechsel. Die Leberdämpfung fehlt häufig bei mässigem Meteorismus in Folge Verstopfung.

Diagnostik der Leberkrankheiten.

Für die Anamnese wichtig bei einfachem Icterus: Diätfehler, vorhergehender Magenkatarrh, Schreck, Aerger; bei ernsteren Symptomen: früher überstandene Gelbsucht, event. Kolikanfälle (Gallensteine); Alkoholismus (Cirrhose); Berührung mit Hunden (Echinococcen); Lues; Aetiologie für Amyloid; Intoxication (Phosphor).

Erkrankungen der Leber werden erkannt am Icterus, welcher zuerst an der Conjunctiva sclerae, allmälich an der ganzen Körperhaut wahrgenommen wird. Der Harn ist bierbraun, giebt die Gmelin'sche Reaction (Cap. VIII.), der Stuhl grauweiss, lehmfarben. Man unterscheidet:

1. Icterus simplex, mit leichten Erscheinungen, Kopfschmerz, Mattigkeit, Müdigkeit, Hautjucken. Entsteht in Folge von Verschluss des Ductus choledochus durch katarrhalische Schwellung der Schleimhaut des Duodenums. Dauert wenige Wochen. Prognose bei zweckmässiger Behandlung gut.

2. Icterus gravis, mit schweren Erscheinungen, Fieber, Benommenheit, oft Delirien, starken Schmerzen in der Lebergegend. Es kann sich handeln um Gallensteinkolik, Leberabscess, Echinococcus, Carcinom. hypertrophische Cirrhose, acute gelbe Leberatrophie.

Es giebt auch Lebererkrankungen, die lange Zeit ohne

Icterus verlaufen können: Amyloidleber, Fettleber, Stauungsleber, manchmal Carcinom, Lues. atrophische Cirrhose. Echinococcus. Die Diagnose wird auf die Leber geleitet durch Klagen über Druck und Schmerzhaftigkeit in der Lebergegend.

Die differentialdiagnostische Entscheidung wird gegeben neben Anamnese und Allgemeinstatus durch **Percussion** und **Palpation** der Leber.

Die Leber (vergl. Fig. 23, S. 62) liegt im rechten Hypochondrium; beim Gesunden liegt die **obere** Grenze in der Axillarlinie am unteren Rand der 7. Rippe, in der Mamillarlinie am unteren Rand der 6. oder am oberen Rand der 7. Rippe, am rechten Sternalrand auf der 6. Rippe; die **untere** Grenze liegt in der Axillarlinie zwischen 10. und 11. Rippe, **schneidet den Rippenbogen in der Mamillarlinie**, liegt in der Linea alba in mittlerer Höhe zwischen Proc. xiphoideus und Nabel, verläuft dann im Bogen nach aufwärts und berührt zwischen Parasternal- und Mamillarlinie das Zwerchfell. Bei tiefer Inspiration rückt die Leber ein wenig nach abwärts.

Die **Percussion** der Leber des Gesunden ergiebt in der Mamillarlinie relative Dämpfung von der 4. Rippe, welche am unteren Rand der 6. in absolute Dämpfung übergeht. Dieselbe endigt in der Mamillarlinie am Rippenbogen, wo lauter tympanitischer Schall beginnt. Die **Palpation** lässt von der gesunden Leber nichts wahrnehmen. Bei **Vergrösserung** der Leber überschreitet die Dämpfung den Rippenbogen, der Rand der Leber ist unterhalb des Rippenbogens fühlbar.

Die Leberdämpfung ist **vergrössert**: stets bei hypertrophischer Cirrhose, bei Amyloidleber, Fettleber, Stauungsleber, oft bei Leberechinococcus, Carcinom, Abscess.

Die Leberdämpfung kann den Rippenbogen überschreiten, **ohne Vergrösserung** der Leber, wenn die Lungengrenzen abwärts gedrängt sind: bei Volumen pulmonum auctum, Pneumothorax, rechtsseitigem Pleuraexsudat.

Die Leberdämpfung ist **verkleinert**: bei acuter gelber Leberatrophie, bei atrophischer Cirrhose, oft bei Meteorismus, indem das Colon transversum zwischen Leber und Bauchwand tritt; erscheint die verschwundene Leberdämpfung wieder bei rechter Seitenlage, so handelt es sich um freie Luftblase im Abdomen (Perforationsperitonitis). (S. 71.)

Der Leberrand ist als **glatt** fühlbar: bei Stauungs-, Fett-, Amyloidleber, hypertrophischer Cirrhose. Der Leberrand und die Leberoberfläche zeigen Unebenheiten (Hervorragungen, Einkerbungen) bei atrophischer Cirrhose, Lebersyphilis, Carcinom, manchmal bei Abscess.

Eine besondere Form von Lebertumor ist die **Schnürleber**: ein Theil des rechten Lappens ragt unter dem Rippenbogen als isolirter Tumor 4—6 cm tief in's Abdomen. Abnorme Beweglichkeit der Leber wird als **Wanderleber** bezeichnet (bei Frauen mit Hängebauch).

Hauptsymptome der wichtigsten Leberkrankheiten.

Katarrh der Gallenwege. Icterus mit leichten Erscheinungen; Leber meist nicht vergrössert, nicht schmerzhaft. Guter Verlauf in 3—5 Wochen.

Leberabscess. Icterus mit erratischen Frösten. Abmagerung. Starke Schmerzen in der Lebergegend. In einzelnen Fällen Unebenheiten zu fühlen.

Gallensteinkolik. Icterus mit heftigen Schmerzen in Anfällen, von verschiedener Dauer. Die Diagnose ist erst durch das Auffinden von Gallensteinen in den Faeces gesichert.

Untersuchung von Gallensteinen. Dieselben bestehen hauptsächlich aus Bilirubinkalk und Cholestearinkalk. Cholestearin wird folgendermassen nachgewiesen: Man pulvert einen Theil des Steines, löst in heissem Alkohol und filtrirt; aus dem erkalteten Filtrat krystallisirt Cholestearin in rhombischen Tafeln. Zum weiteren Nachweis löst man das Cholestearin in Chloroform und setzt concentrirte Schwefelsäure hinzu, so bildet sich eine schön tiefrothe Farbe, die allmälich in Blau und Grün übergeht. Das Bilirubin gewinnt man durch Ausziehen des Filterrückstandes mit warmem Chloroform, nach vorheriger schwacher Ansäuerung mit Salzsäure, und weist es in der Chloroformlösung mit rauchender Salpetersäure nach (Gmelin'sche Reaction).

Leberkrebs. Kachexie meist mit Icterus; fühlbarer, höckriger Tumor in der Lebergegend. Keine Milzschwellung.

Hypertrophische Cirrhose. Icterus mit bedeutender Lebervergrösserung. Alkoholismus. Venenschwellung. Milztumor. Magendarmkatarrh.

Atrophische Cirrhose. Ascites oft mit Icterus. Venenschwellung. Milztumor. Alkoholismus. Magendarmkatarrh.

Ecchinococcus der Leber. Ist erst zu diagnosticiren, wenn das Wachsthum der Blase die Leber vergrössert. In ausgesprochenen Fällen Fluctuation und Hydatidenschwirren. Manchmal Durchbruch in die Lunge: Ockergelbes Sputum.

Amyloidleber. Gleichmässig harter Lebertumor. Kachexie. Nachweis der Aetiologie (Phthise, Lues, Eiterung etc.). Milztumor. Albuminurie.

Stauungsleber. Lebertumor; Nachweis der primären Affection (Herz- bezw. Lungenleiden).

Milz.

Die Vergrösserung der Milz ist ein äusserst wichtiges Symptom, von dem die Diagnose vieler Krankheiten abhängt.

Die Milz liegt im linken Hypochondrium. Bei völliger Gesundheit reicht die **Milzdämpfung** von der 9. bis zur 11. Rippe, von der Linea costo-articularis (gezogen vom linken Sternoclaviculargelenk zur Spitze der 11. Rippe) bis zur Wirbelsäule. Wächst die Milz, so vergrössert sich die Dämpfungsfigur und überschreitet schliesslich den linken Rippenbogen. Ist die Milz bedeutend vergrössert, so wird ihr **scharfer Rand fühlbar**, namentlich bei tiefen Inspirationen. Die Palpation ist oft schmerzhaft.

Den sicheren Nachweis der Vergrösserung kann nur die **Palpation** führen, die Ergebnisse der Percussion sind oft trügerisch wegen der Füllung der Därme mit festen Fäces.

Der Nachweis der Milzvergrösserung ist unerlässlich für die Diagnose des Abdominaltyphus, der Malaria intermittens, der lienalen Leukämie; wünschenswerth bei Amyloidentartung, Lebercirrhose und hämorrhagischem Milzinfarct.

Die Milzvergrösserung kann bei allen Infectionskrankheiten vorkommen, besonders bei Pyämie, Pneumonie etc. Findet sich bei Pneumonie Milztumor, so bleibt er bis zu vollendeter Resorption nachweisbar.

Tiefer tritt die Milz bei linksseitigem Pleuraexsudat, Pneumothorax, Lungenemphysem; sie wird nach oben gedrängt bei Meteorismus, Ascites, Tumoren des Abdomens; die Dämpfung verschwindet in rechter Seitenlage bei Perforationsperitonitis; im allgemeinen bei **Wandermilz**.

V. Diagnostik der Krankheiten des Respirationsapparates.

In Bezug auf die **Anamnese** ist besonders zu bemerken: Von grosser Wichtigkeit ist die Frage nach den **hereditären** Verhältnissen beim Verdacht auf **Tuberculose**. Von früheren Krankheiten sind bedeutungsvoll: „Skrophulöse" Affectionen in der Kindheit, früher durchgemachte Lungenaffectionen, **Bluthusten**, fungöse Knochen- und Gelenkentzündungen. Berufsschädlichkeiten bei Steinhauern, Kohlenarbeitern, Schriftsetzern etc., event. Anschluss an schwächende Ursachen, Puerperien. Bei allmälichem Beginn der Erkrankung sind besonders die unten angegebenen Frühsymptome der Phthise zu erfragen.

Die Aufmerksamkeit des Arztes richtet sich auf den Respirationsapparat bei Klagen über Seitenstechen, Brustschmerzen, Husten und Auswurf, Kurzathmigkeit.

Seitenstechen wird meist durch Pleuritis verursacht, die sehr viele Lungenerkrankungen begleitet; dies Symptom erfordert stets die Untersuchung der Lunge, ist aber differentialdiagnostisch nicht zu verwerthen.

Brustschmerzen (sowohl in der Seite, wie über der vorderen und hinteren Fläche, oft als Druck und Beklemmung geklagt), machen ebenfalls genaue Untersuchung der Brustorgane nothwendig, ohne differentiell von Wichtigkeit zu sein. Brustschmerzen können auch von Affectionen des Herzens herrühren, eventuell rheumatisch sein.

Husten ist fast immer ein Zeichen von Krankheiten des Respirationsapparates. Husten entsteht reflectorisch durch Reizung der Larynx-, Tracheal- oder Bronchialschleimhaut, durch angesammelte Secrete; auch von der Pleura aus kann Husten ausgelöst werden, wie durch die heftigen Hustenstösse im Verlaufe von Punctionen pleuritischer Exsudate bewiesen wird. Von den Lungenalveolen aus kann Husten nicht hervorgerufen werden.

Sehr selten entsteht Husten durch Reizung von Pharynx und Oesophagus, Magen, Leber, Milz.

Die Art des Hustens kann unter Umständen diagnostische Bedeutung haben. Die Zahl der Hustenstösse ist beachtenswerth, wenn es sich um einen oder sehr wenig kurze Hustenstösse handelt; dies sog. Hüsteln findet sich häufig bei Phthisis incipiens und lenkt manchmal die Aufmerksamkeit des Arztes auf die bis dahin latente Krankheit. Charakteristisch ist der Husten, bei dem eine grosse Zahl Hustenstösse schnell aufeinander folgen, von tiefen, seufzenden, tönenden Inspirationen unterbrochen, meist bei Keuchhusten der Kinder, selten bei anderen Lungenkrankheiten. Ob der Husten trocken oder feucht, fest oder lose ist, lässt oft einen Schluss auf die Art der Secretion bezw. das Stadium des Processes zu. Der Ton des Hustens erlaubt manchmal einen Schluss auf den Kräftezustand des Patienten; eigenthümlich laut (bellend) ist der Husten bei Larynx- und Trachealentzündungen.

Es erlaubt die Betrachtung des Hustens nur selten einen differential-diagnostischen Schluss, aber oft ist die Intensität bezw. der Fortschritt des Krankheitsprocesses aus der Art des Hustens zu erkennen. — Bei Herzkranken kommt es zu Husten, wenn secundäre Stauungsbronchitis eingetreten ist.

Auswurf (Sputum) ist ein Symptom von grösster Wichtigkeit für die Lungenkrankheiten. Man beachte indess, dass durch Räuspern entleertes Sputum dem Rachen und der Nase entstammt; von vielen Menschen wird ein solches nach dem Erwachen entleert.

Durch Hustenstösse expectorirtes Sputum stammt aus dem Larynx, der Trachea, den Bronchien oder cavernösen Geschwüren. Die Untersuchung wird gewöhnlich am Schluss der Untersuchung des Respirationsapparates vorgenommen (s. u.), doch nimmt man gewisse pathognostische Zeichen auf den ersten Blick wahr, wie z. B. blutige, rubiginöse, grasgrüne Färbung; geballtes, in Wasser zu Boden sinkendes Sputum u. s. w.

Inspection des Thorax.

Die Betrachtung des Thorax lässt erkennen: 1. ob derselbe normal gebaut ist oder Missbildungen vorhanden sind.

Verbiegungen der Wirbelsäule sind von diagnostischer Bedeutung, weil durch sie bestimmte Lungenkrankheiten entstehen: Zusammenpressung der einen Lunge und vikariirendes Emphysem der andern, später in Folge der Raumbeengung des kleinen Kreislaufs. Dilatation des rechten Ventrikels, Cyanose und Dyspnoe.

Verbiegung der Wirbelsäule nach hinten heisst Kyphose (wenn spitzwinklig Gibbus), Verbiegung nach vorn = Lordose. Seitliche Verkrümmung = Skoliose. Die häufigste Form ist Kyphoskoliose = gleichzeitige Verbiegung nach hinten und der Seite.

Anomalien des Sternums sind nicht diagnostisch wichtig, weil sie Krankheiten der Lunge meist nicht veranlassen. Eine geringe Abbiegung des Processus xyphoides in die Tiefe findet sich bei Handwerkern, die Werkzeuge etc. gegen die Brust anstemmen = Schusterbrust. Tiefere Einsenkung des unteren Theiles des Sternums heisst Trichterbrust: dieselbe ist meist angeboren und geht oft mit anderen körperlichen Missbildungen oder Geisteskrankheit einher. Hühnerbrust oder Kielbrust (Pectus carinatum) entsteht bei Rachitis durch seitliche Compression der Rippenknorpel, wodurch das Sternum stielförmig vorspringt.

Der winklige Vorsprung, welcher bei vielen Menschen zwischen Manubrium und Corpus sterni zu sehen ist, wird als Angulus Ludovici bezeichnet. Die Länge des Sternums ist durchschnittlich bei Erwachsenen 16—20 cm.

2. Man erkennt, ob der Thorax von normalem Umfange ist, oder verengert oder erweitert, ob die Verengerung bezw. Erweiterung einseitig oder doppelseitig ist. Dieses Zeichen ist für die Diagnose von sehr grossem Werth.

a) Die doppelseitige Erweiterung des Thorax giebt ein sehr charakteristisches Bild: der Brustkorb ist sehr tief und kurz; man bezeichnet dies als fassförmigen Thorax. Es ist pathognostisch für Volumen pulmonum auctum (Emphysem). Die Erweiterung bezieht sich auf sämmtliche Durchmesser, besonders den Diameter sternovertebralis; der Brustkorb befindet sich in permanenter Inspirationsstellung.

Erweiterung einer Thoraxhälfte kommt zu Stande durch Eindringen von Luft oder Flüssigkeit in einen Pleuraraum; dabei bleibt gewöhnlich die erweiterte Seite bei den Athemzügen zurück. Einseitige Erweiterung findet sich bei Pneumothorax, pleuritischem Exsudat, selten bei Mediastinaltumoren.

b) Die doppelseitige Verengerung des Thorax, meist angeboren, wird auf den ersten Blick erkannt. Der Brustkorb ist lang, flach, schmal; der D. sternovertebralis ist verkürzt, die Intercostalräume sind weit. Das ist der paralytische Thorax, fast immer den Verdacht bestehender Phthisis pulmonum erweckend.

Einseitige Verengerung (Abflachung bezw. Einsenkung des Thorax) findet sich bei Resorption pleuritischer Exsudate und bei Schrumpfungsprocessen in der phthisischen Lunge (Cirrhosis pulmonum).

Thoraxmaasse. Erweiterung oder Verengerung werden meist mit blossem Auge genügend deutlich erkannt; doch erweist es sich manchmal nothwendig, den Umfang bezw. die Maasse des Brustkorbes mit dem Bandmaass bezw. dem Cyrtometer festzustellen.

Der Brustumfang beträgt bei gesunden Männern in der Höhe der Brustwarze nach tiefster Exspiration 82 cm, nach tiefster Inspiration 90 cm

Auch bei Gesunden kann der Umfang der rechten Thoraxhälfte den der linken um 0,5—2 cm übertreffen, bei Linkshändern ist die linke Hälfte weiter als die rechte.

Der Sternovertebraldurchmesser, mit dem Tasterzirkel gemessen, beträgt bei erwachsenen Männern oben 16,5, unten 19,2 cm. Der Breitendurchmesser in der Höhe der Brustwarzen (D. costalis) 26 cm. Bei Weibern sind alle Maasse etwas geringer.

3. Man erkennt die Frequenz, den Rhythmus und Typus der Athmung. Einige Beobachtungen hierüber sind schon bei den allgemeinen Betrachtungen gemacht, jetzt werden dieselben vervollständigt.

Normales Verhalten. Die Zahl der Respirationen in der Minute bei Gesunden 16—20, bei Neugeborenen 40—44. Das normale Verhältniss zwischen Pulszahl und Respiration 1:3,5 bis 1:4.

Bei den Respirationen selbst ist die Lunge absolut passiv, sie folgt nur den Bewegungen des Thorax und des Diaphragma. Die inspiratorische Erweitereng erfolgt beim Manne durch Contraction des Zwerchfells, weniger durch Hebung der Rippen = Typus costo-abdominalis; beim Weibe besonders durch Hebung der Rippen (Musculi intercostales und Scaleni) = Typus costalis.

Vermehrung und Vertiefung der Respiration, Athemnoth (Dyspnoe) kommt in erster Linie bei Herzkrankheiten und hochgradigen Erweiterungen des Abdomens vor.

Auf Respirationskrankheiten ist Dyspnoe zu beziehen, wenn gleichzeitig Husten und Auswurf oder Seitenstiche und Brustschmerzen vorhanden sind. Dyspnoe findet sich bei Pneumonie (mit hohem Fieber und rubiginösem Sputum); bei starker Pleuritis und Pneumothorax (mit einseitiger Thoraxerweiterung bezw. Zurückbleiben einer Seite); bei sehr vorgeschrittener Phthise (Habitus paralyticus); bei Emphysem mit fassförmigem Thorax (hierbei besteht Dilatation des rechten Ventrikels).

Die Arten der Dyspnoe. Man unterscheidet inspiratorische und exspiratorische Dyspnoe. Bei der inspiratorischen Dyspnoe wird die Einathmung unter krampfhafter Spannung aller Hülfsmuskeln vollzogen (Sternocleidomastoidei, Scaleni, Levatores costarum, Pectorales maj. und min., Levatores scapulae, Rhomboidei, Cucullares, Erectores trunci). Dabei werden die Nasenflügel praeinspiratorisch bewegt. In hochgradigen Fällen findet **inspiratorische Einziehung** der unteren Rippen und unterhalb des Proc. xiphoideus statt Hochgradige inspiratorische Dyspnoe findet sich bei Stenosen des Larynx, der Trachea und der Bronchien.

Bei der exspiratorischen Dyspnoe ist die Exspiration verlängert und erschwert; als Hülfsmuskeln fungiren die Bauchmuskeln, Serratus post. inf. und Quadratus lumborum. Sie findet sich besonders bei Emphysem und Bronchialasthma.

Die gewöhnliche Dyspnoe setzt sich aus in- und exspiratorischer zusammen: **gemischte** Dyspnoe.

Cheyne-Stokes'sches Athemtypus nennt man das Abwechseln langer Athempausen (Apnoe) und allmälig an- und abschwellender tiefer Dyspnoe; das Phänomen findet sich in Gehirnkrankheiten, Urämie und bei Herzleiden und ist meist von übler Vorbedeutung.

Anfallsweise Kurzathmigkeit, welche stundenlang anhält, worauf dann längere Zeit ruhige gesunde Athmung folgt, wird als **Asthma** bezeichnet.

Die gewöhnliche Form desselben ist das **Bronchialasthma**, auf Reizung nervöser Bahnen beruhend. Im Anfall Inspirationsstellung des Brustkorbs. Charakteristisches Sputum. Chronisches Bronchialasthma führt zu Volumen pulmonum auctum.

Man kennt ausserdem Asthma **cardiale** (bei bestehender Erweiterung des linken Ventrikels, im Verlauf vieler Herzkrankheiten), Asthma **dyspepticum** (im Verlauf mancher Magenleiden), Asthma **urämicum** (bei chronischer Nephritis).

Heu-Asthma sind Anfälle von Kurzathmigkeit bei Gesunden, hervorgerufen durch Einathmung von Blüthenstaub gewisser Gräser.

Spirometrie.

An die Inspection kann man die Spirometrie schliessen, d. i. die Feststellung derjenigen Luftmenge, welche nach tiefster Inspiration durch tiefste Exspiration ausgeathmet wird (**vitale Lungencapacität**). Diese ist in allen Krankheiten der Athmungsorgane vermindert.

Der diagnostische Werth der Spirometrie ist unbedeutend, weil zwischen den einzelnen Lungenkrankheiten charakteristische Unterschiede in Bezug auf die vitale Capacität nicht bestehen.

Dagegen ist die Spirometrie von grossem Werth bei der Beurtheilung von Besserung oder Verschlimmerung einer Krankheit bezw. bei der Ueberwachung therapeutischer Eingriffe und Curen.

Die vitale Lungencapacität wird durch den Hutchinsonschen Spirometer festgestellt. Sie beträgt bei gesunden Männern 3000—4000 ccm, im Mittel 3600, bei gesunden Frauen 2000 bis 3000, im Durchschnitt 2500. Die Lungencapacität wächst direct proportional der Körperlänge, einem Centimeter entsprechen ungefähr 22 ccm Exspirationsluft. Bei Kindern und Greisen ist die Lungencapacität vermindert.

Complementärluft ist diejenige Luftmenge, welche nach gewöhnlicher Einathmung noch durch tiefste Inspiration gewonnen werden kann = 1500 ccm.

Reserveluft ist diejenige Luftmenge, welche nach gewöhnlicher Ausathmung noch durch tiefste Exspiration entleert werden kann = 1500 ccm.

Respirationsluft ist diejenige Luftmenge, die bei gewöhnlicher Athmung ein- und ausgeathmet wird = 500 ccm.

Residualluft ist diejenige Luftmenge, welche in den Lungen zurückbleibt, wenn die tiefstmögliche Exspiration erfolgt ist = 1600—2000 ccm.

Nach reiflicher Ueberlegung der oft vielseitigen diagnostischen Schlüsse, die durch blosse Betrachtung des Thorax und der Athembewegungen gewonnen sind, geht man zur physikalischen Untersuchung der Athmungsorgane über, der Percussion und der Auscultation des Thorax.

Höhen- und Breitenbestimmung.

Vorher ist es nothwendig, die topographischen Daten anzugeben, welche die Höhen- und Breitenbestimmung am Thorax ermöglichen.

Die Höhe wird vorn bestimmt nach dem Schlüsselbein, bezw. den Schlüsselbeingruben (Fossa supraclavicularis und infraclavicularis, der äussere Theil der letzteren ist die Mohrenheim'sche Grube). Abwärts von der Clavicula bestimmt man die Rippen. Man zählt von der 2. Rippe an, welche sich an den meist fühlbaren Angulus Ludovici ansetzt. Die Mamilla liegt auf der 4. Rippe oder im 4. Intercostalraum, meist 10 cm vom Sternalrand entfernt. In der Höhe des Proc. xiphoideus verläuft über den Thorax eine deutliche Furche, dem Ansatz des Zwerchfells entsprechend, die **Harrison'sche Furche**. Die Gegend unterhalb dieser Furche bis zum Rippenbogen heisst **Hypochondrium**. Zur Höhenbestimmung **hinten** richtet man sich nach den Proc. spinosi, von welchen der 7. Halswirbel (Vertebra prominens) sehr deutlich zu fühlen ist; ausserdem nach dem Schulterblatt (Scapula), welches von der 2.—7. oder 3.—8. Rippe reicht und durch die Spina in die Fossa supra- und infraspinata getheilt wird. Der Raum zwischen dem inneren Rande beider Schulterblätter ist der Interscapularraum.

Zur **Breitenbestimmung** am Thorax denkt man sich folgende Linien senkrecht auf die Queraxe des Körpers gezogen.

1. Sternallinie, dem Rande des Sternums bezw. dem Ansatz der Rippenknorpel entsprechend.
2. Parasternallinie in der Mitte zwischen Brustwarze und Sternallinie.
3. Mamillarlinie durch die Brustwarze gezogen.
4. Vordere ⎫ ⎧ durch die vordere Begrenzung (Pectoralis major),
5. Mittlere ⎬ Axillarlinie, ⎨ durch die Mitte,
6. Hintere ⎭ ⎩ durch die hintere Begrenzung (Latissimus dorsi)

der Achselhöhle gezogen.

7. Scapularlinie, durch den unteren Winkel des Schulterblattes gezogen.

Die Linea costo-articularis geht von dem Schlüssel-Brustbein-Gelenk zur Spitze der 11. Rippe.

Topographie der einzelnen Lungenlappen. Die rechte Lunge hat 3 Lappen, die linke nur 2. **Rechts hinten liegt rechter Oberlappen und rechter Unterlappen,** die Grenze zwischen beiden beginnt in Höhe des 2. und 3. Brustwirbels; sie theilt sich etwa 6 cm über dem Schulterblattwinkel in einen oberen und unteren Schenkel, welche den Mittellappen zwischen sich fassen. Der obere Schenkel zieht ziemlich wagerecht nach vorn und erreicht den vorderen Lungenrand in Höhe des 4. und 5. Rippenknorpels; der untere Schenkel geht fast senkrecht vom oberen ab, erreicht den unteren Lungenrand in der Mamillarlinie; **also rechts vorn Oberlappen bis zur 3. Rippe, von da abwärts Mittellappen.** Links hinten Oberlappen wie rechts, die Grenze geht, ohne sich zu theilen, schräg nach vorn und endigt in der Mamillarlinie an der 6. Rippe. **Also links hinten Ober- und Unterlappen, links vorn nur Oberlappen (und Herz).**

Percussion des Thorax.[1]

Durch Beklopfen verschiedener Stellen des Thorax nimmt man charakteristische Schallunterschiede wahr, je nach dem verschiedenen Luftgehalt der unter der Brustwand liegenden Gewebe.

Die Percussion dient dazu:
1. die Grenzen der lufthaltigen Lunge gegenüber anderen Organen (z. B. Leber, Herz) festzustellen;
2. den Luftgehalt der Lunge selbst zu erkennen, welcher durch die Erkrankungen derselben in charakteristischer Weise verändert wird.

Die Schallqualitäten, welche man bei der Percussion von einander unterscheiden muss, sind:
1. hell und dumpf (gedämpft) = laut und leise;
2. hoch und tief;
3. tympanitisch (klangähnlich) und nicht tympanitisch (klanglos).

Man erhält: hellen (lauten) nicht tympanitischen Schall im Bereich der Lunge, hellen (lauten) tympanitischen Schall im Bereich des Magens und des Darms; gedämpften Schall im Bereich des Herzens, der Leber, der Milz, der Nieren.

Höhe und Tiefe wird nur bei tympanitischem Schall (über Hohlräumen) unterschieden.

Besondere Schallqualitäten sind: Metallklang und das Geräusch des gesprungenen Topfes (bruit de pot fêlé).

Für den Anfänger ist es von grösster Wichtigkeit, viel an Gesunden zu percutiren, um die verschiedenen Nüancirungen des hellen (lauten) Lungenschalles seinem Gehör einzuprägen; je nach der Stärke der Musculatur bezw. des Fettpolsters ist über derselben Lunge der helle Schall von verschiedener Intensität; man gewöhne sich stets, die analogen Stellen beider Hälften in Bezug auf den Schall zu vergleichen.

Die percutorische Feststellung der Lungengrenzen.
(Fig. 24.)

Obere Grenze: Die Feststellung der oberen Lungengrenzen ist von grosser Wichtigkeit, weil einseitiger Tieferstand derselben oft das erste Zeichen der Lungentuberculose ist. Bei Gesunden überragt die obere Grenze um 3 bis

---

[1] Die Percussion ist erfunden von Auenbrugger in Graz (1722—1809).

Fig. 24.

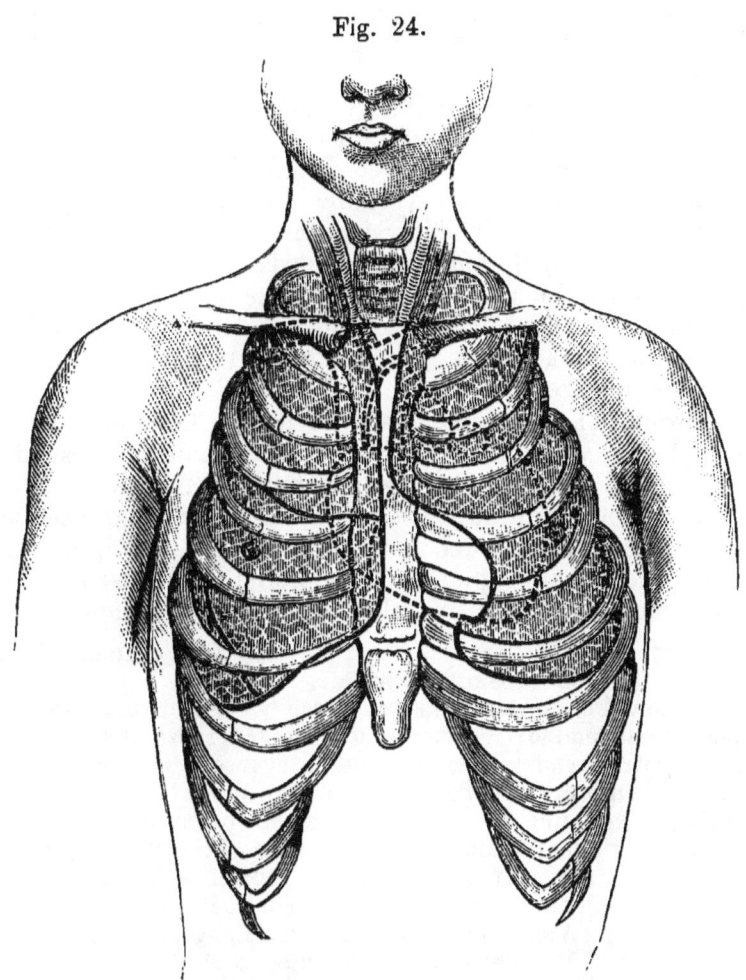

4 cm den oberen Schlüsselbeinrand, hinten steht sie in der Höhe des Proc. spinosus des 7. Halswirbels; die Grenzen sind bei Gesunden beiderseits gleich hoch.

Mit der Feststellung der oberen Grenze verbindet man gleichzeitig die Untersuchung, ob über der einen Lungenspitze der Schall weniger hell (laut) ist, als über der anderen. Schalldifferenzen in den Spitzen zeigen ebenfalls in den meisten Fällen Tuberculose an (s. u).

Untere Grenze: Während die Feststellung der oberen Grenze Anhaltspunkte für die Diagnose Phthisis giebt, ersieht man aus der Feststellung der unteren Grenze, ob Volumen pulmonum auctum (Emphysem) vorhanden ist oder nicht. Bei Emphysem besteht Tiefstand der unteren Lungengrenzen.

Die untere Lungengrenze liegt:

Rechts am Sternalrande auf der 6. Rippe, in der rechten Mammillarlinie am unteren Rand der 6. oder oberen Rand der 7. Rippe, in der vorderen Axillarlinie am unteren Rand der 7. Rippe, in der Scapularlinie an der 9. Rippe, neben der Wirbelsäule am Proc. spinosus des 11. Brustwirbels.

Links ist die untere Lungengrenze schwer zu bestimmen, weil hier der Magen angrenzt, dessen tympanitisch heller Schall ganz allmälich in den nicht tympanitisch hellen der Lunge übergeht.

Gewöhnlich bestimmt man die untere Lungengrenze in der rechten Mammillarlinie; hier beginnt bei Gesunden die relative Leberdämpfung am unteren Rand der 4., die absolute Leberdämpfung = die untere Lungengrenze am unteren Rand der 6. oder oberen Rand der 7. Rippe. Ist über der 7. bis 9. Rippe dauernd heller Lungenschall, so ist die Diagnose Volumen pulmonum auctum gesichert.

Vorübergehender Tiefstand der unteren Lungengrenze findet sich im Anfall von Asthma bronchiale.

Hochstand der unteren Lungengrenze bei Meteorismus, Ascites, Tumoren in abdomine; Hochtreten der Lungengrenze nur auf einer Seite bei retrahirender Pleuritis und Lungenschrumpfung.

Respiratorische Verschiebung der unteren Ränder. Bei ruhiger Athmung von Gesunden verschieben sich die unteren Grenzen in der Mamillarlinie um etwa 1 cm, bei tiefer Inspiration 3—4 cm. Die obere Lungengrenze bei ruhiger Athmung um $1/2$, bei tiefer Einathmung um $1 1/2$ cm. Auch bei Lageveränderung des Körpers tritt Verschiebung des unteren Lungenrandes ein, bei Uebergang in Rückenlage aus aufrechter Stellung Herabrücken um 2 cm, bei Uebergang aus Rückenlage in Seitenlage tritt der untere Lungenrand der hochliegenden Seite in der Mamillarlinie etwa 2 cm, in der Axillarlinie 3 cm tiefer. Die Verschiebungen sind in der Axillaris am stärksten.

Die respiratorischen Verschiebungen fehlen bei ausgebreiteten Verwachsungen zwischen Pulmonal- und Costalpleura, sind sehr vermindert bei Volumen pulmonum auctum.

Dämpfung im Bereich der Lungen.

Dämpfung im normalen Bereich des Lungenschalles kommt zu Stande:

1. dadurch, dass die Lunge unmittelbar unter der Lunge luftleer wird; die luftleere Partie muss mindestens 4 ccm an Ausdehnung haben. Das Gewebe der Lunge wird luftleer durch **Infiltration** und durch **Atelectase**.
    a) Infiltration kommt zu Stande durch Pneumonie, Tuberculose, seltener Gangrän, Abscess, hämorrhagischen Infarct, Neubildungen;
    b) Atelectase kommt zu Stande durch Compression (pleuritisches oder pericarditisches Exsudat und Neubildungen) oder durch Luftresorption bei verschlossenen Bronchien (meist durch Geschwülste);
2. dadurch, dass in den Pleuraraum, zwischen Lunge und Brustwand, sich **Flüssigkeit** ergiesst (pleuritisches Exsudat, Hydrothorax); die Menge derselben muss mindestens 400 ccm betragen. Auch durch Verdickungen der verwachsenen Pleurablätter (**Schwarten**) wird Dämpfung erzeugt.

Dämpfung über den oberen Lungenlappen, der Spitze (Apex), (bei gutem Schall hinten unten) bedeutet in den meisten Fällen Lungenphthise, viel seltener Gangrän, Oberlappenpneumonie oder Neubildungen. Dämpfung über den Unterlappen (hinten unten) bedeutet meist Pneumonie oder Pleuritis; die Differentialdiagnose wird durch die Auscultation gestellt. Tuberculöse Infiltration des Unterlappens findet sich meist erst bei ausgedehnter tuberculöser Affection des Oberlappens. Bei Bronchitis und Miliartuberculose ist **keine** Dämpfung vorhanden.

Tympanitischer Schall im Bereich des Thorax.

Am gesunden Thorax findet sich lauter tympanitischer Schall nur über dem Magen (**halbmondförmiger Raum**, S. 61) und den unmittelbar angrenzenden Partien der linken Lunge, welche dünn genug sind, um den Magenschall bei der Percussion durchklingen zu lassen. Tympanitischer Schall an anderen Stellen des Thorax kommt zu Stande:
    1. Bei **Höhlen** innerhalb des Lungenparenchyms (Cavernen); doch muss die Caverne mindestens den Umfang einer grossen Wallnuss haben, der Brustwand dicht anliegen oder durch infiltrirtes Gewebe mit ihr verbunden sein. Der Höhlenschall ist hell

tympanitisch oder gedämpft tympanitisch, je nach dem mehr oder weniger Luft oder Flüssigkeit in der Höhle vorhanden ist. Solche Cavernen kommen vor bei Phthise, seltener bei Bronchiektasie und Gangrän.
2. Bei Ansammlung von Luft im Pleuraraum (Pneumothorax), jedoch nur bei offenem Pneumothorax, so lange die Luft darin unter geringer Spannung steht. Sonst ist der Schall über dem Pneumothorax sehr laut und tief, aber nicht tympanitisch.
3. Bei verminderter Spannung (Entspannung) des Lungengewebes: oberhalb pleuritischer und pericarditischer Exsudate und pneumonischer Infiltration; häufig im 1. und 3. Stadium der crupösen Pneumonie und bei Lungenödem.
4. Bei vollkommener Infiltration grösserer Lungenbezirke, wodurch gute Leitung zwischen der bronchotrachealen Luftsäule und der Brustwand hergestellt wird; z. B. bei tuberculöser Infiltration des ganzen Oberlappens und im 2. Stadium der Pneumonie (Dämpfung mit tympanitischem Beiklang).

Metallklang (amphorischer Klang) unterscheidet sich von dem tympanitischen Schall durch die höhere Tonlage, indem neben dem Grundtone noch höhere Obertöne hörbar sind, und durch längere Dauer, indem die Obertöne langsamer abklingen.

Metallklang entsteht am Thorax:
1. bei Anwesenheit glattwandiger Cavernen, mindestens von der Grösse einer Mannesfaust (6 cm Durchmesser);
2. bei Pneumothorax, wenn das Gas sich in einer gewissen, nicht allzu starken Spannung befindet.

Um den Metallklang deutlich wahrzunehmen, bedient man sich der Stäbchen-Plessimeter-Percussion. Man auscultirt über dem Hohlraum, während man neben dem Stethoskop mit dem Percussionshammerstiel auf das Plessimeter klopft; hierbei hört man schönes metallisches Klingen.

Das Geräusch des gesprungenen Topfes (bruit de pot fêlé) entsteht bei kurzem energischen Percussionsschlag, am besten bei offenem Mund des Patienten, über oberflächlichen Cavernen, die durch eine enge Oeffung mit einem Bronchus communiciren. Ist es klingend, so nennt man es

Münzenklirren. Das bruit de pot fêlé ist diagnostisch mit Vorsicht zu verwerthen, da es sich auch bei Gesunden, besonders Kindern beim Sprechen und Singen erhalten lässt, überdies in seltenen Fällen auch bei entspanntem und infiltrirtem Gewebe (Pleuritis und Pneumonie) vorkommt.

Schallwechsel als Höhlensymptom.

Der Schall über Hohlräumen ist hoch oder tief, je nach der Grösse des Hohlraums und der Enge der Oeffnung; der Schall ist um so tiefer, je grösser der Hohlraum und je enger die Oeffnung ist.

Man kann nun die Oeffnung von Hohlräumen, die mit grossen Bronchien frei communiciren, durch Mundöffnung erweitern; man kann durch verschiedene Lagerung den längsten Durchmesser ungleichmässiger eitergefüllter Cavernen verändern, und also verschiedene Bedingungen hohen und tiefen Schalles künstlich herstellen, welche sog. Schallwechsel hervorrufen.

1. **Wintrich'scher Schallwechsel**: Der tympanitische Schall wird beim Oeffnen des Mundes höher, beim Schliessen tiefer. Findet sich bei **Cavernen und Pneumothorax, die mit einem Bronchus frei communiciren**, selten bei Pneumonien und oberhalb pleuritischer Exsudate.

Man kann sich dies Phänomen darstellen, indem man den Larynx bei offenem und geschlossenem Munde percutirt.

Unterbrochener Wintrich'scher Schallwechsel besteht darin, dass das beim Liegen gut wahrzunehmende Phänomen im Sitzen fehlt und umgekehrt; dabei ist in bestimmter Körperlage der Verbindungsbronchus durch den Caverneninhalt verstopft.

2. **Gerhardt'scher Schallwechsel**: Beim Aufsitzen des Patienten ist der tympanitische Schall tiefer als beim Liegen. Dies Phänomen kommt bei eiförmigen **Cavernen** zu Stande, welche zum Theil mit Flüssigkeit gefüllt sind; der Schall ist am tiefsten, wenn der längste Durchmesser horizontal steht; wenn der längste Durchmesser durch Lageveränderung sich verkürzt, wird der Schall heller. Man kann sich dies Phänomen an einer zum Theil gefüllten Medicinflasche deutlich machen.

3. **Respiratorischer Schallwechsel**: Bei sehr tiefen Inspirationen wird der tympanitische Schall über **Cavernen** manchmal höher, wahrscheinlich durch die Erweiterung der die Höhlenöffnung bildenden Stimmritze.

4. **Biermer'scher Schallwechsel**: Ueber einem zugleich Flüssigkeit enthaltenden **Pneumothorax** ist der Schall beim Sitzen tiefer als beim Liegen, weil beim Sitzen durch die Schwere

des Exsudats das Zwerchfell hinuntergedrückt und so der Hohlraum vergrössert wird.

Auscultation des Thorax.

Durch die Auscultation nimmt man wahr: 1. das Athmungsgeräusch; 2. die Rassel- und Reibegeräusche.

Athmungsgeräusch.

Man unterscheidet **vesiculäres, bronchiales, amphorisches** und **unbestimmtes** Athemgeräusch.

Vesiculäres Athmen findet sich überall auf der gesunden Lunge. Es ist hauptsächlich **inspiratorisch hörbar, von schlürfendem Charakter,** bei Exspiration gar nicht oder nur kurz und unbestimmt, selten vesiculär zu hören.

Vesiculärathmen lässt sich schön nachahmen, indem man Lippen und Zähne setzt, als wollte man ein weiches F aussprechen und nun tief inspirirt. Das Vesiculärathmen entsteht in der Trachea und den grossen Bronchien, ist also eigentlich ein Bronchialathmen, welches erst durch die Leitung über die Bronchien und Lungenalveolen den eigenthümlich schlürfenden Charakter erhält.

Reines weiches Vesiculärathmen ohne Rasselgeräusche ist ein sicheres Zeichen, dass der auscultirte Bezirk der Lunge gesund ist.

Abgeschwächtes Vesiculärathmen findet sich bei Volumen pulmonum auctum (weil in Folge der Ueberdehnung der Lunge nur ein schwacher Luftstrom eintritt); bei Pleuritis (weil zwischen Brustwand und Lunge schlecht leitende Flüssigkeit liegt). Ueber stärkeren pleuritischen Ergüssen fehlt das Athmungsgeräusch ganz.

Verschärftes Vesiculärathmen findet sich normal bei Kindern: **pueriles Athmen.** Sonst bei Schwellung und Verengerung der Bronchien, so bei Bronchitis.

Verschärfung des vesiculären Exspiriums und **Verlängerung** desselben kommt zu Stande, wenn dem Luftaustritt aus den Alveolen durch Verengerung der kleinen Bronchien Hindernisse erwachsen, z. B. bei Bronchitis und Asthma bronchiale. Verschärftes und verlängertes Exspirium über einer Lungenspitze ist ein frühes Zeichen der Phthise.

Saccadirtes Athmen nennt man Vesiculärathmen, bei welchem das Inspirium in mehreren Absätzen erfolgt. Es kann bei ungleichmässigem, langsamem Athmen bei ganz Gesunden gehört werden, findet sich aber öfter über der Spitze als Frühzeichen der Tuberculose. Doch ist es mit Vorsicht und nur im Verein mit anderen Zeichen zu verwerthen.

Systolisches Vesiculärathmen nennt man die in der Nähe des Herzens oft wahrnehmbare Verstärkung des Athemgeräusches bei der Systole des Herzens. Dies Zeichen ist ganz ohne diagnostische Bedeutung.

Bronchialathmen findet sich beim Gesunden über dem Larynx, der Trachea und dem Interscapularraum. Es ist von hauchendem Charakter, hauptsächlich **exspiratorisch** hörbar, bei der Inspiration ist es viel schwächer und kürzer zu hören.

Bronchialathmen kann man nachahmen, indem man den Mund stellt, als wollte man ein weiches ch aussprechen und nun langsam exspirirt. Das Bronchialathmen entsteht, indem die einströmende Luft an die Rima glottidis in Wirbelbewegungen geräth, welche sich auf die bronchotracheale Luftsäule fortsetzen.

Bronchialathmen über der Lunge kommt zu Stande unter analogen Bedingungen, welche bei der Percussion tympanitischen Schall erzeugen:
1. in grösseren Cavernen; doch muss der zuführende Bronchus frei sein;
2. wenn die Lunge so **verdichtet** ist, dass das bronchiale Athemgeräusch der grossen Bronchien unverändert zur Brustwand geleitet wird.
    a) bei Infiltration: durch Pneumonie oder Tuberculose, seltener Gangrän;
    b) bei Compression: besonders oberhalb von Pleuraexsudaten.

Dämpfung und Bronchialathmen über dem Unterlappen (hinten unten) bei freiem Oberlappen bedeutet meist pneumonische Infiltration, Dämpfung und Bronchialathmen über der Spitze bei freiem Unterlappen, tuberculöse, selten gangränöse Infiltration. Tympanitischer lauter Schall und Bronchialathmen bedeutet eine Höhle; tiefer lauter Schall ohne Athemgeräusch geschlossenen Pneumothorax; Dämpfung ohne Athemgeräusch pleuritischen Erguss.

Metamorphosirendes Athmen nennt man ein selten vorkommendes Athemgeräusch, das vesiculär beginnt und bronchial wird. Es findet sich meist über Cavernen, ist jedoch durchaus nicht charakteristisch dafür.

Amphorisches Athmen findet sich bei Gesunden gar

nicht; es ist ein sausendes, metallisch klingendes Athemgeräusch, dass unter denselben Bedingungen entsteht, wie der metallische Percussionsklang. Es ist pathognostisch für glattwandige Cavernen von mindestens 6 cm Durchmesser, und für offenen Pneumothorax. Ueber geschlossenem Pneumothorax hört man gar kein Athemgeräusch.

Amphorisches Athmen kann man nachahmen, wenn man über die Oeffnung einer grösseren Flasche bläst.

Unbestimmtes Athmen ist ein Athemgeräusch, welches weder den Charakter des Vesiculären noch des Bronchialen hat.

Das unbestimmte Athemgeräusch ist kein Uebergangsgeräusch zwischen vesiculär und bronchial (diese bezeichnet man als fast vesiculär, unbestimmt vesiculär etc.), sondern ein Geräusch sui generis, welches mit keinem andern bekannten Geräusch vollkommen zu vergleichen ist.

Unbestimmtes Athemgeräusch findet sich beim Gesunden in der Regio supra- und infraspinata bei ganz oberflächlicher Athmung. Unter pathologischen Verhältnissen findet es sich häufig, ohne einen directen diagnostischen Schluss zu gestatten. Nur wenn unbestimmtes Athmen dauernd über einer Spitze zu hören ist, darf es als Zeichen beginnender Tuberculose betrachtet werden.

Rassel- und Reibegeräusche.

Die respiratorischen Nebengeräusche sind stets Zeichen einer Schleimhauterkrankung oder Secret- bezw. Eiteransammlung. Die Rasselgeräusche theilt man in **trockene und feuchte**.

Trockene Rasselgeräusche entstehen, wenn der Luftstrom durch verengte oder mit zähem Secret bedeckte Bronchien fährt. Sie werden als **Schnurren** (Rhonchi sonori) und **Pfeifen** (Rhonchi sibilantes) gehört und sind pathognostisch für Bronchitis.

Feuchte Rasselgeräusche entstehen in angesammelten Secreten bei Fortbewegung derselben durch den Luftstrom, oder durch Blasenspringen, oder durch Eröffnung verklebt gewesener Alveolen und Bronchioli.

Man unterscheidet bei den feuchten Rasselgeräuschen, ob sie **reichlich** oder **spärlich**, ob sie **kleinblasig, mittelgrossblasig, grossblasig**, ob sie **klanglos** oder **klingend** sind.

Diagnostik der Krankheiten des Respirationsapparates. 91

Die Grossblasigkeit richtet sich nach der Grösse des Hohlraums, in dem die Rasselgeräusche entstehen, die kleinblasigen meist in den kleinsten Bronchien, bei beginnender Infiltration, grossblasige in grossen Bronchien und Höhlen.

Knisterrasseln (feinblasiges Rasseln) entsteht als besondere Art des kleinblasigen Rasselns in aufspringenden verklebten Alveolen. Man kann es nachahmen, indem man ein Haar vor dem Ohre reibt. Knisterrasseln findet sich im 1. und 3. Stadium der Pneumonie, bei Lungenödem, bei Miliartuberculose. Oft auch in den Spitzen und über den abhängigen Partien gesunder Lungen bei den ersten tiefen Athemzügen in Folge partieller Atelectase.

Klingende Rasselgeräusche werden oft unter denselben Bedingungen gehört wie Bronchialathmen (in Cavernen, bei grossen leitenden Infiltrationen oder Compressionen).

Metallisch klingende Rasselgeräusche finden sich oft bei metallischem Percussionsschall und amphorischem Athmen.

Vereinzeltes metallisches Rasseln wird als tintement métallique, Geräusch der fallenden Tropfen bezeichnet (Pneumothorax).

Succussio Hippocratis (Succussionsgeräusch) ist ein metallisches Plätschern, welches in einiger Entfernung vom Patienten gehört wird, wenn man dessen Oberkörper energisch hin und her schüttelt. Es ist pathognostisch für gleichzeitiges Vorhandensein von Luft und Flüssigkeit in der Pleurahöhle (Sero- oder Pyopneumothorax).

Reibegeräusche (pleuritische) entstehen, wenn die bei den Respirationen an einander sich verschiebenden Pleurablätter durch Fibrinbeschläge rauh werden. Sie sind pathognostisch für Pleuritis, finden sich am häufigsten bei Pleuritis sicca, bei serösen Ergüssen gewöhnlich im Stadium der Resorption. Reibegeräusche fehlen bei Stauungsergüssen (Hydrothorax) und bei Verwachsung beider Pleurablätter.

Oft ist die Unterscheidung von trockenen Rasselgeräuschen schwierig. Man beachte; dass Rasselgeräusche durch Husten verändert werden, Reibegeräusche nicht, dass Reibegeräusche durch den Druck des Stethoskopes verstärkt werden, wobei gewöhnlich über Schmerzhaftigkeit geklagt wird; dass Reibegeräusche oft fühlbar sind.

Man kann sie mit dem Knarren frischer Sohlen vergleichen (Neulederknarren).

Pectoralfremitus.

Der Pectoral- oder Stimmfremitus wird untersucht, indem man den Patienten mit tiefer Stimme zählen lässt, während man die Hände auf die beiden Thoraxseiten symmetrisch auflegt. Bei Gesunden fühlt man ein deutliches Schwirren der Brustwand, welches durch die fortgeleiteten Vibrationen der Stimme hervorgerufen wird.

Der Pectoralfremitus ist **verstärkt** bei Pneumonie, oberhalb pleuritischer Exsudate, bei Cavernen mit verdichteter Wand. (Infiltrirte und comprimirte Gewebe sind gute Leiter, in Cavernen wird der Schall durch Reflexion von den Wänden verstärkt.)

Der Pectoralfremitus ist **abgeschwächt oder aufgehoben**:
    a) bei Ausfüllung des Pleuraraums mit Luft oder Flüssigkeit (**Pleuritis** und **Pneumothorax**). Ueber pleuritischen Schwarten ist der Fremitus meist gut erhälten, manchmal verstärkt;
    b) bei Verschliessung der grossen Bronchien, durch Tumoren oder Stenosirung.

Die Abschwächung bezw. Aufhebung des Stimmfremitus ist nur diagnostisch zu verwerthen, wenn die Stimme kräftig und tief ist. Bei kraftloser, schwacher Stimme ist der Fremitus an sich sehr schwach. Auch bei sehr fetten Menschen ist sehr wenig davon zu fühlen.

Auscultation der Stimme. Wenn man während des Sprechens einen Gesunden auscultirt, hört man über der Brust ein undeutliches Summen. Dasselbe ist **abgeschwächt** unter denselben Bedingungen, wie der Pectoralfremitus. Die Stimme erscheint **verstärkt**, wenn die Schallwellen durch gute Leiter gehen, d. h. durch infiltrirtes oder comprimirtes Lungengewebe, bezw. Cavernen mit verdichteter Wandung. Es sind also dieselben Bedingungen massgebend, wie beim Pectoralfremitus bezw. Bronchialathmen. Verstärkter Stimmschall wird **Bronchophonie**, sehr verstärkter **Pectoriloquie** genannt.

Aegophonie nennt man einen eigenthümlich zitternden, dem Ziegenmeckern ähnlichen Stimmschall, welcher sich oft an der oberen Grenze mittelgrosser, pleuritischer Exsudate findet.

Untersuchung des Sputums.

Die Untersuchung des ausgehusteten Auswurfs ist für die Diagnose der Lungenkrankheiten unerlässlich (cfr.

S. 76). Man beginnt mit der einfachen Betrachtung des Sputums (makroskopische Untersuchung), der man erforderlichen Falles die mikroskopische Untersuchung folgen lässt.

Jedes Sputum lässt sich nach seinen **Hauptbestandtheilen** in eine der Hauptgruppen unterbringen: **schleimiges, eitriges, seröses, fibrinöses, blutiges** Sputum, oder es stellt eine Mischform dar (schleimig-eitrig, blutig-serös etc.)

1. **Rein schleimiges Sputum** (zäh, glasig, am Boden des Glases haftend) ist charakteristisch für beginnende Bronchitis. Da diese jedoch oft die Tuberculose einleitet, so ist rein schleimiges Sputum diagnostisch vorsichtig zu verwerthen. Ueberdies ist der Nasen- und Rachenauswurf oft rein schleimig.

2. **Rein eitriges Sputum** (dicker, zusammenfliessender Eiter, nicht schaumig) fast nur bei Perforation von Eiterherden: Empyem, Abscess der Lungen oder der Nachbarorgane.

3. **Schleimig-eitriges Sputum** findet sich am häufigsten und ist differentialdiagnositsch nicht charakteristisch. Kommt vor bei starker Bronchitis, sowie bei Phthisis pulmonum. Bei Bronchitis ist Schleim und Eiter oft innig gemischt, bei Phthisis oft aus einzelnen Ballen bestehend, die wie angenagt erscheinen, mit Schleim umgeben sind und in Wasser untersinken. Das Sputum **globosum, nummosum et fundum petens** gilt meist als charakteristisch für tuberculöse Caverven, kommt jedoch auch bei Bronchoblennorrhoe vor.

Reichliches, schleimig-eitriges Sputum ist oft **dreigeschichtet**: unten Eiter, darüber seröse Flüssigkeit, oben schaumiger eitriger Schleim; findet sich meist bei Bronchiektasen und Cavernen, ist jedoch nicht pathognostisch.

4. **Seröses Sputum**, ganz dünnflüssig, meist leicht roth gefärbt (pflaumenbrühartig) ist pathognostisch für Lungenödem; das Auftreten stets von übler Vorbedeutung, meist das Zeichen des nahen Endes (Stertor).

5. **Rein blutiges Sputum (Haemoptoë)** wird ausgeworfen, wenn durch ulcerative Processe ein Lungenblutgefäss arrodirt ist. Differentialdiagnose gegen Hämatemesis (S. 56). Hämoptoë findet sich:

    1. hauptsächlich bei **tuberculöser Phthise**; manchmal im ersten Stadium (initiale Hämoptoë), aber auch in jedem Stadium des weitern Verlaufs; die

Menge des ausgehusteten Blutes verschieden von 1—2 Theelöffel bis $^1/_2$ Liter und mehr. Erst der Nachweis anderer tuberculöser Zeichen sichert die Diagnose;

2. seltener bei Lungenabscess oder Gangrän;
3. bei hochgradiger Stauung im kleinen Kreislauf, besonders bei Mitralfehlern.
4. bei hämorrhagischem Infarct der Lunge; es muss die Quelle des Embolus nachgewiesen werden. (Venenthrombose, Thromben im rechten Ventrikel), wenn möglich die gedämpfte Stelle des Infarctes gefunden werden;
5. bei Aortenaneurysma, welches zu profusen, meist tödtlichen Lungenblutungen führen kann;
6. in sehr seltenen Fällen von erweiterten Venen (Varicen) der grossen Bronchien bei sonst gesunden Menschen. Diese Diagnose kann nur gerechtfertigt werden, wenn 1—5 mit Sicherheit auszuschliessen sind.

6. **Blutig-schleimiges Sputum** (himbeergeléeartiges) findet sich meist in den seltenen Fällen von Lungencarcinom; mehr blutig als schleimig, oft schon gelblichbraun gefärbt im 1. Stadium der Pneumonie und bei hämorrhagischem Infarct.

Blutig gefärbter Mundspeichel wird öfters von Hysterischen ausgespieen und kann leicht zu Verwechselungen Anlass geben.

7. **Fibrin** in grösseren Mengen findet sich bei Bronchitis fibrinosa und Pneumonie; man schüttelt etwas Sputum im Reagensglas mit Wasser, dann erhält man oft baumartige Verzweigungen von Faserstoff (**Bronchialabgüsse**).

Nächstdem beachte man **Geruch** und **Farbe** des Sputums. Die meisten Sputa haben einen faden, oft leicht süsslichen Geruch. Aus dem Munde, den Zähnen, der Nase, dem Rachen kann ein sog. multriger Geruch stammen. **Uebler fauliger Geruch** ist ein Zeichen von putrider Bronchitis oder Lungengangrän (S. 102).

Auch der faulige Geruch kann aus Schlund- oder Nase stammen, die in jedem Fall von putridem Sputum sorgfältig zu untersuchen sind.

Farbe gewöhnlich gelbgrünlich. Einige andere Färbungen sind besonders wichtig: rothe Färbung s. die blutigen etc. Sputa.

Rubiginöses (rostbraunes) Sputum pathognostisch für Pneumonie.

Ockergelbes Sputum pathognostisch für den Durchbruch von Leberherden (Echinococcen, Gallensteinabscessen, nekrotisirte Lebersubstanz), die Farbe stammt von reichlichem Hämatoidin.

Eine ähnliche Farbe wird durch Bacterienwirkung hervorgebracht, eigelbes Sputum. Die Färbung wird an der Luft intensiver, und wenn man Theilchen des eigelben Sputums auf ungefärbtes überträgt, nimmt dies in einiger Zeit ebenfalls eigelbe Farbe an.

Grasgrünes Sputum, charakteristisch für langsame Resolution der Pneumonie, bedeutet meist Uebergang in Tuberculose; auch bei biliöser (mit Icterus verbundener) Pneumonie.

Auch die grüne Färbung kann durch Bacterienwirkung entstehen, sie wird wie die eigelbe an der Uebertragbarkeit erkannt.

Ohne diagnostische Bedeutung sind diejenigen gefärbten Sputa, welche ihre Farbe von aussen kommenden Beimischungen verdanken: blaue Sputa bei Arbeitern in chemischen Fabriken, rothe und gelbe bei Eisenhüttenarbeitern, schwärzliche und schwarze bei Kohlenarbeitern.

Schliesslich achte man auf die **Menge** des in 24 Stunden entleerten Sputums. Sie kann für die Diagnose wichtig sein, wo es sich um sehr reichliche Secretion handelt (eitrige Bronchitis, Bronchiektasie, tuberculöse Caverne), bei durchgebrochenem Empyem etc. In sehr vielen Fällen ist aus der Menge des Sputums ein Urtheil über die Intensität des Processes möglich.

Mikroskopische Untersuchung.

In allen Fällen, wo die Untersuchung des Thorax und die Besichtigung des Sputums nicht zur gänzlich gesicherten Diagnose geführt hat (z. B. bei Verdacht auf Tuberculose, bei blutig-schleimigem Sputum, bei übelriechendem Sputum etc.), ist die mikroskopische Untersuchung des Sputums vorzunehmen.

Pathognostische Bestandtheile sind: Elastische Fasern (Lungenfetzen), Tuberkelbacillen, Charcot-Leyden'sche Krystalle und Curschmann'sche Spiralen. Ausserdem manche Bestandtheile, die die gestellte Diagnose zu

96   Diagnostik der Krankheiten des Respirationsapparates.

sichern geeignet sind (Fettsäurenadeln, Hämatoidin, Bronchialabgüsse etc.).

Bestandtheile, welche ohne diagnostische Bedeutung sind (Fig. 25):

Weisse Blutkörperchen, in jedem Sputum reichlich vorhanden, oft im Zerfall und in Verfettung begriffen.

Fig. 25.

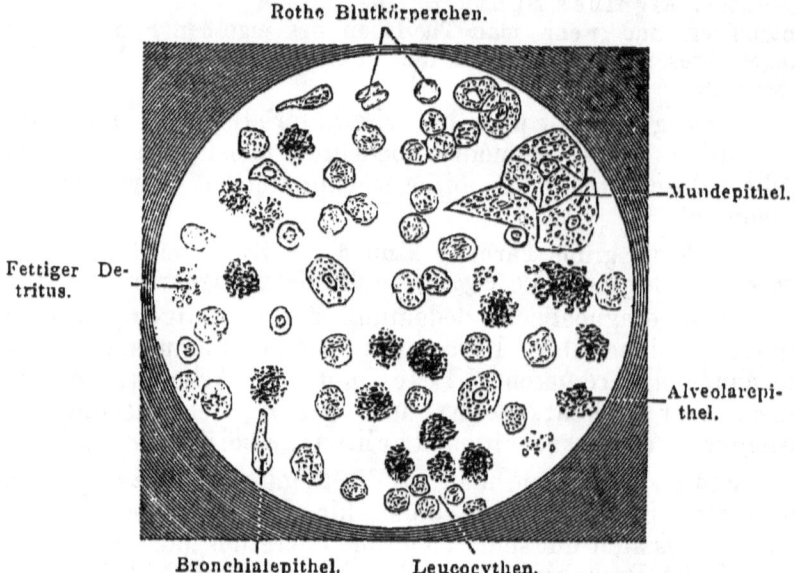

Morgendliches Sputum von alter Bronchitis, ohne pathognostische Bestandtheile.

Plattenepithelien stammen aus der Mundhöhle und von den wahren Stimmbändern.

Cylinderepithelien findet man selten; sie kommen aus Nase, oberem Pharynx, Larynx und Bronchien.

Alveolarepithelien sind grosse, ovoide oder runde Zellen, mit bläschenförmigem Kern, die meist mit schwarzen Kohlepartikelchen, auch Fett und Myelin gefüllt sind (Lungenschwarz). Die Alveolarepithelien sind durchaus nicht charakteristisch für Tuberculose, indessen muss ein reichliches Vorkommen von Lungenschwarz den Verdacht bestehender Tuberculose erwecken.

Vereinzelte rothe Blutkörperchen sind bedeutungslos, reichlich sind sie im blutigen Sputum enthalten.

Sarcina pulmonum kommt ab und zu im Sputum vor, ist ohne diagnostische Bedeutung.

Gewöhnliche Bacterien sind sehr reichlich in jedem Sputum,

Diagnostik der Krankheiten des Respirationsapparates. 97

besonders in altem, und haben keinen diagnostischen Werth. Leptothrixfäden (durch Jodjodkalilösung blau gefärbt) finden sich bei Gangrän, doch auch aus Mandelpfröpfen stammend, im Sputum ganz Gesunder.

Charakteristische Bestandtheile.

Elastische Fasern (Fig. 26) bei allen destructiven Processen: Tuberculose, Abscess, Gangrän. Bei Gangrän finden sich wenig Elastica, weil ein lösendes Ferment im

Fig. 26.

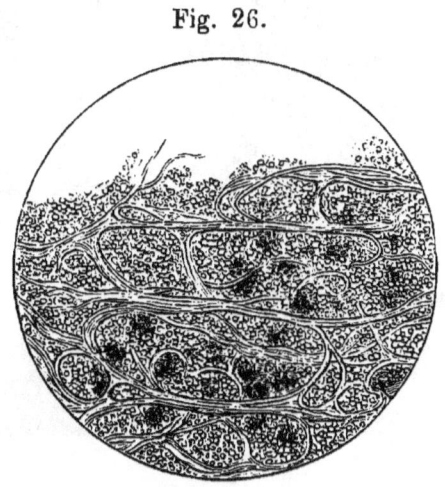

Elastische Fasern im Sputum.

Sputum vorhanden ist. Abscess ist selten und meist aus andern Symptomen zu diagnosticiren (s. u.), so dass in den meisten Fällen der Nachweis der Elastica für Tuberculose beweisend ist.

Zum Nachweis nehme man, am besten mit einer gekrümmten Pincette, einen käsigen Pfropf aus dem auf einen schwarzen Teller gegossenen Sputum und mikroskopire zuerst mit schwacher Vergrösserung. Manche kochen vorher einen Theil des Sputums im Reagenzglas mit dem gleichen Volum 10 proc. Kalilauge, lassen sedimentiren und mikroskopiren das Sediment.

Lungenfetzen finden sich bei Abscess und Gangrän; meist schon makroskopisch als schwarze Partikelchen sichtbar. In übelriechendem Sputum sichern sie die Diagnose Gangrän gegenüber der putriden Bronchitis.

Tuberkelbacillen. Der Nachweis derselben ist der

98 Diagnostik der Krankheiten des Respirationsapparates.

Schlussstein der Diagnose Phthisis. Er ist in zweifelhaften Fällen, namentlich im Anfangsstadium, von der grössten Wichtigkeit. Ueber die Technik des Nachweises siehe Cap. XI.

Charcot-Leyden'sche Krystalle (Fig. 27), fast nur

Fig. 27.

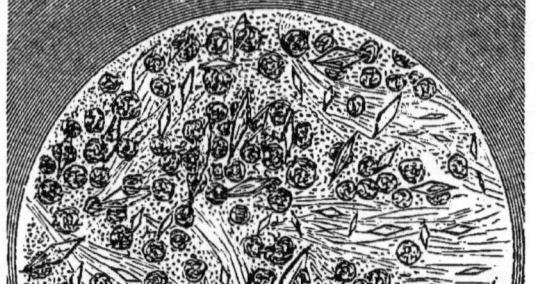

Asthmakrystalle.

bei Asthma bronchiale im Sputum zu finden; sie sind in makroskopisch sichtbaren, gelblichen, wurstförmigen Partikelchen enthalten.

Curschmann'sche Spiralen, ebenfalls im Asthmasputum, aber weit seltener zu finden, sind mit blossem Auge, besser mit der Lupe, als feine Fädchen zu erkennen, oft in sagoartigen Schleimkörperchen enthalten. Es sind korkzieherartig gewundene Schleimconglomerate mit hellem Centralfaden.

Fibrin, oft schon makroskopisch erkennbar, namentlich beim Schütteln mit Wasser, wird mikroskopisch an seinem Glanz, der feinen Streifung, der Homogenität erkannt; findet sich bei Asthma, fibrinöser Bronchitis und Pneumonie.

Fettsäurekrystalle, meist als gebogene, farblose Nadeln, oft in Büscheln; von Tyrosin und anderen Krystallen leicht zu unterscheiden, indem sie beim Erwärmen zu Fetttropfen schmelzen. Finden sich bei Gangrän und putrider Bronchitis, gewöhnlich in gelben, stecknadelkopfgrossen Pfröpfen von widrigem Geruch enthalten (Dittrich'sche Pfröpfe).

Hämatoidinkrystalle, gelbbraune Büschel, vereinzelte Nadeln, Rhomben und Schollen finden sich in alten Blutungen, besonders bei Abscess und bei durchgebrochenen Leberherden (ockergelbes Sputum).

Cholesterinkrystalle, sechseckige, an einer Ecke abgebrochene Tafeln, sehr selten in altem, eitrigem Sputum (Abscess und Cavernen).

Tyrosinkrystalle, Nadelbüschel, in altem Eiter, besonders in eintrocknendem Eiter durchgebrochener Empyeme.

Echinococcenblasen bezw. Haken sind in seltenen Fällen im Sputum vorhanden und beweisen dann Lungenechinococcus oder Durchbruch eines solchen aus einem Nachbarorgan (cfr. Cap. XI.).

Pneumoniecoccen (s. Cap. XI.) finden sich in jedem pneumonischen Sputum; doch sind dieselben durch die Betrachtung zu schwer von unschädlichen Pilzen zu unterscheiden, als dass darauf die Diagnose basirt werden könnte. Man erkennt sie daran, dass man das Sputum mit sterilisirtem Wasser emulgirt und Kaninchen unter die Haut spritzt; enthielt das Sputum Pneumoniecoccen, so sterben die Kaninchen an Septicämie und der Saft der geschwollenen Milz enthält reichlich Diplococcen.

Milzbrandfäden und Actinomyceskolben sind in Einzelfällen als Beweis der betreffenden Krankheit im Sputum gefunden worden. Ebenso Aspergillusfäden im Sputum bei Pneumonomycosis aspergillina.

Symptome der wichtigsten Lungenkrankheiten.

Pneumonie. Plötzlicher Beginn mit Schüttelfrost, Seitenstechen und Husten. Hohes continuirliches Fieber. Rubiginöses Sputum. Physikalische Zeichen: 1. Stadium (Anschoppung): tympanitischer, wenig gedämpfter Schall über dem infiltrirten (Unter-) Lappen; Knisterrasseln; im 2. Stadium (Hepatisation), vollkommene Dämpfung, Bronchialathmen. Verstärkter Pectoralfremitus. 3. Stadium (Resorption) wie im 1. Stadium. Ausgänge: Meist Heilung. Fieberabfall mit Krise, Resorption des Exsudats (Verschwinden der Dämpfung) in 1—4 Wochen. Länger (als 11 Tage) bestehendes, remittirendes Fieber weist auf Complication bezw. Nachkrankheiten hin, besonders Empyem; seltene Ausgänge sind Verkäsung, Abscess, Gangrän. Die Prognose bei kräftigen jungen Leuten vergens ad bonum; für die Prognose im Einzelfall massgebend besonders der Zustand des Herzens (Puls), die Betheiligung des Sensoriums. Durchaus ernste Prognose bei Säufern, alten Leuten, Herzkranken.

Pleuritis exsudativa. Entweder plötzlicher Beginn mit Frost und Seitenstichen oder allmälicher Beginn mit Schmerzen in der Seite. oft geringer Luftmangel. Fieber unregelmässig remittirend. mässig hoch. Absolute Dämpfung hinten unten. Athemgeräusch abgeschwächt oder fehlend. Pectoralfremitus abgeschwächt oder fehlend. Oberhalb der Dämpfungsgrenze durch Compression der Lunge oft tympanitischer. leicht gedämpfter Schall, Bronchialathmen, feinblasiges Rasseln (Atelectase). Spitzenstoss und Herzdämpfung oft verdrängt.

Die obere Dämpfungsgrenze verhält sich verschieden, je nachdem der Patient während der Entstehung des Exsudats lag oder herumging. Im ersten Fall (meist bei gut situirten Patienten) läuft die Dämpfungsgrenze schräg von hinten oben nach vorn unten; ging der Patient herum (meist bei Spitalpatienten), so bildet die obere Grenze eine fast gerade Linie Während der Resorption ist die obere Grenze oft eine nach oben convexe Curve, deren höchster Punkt in der Seitenwand liegt (Ellis-Damoiseau'sche Curve). — Bei Lagewechsel des Patienten ändert sich die durch entzündliche Verklebungen fixirte Dämpfungsgrenze des pleuritischen Exsudats gar nicht oder nur langsam.

Nachdem pleuritischer Erguss diagnosticirt ist. muss die Natur des Exsudats festgestellt werden. ob serös (einfache Pleuritis), eitrig (Empyem) oder hämorrhagisch (meist auf maligner Neubildung beruhend). Obwohl für die Differentialdiagnose Kräftezustand. Fiebercharakter, Puls und Respiration in Betracht kommen, so ist die Frage doch nur durch (aseptische) Probepunction mit der Pravazschen Spritze zu entscheiden. welche in keinem Fall von Pleuraexsudat unterlassen werden soll.

Bei **serösem** Exsudat ist zu beachten, dass es oft durch primäre Lungenerkrankung (Tuberculose!) verursacht wird. Diese muss ebenfalls in die Diagnose einbezogen werden.

Bei eitrigem Exsudat hängt Prognose und Behandlung wesentlich von der Feststellung der Ursache ab; hierzu bedarf man neben der Anamnese in vielen Fällen der bactrioskopischen Untersuchung des durch Probepunction gewonnenen Eiters (cfr. Cap. XI.).

Pneumoniecoccen im Eiter beweisen metapneumonisches, Tuberkelbacillen tuberculöses Empyem. Streptococcen und Staphylococcen weisen auf primäre Erkrankung der Lunge oder septische Infection hin; Fäulnissbacillen finden sich im Empyem bei Lungengangrän oder bei embolischen Infarcten von inficirten Puerperis. Das dauernde Fehlen von Bacterien spricht für Tuberculose.

Bronchitis. Husten und Auswurf, oft Brustschmerz, meist keine wesentliche Abmagerung. Physikalisch: keine Dämpfung, vesiculäres Athmen oft mit verschärftem verlängertem Expirium, diffuse trockene Rasselgeräusche. Sputum in acuten Fällen glasig, schleimig, zäh am Boden haftend, in chronischen schleimig-eitrig, ohne charakteristische Bestandtheile. Ausgang der acuten Bronchitis bei zweckmässiger Behandlung in Heilung. Die chronische Bronchitis führt zu Lungenemphysem und Erweiterung des rechten Herzens.

Volumen pulmonum auctum (Emphysem). Kurzathmigkeit und Cyanose, meist Husten und Auswurf. Fassförmiger Thorax. Tiefstand der unteren Lungengrenze, Verkleinerung oder gänzliches Fehlen der Herzdämpfung. Abgeschwächtes Vesiculärathmen. Oft trockene Rasselgeräusche.

Phthisis pulmonum. Das erste Stadium lässt oft keine physikalischen Veränderungen am Thorax erkennen. Der Verdacht auf Phthisis wird erweckt durch vieldeutige, unbestimmte Symptome: Hüsteln, wenig Auswurf, Kopfschmerz, leichte Ermüdung, Appetitlosigkeit, Magenbeschwerden, Abnahme der Körperfülle; gravirend sind hereditäre Belastung und Habitus paralyticus. Entschieden werden kann die (Früh-) Diagnose nur durch den Nachweis der Tuberkelbacillen im Auswurf.

Die ersten physikalisch wahrnehmbaren Zeichen sind: Leichte Dämpfung über einer Spitze, vesiculäres Athmen mit verlängertem, verschärftem Expirium oder unbestimmtes Athmen, kleinblasige, klanglose Rasselgeräusche.

Im vorgerückteren Stadium bedeutendere Abmagerung, viel Husten und Auswurf. Sputum reichlich, schleimig eitrig, oft geballt; enthält Elastica und Tuberkelbacillen. Intensive Dämpfung über der Spitze, und unterhalb der Clavicula, bronchiales Athemgeräusch, reichliche, mehr oder weniger klingende, mittelgrossblasige Rasselgeräusche.

Im Endstadium hochgradige Abmagerung, sehr reichlich Husten und Auswurf, Sputum globosum et fundum petens. Physikalisch zum Theil sehr ausgebreitete Dämpfungen, zum Theil lauter tympanitischer Schall (auch der Unterlappen ist oft ergriffen), Bronchialathmen, klingendes, grossblasiges Rasseln, stellenweise Schallwechsel etc. nachweisbar.

Prognose in den ersten Anfängen bei der Möglichkeit zweckmässiger Behandlung vergens ad bonum; in den vorgerückten Stadien mala. Complication im Anfang besonders Pleuritis; in vorgerücktem Verlauf Tuberlose anderer Organe (Darmtuberculose, tuberculöse Meningitis, Peritonitis etc.) allgemeine Amyloidentartung, Pneumothorax.

Pneumothorax. Derselbe tritt selten bei gesunden (durch Trauma, Rippenfractur, Ueberanstrengung) ein; meist als Secundärerkrankung bei Phthisis, Gangrän, Abscess, durchgebrochenem Empyem. Die physikalischen Zeichen sind: Erweiterung und Zurückbleiben der befallenen Thoraxhälfte. Percussion: abnorm lauter tiefer Schall (meist nicht tympanitisch), metallischer Schall bei Stäbchen-Plessimeter-Percussion. Auscultation bei geschlossener Rissöffnung gar kein Athemgeräusch, bei offenem Pneumothorax amphorisches Athmen. Meist kommt es bald zu Flüssigkeitserguss: Sero- oder Pyopneumothoxax (Probepunction!); über der Flüssigkeit Dämpfung ohne Athemgeräusch und ohne Fremitus; augenblicklicher Wechsel des Dämpfungsbezirks bei Lagewechsel. Succussio Hippocratis. Die Prognose ist meist von der Grundkrankheit bezw. der Möglichkeit operativer Behandlung bedingt.

Gangraena pulmonum wird diagnosticirt aus dem stinkenden Auswurf, welcher Lungenfetzen enthält und dem physikalischen Nachweis der nekrotischen Lungenstelle: Dämpfung, Bronchialathmen, feuchte Rasselgeräusche.

Für die Prognose ist massgebend 1) die Ausbreitung der Localaffection: Circumscripte Gangrän ohne wesentliche Höhlenbildung prognosis vergens ad bonum, bei diffuser Gangrän mit Cavernenbildung prognosis mala. 2) Die Ursache der Gangrän: Trauma und Pneumonie geben verhältnissmässig bessere Prognose; verjauchte Emboli, Uebergreifen vom Oesophagus, den Wirbeln etc., meist schlechte. 3) Die Allgemeinerscheinungen: Zeichen schwerer Infection (sehr schneller Puls, Delirien und Collaps) sind von übler Vorbedeutung.

Putride Bronchitis wird diagnosticirt, wenn der Auswurf übelriechend ist (bei freier Nase und Rachen), keine charakteristischen Bestandtheile enthält und dabei über der Lunge keine Dämpfung, sondern nur die Zeichen der Bronchitis nachweisbar sind.

Die Prognose richtet sich theils nach der Intensität der Bronchitis, event. vorhandenen Bronchiectasien, theils nach den von der Putrescenz hervorgerufenen Allgemeinerscheinungen. Putride Bronchitis ohne septische Erscheinungen giebt bei guter Behandlung meist gute Prognose.

Hämorrhagischer Lungeninfarct wird diagnosticirt, wenn in Zuständen, die mit localer Thrombose einhergehen (Puerperium, Marasmus, Wunden, Decubitus etc., besonders Erweiterung des rechten Herzens), plötzlich Seitenstiche, Husten und blutiges Sputum oft unter Fieber eintreten. Die Diagnose wird gesichert durch den Nachweis circumscripter Infiltration (Dämpfung, abgeschwächtes oder Bronchialathmen, Rasseln). Die Prognose ist von der Ursache der Embolie und den Körperkräften abhängig; kleine, nicht inficirte Infarcte resorbiren sich gut.

Lungenabscess wird diagnosticirt aus eitrigem Sputum mit elastischen Fasern beim sicheren Fehlen phthisischer Zeichen, wenn gleichzeitig die Ursache des Abscesses (Pneumonie, inficirter Infarct, Trauma) und die localen Zeichen der Infiltration oder Höhlung nachzuweisen sind. Prognose abhängig von der Ursache und den Allgemeinerscheinungen; der günstige Ausgang besteht in Durchbruch in den Bronchus mit folgender Heilung.

VI. Diagnostik der Krankheiten des Kehlkopfs.

Die Diagnose wird auf die Krankheiten des Kehlkopfs im Allgemeinen geleitet: 1. durch Veränderungen der Stimme, 2. durch gewisse laut hörbare **Athemgeräuche** (Stridor). Die specielle Diagnose wird mit Hilfe des Kehlkopfspiegels gestellt.

Alle übrigen Symptome der Erkrankungen des Larynx: Husten, Auswurf, Schmerzen im Halse, Schlingbeschwerden, sind häufig nicht durch die Kehlkopfkrankheit selbst, sondern vielmehr durch begleitende Affectionen des Rachens, der Trachea etc bedingt. **Husten und Auswurf** sind nur selten für den Larynx zu verwerthen (S. 76). **Halsschmerzen** (Kitzel, Kratzen, Reiz zum Hüsteln, Brennen, Gefühl der Zusammenschnürung, des Fremdkörpers) sind oft auf complicirende Pharyngitis zurückzuführen. Ebenso sind **Schlingbeschwerden** oft durch Schwellung im Pharynx bedingt; sie werden vom Patienten gut localisirt und sind nicht mit den Schlingbeschwerden bei Oesophagusstenose zu verwechseln; durch die gleichzeitige Schmerzhaftigkeit und das Fehlen anderweitiger Lähmungen unterscheiden sie sich von den **bulbären** Schlingbeschwerden.

Die Stimme. Klare, laute Stimme ist das Zeichen völliger Gesundheit des Larynx. **Heiserkeit** (rauhe, belegte, unreine Stimme) tritt bei den verschiedensten Affectionen ein. **Aphonie** (Stimmlosigkeit) ist ein Zeichen hochgradiger einfacher oder schwerer Larynxaffection. Die functionelle Aphonie der **Hysterischen** wird daran erkannt, dass sie plötzlich kommt und schwindet. oft bei psychischen Affecten, und dass der Husten dabei oft klangvoll ist. Intermittirende Aphonie ist fast immer hysterisch.

Fistelstimme ist oft ohne wesentliche diagnostische

Bedeutung, da sie auch als functionelle Störung vorkommt; oft auch Symptom verschiedenartiger Stimmbandaffectionen.

Kehlbass (abnorm tiefer Klang der Stimme) lässt auf Zerstörung der Stimmbänder schliessen.

Nasenstimme. Man unterscheidet offene und gestopfte Nasenstimme. Erstere kommt zu Stande, wenn der Abschluss der Rachenhöhle gegen die Nase unmöglich ist, in Folge Lähmung des weichen Gaumens (hauptsächlich nach Diphtherie) und durch ulcerative Zerstörung derselben (durch Lues). In solchen Fällen fliesst beim Trinken das Wasser aus der Nase. Prüfworte für offene Nasenstimme sind Pumpe, Mumps. Die gestopfte Nasenstimme entsteht bei absolutem Verschluss der Nase durch Polypen und Tumoren, auch durch chronischen Schnupfen.

Diphthonie (Zweitheiligkeit) oder Dreitheiligkeit der Stimme beweist das Vorhandensein von Stimmbandpolypen.

Ist die Stimme im Anfang eines langen Diphtonges rein, wird alsbald heiser und diphtonisch und beim Auslauten wieder rein, so ist das Vorhandensein eines Polypen unterhalb der Stimmbänder bewiesen, welcher durch den Exspirationsstrom zwischen die Stimmbänder getrieben wird.

Stridor (mühsames, langgezogenes, von zischendem Geräusch begleitetes Inspirium). Stridor ist ein Zeichen von Verengerung der Glottis. Diese kommt bei Kindern in einzelnen Fällen durch einfache acute Laryngitis, meist durch Croup und Diphtherie zu Stande. Bei Erwachsenen stets das Zeichen sehr ernster Kehlkopferkrankung (acutes Glottisödem, Perichondritis laryngea, Diphtherie etc.). Zu dem Stridor gesellt sich meist Anspannung sämmtlicher Hilfsmuskeln (S. 79), inspiratorische Einziehung der unteren Intercostalräume und des Epigastriums. Hochgradige Cyanose mit Stridor giebt die Indication der Tracheotomie.

Laryngoskopische Untersuchung.

Normales Bild im Kehlkopfspiegel. Man sieht oben (vorn) den Kehldeckel; von diesem verlaufen nach unten (hinten) die ary-epiglottischen Falten zu den Aryknorpeln, über denen die Santorini'schen Knorpel eine leichte Prominenz markiren. Zwischen den Aryknorpeln befindet sich die Regio interarytaenoidea. Die wahren Stimmbänder theilt man in zwei Theile: der vordere ligamentöse reicht bis zur Spitze des Proc. vocalis, der hintere von der Spitze bis zur Basis desselben. Der vordere Theil der Glottis wird Gl. phonatoria, der hintere Gl. respiratoria genannt. Die falschen Stimmbänder (Taschenbänder) laufen parallel den wahren, oberhalb derselben.

Normale Thätigkeit der Kehlkopfmuskeln und Nerven.

Von den Kehlkopfmuskeln dienen zur
Erweiterung der Glottis: Der M. crico-arytaenoideus posticus, innervirt vom N. recurrens; er wirkt als Abductor, indem er den Proc. vocalis des Aryknorpels nach aussen dreht.

Verengerung der Glottis: Der Musc. interarytaenoideus (arytaenoideus transversus und obliquus), der die Aryknorpel einander nähert, der Musc. crico arytaenoideus lateralis, der den Proc. vocalis nach innen dreht, und der M. thyreo-arytaenoideus internus. Innervirt werden sie sämmtlich vom N. recurrens, nur der Arytaenoideus transversus erhält einige Fasern vom N. laryngeus superior.

Spannung und Verlängerung der Stimmbänder: Der Musc. crico-thyreoideus, der vom Ram. externus des N. laryngeus superior versorgt ist.

Spannung und Verkürzung der Stimmbänder: Der M. thyreo-arytaenoideus internus, innervirt vom Recurrens.

Wir haben also 2 Nerven, den N. laryngeus superior und N. laryngeus inferior s. N. recurrens, die beide vom N. vago-accessorius stammend, motorische und sensible Fasern haben.

Der N. laryngeus superior versorgt mit seinem dünneren äusseren Ast den M. crico-thyreoideus; der stärkere innere Ast durchbohrt die Membrana hyo-thyreoidea und versorgt die Schleimhaut mit sensiblen Fasern; motorische führt er nur wenige für den Arytaenoideus transversus und die Muskeln der Epiglottis (Mm. ary- und thyreo-epiglotticus).

Der N. laryngeus inferior schlingt sich in der Brusthöhle nach hinten, rechts um die Art. subclavia, links um den Aortenbogen, gelangt zwischen Luft- und Speiseröhre zum Kehlkopf und innervirt mit einem inneren Ast den M. crico-arytaenoideus posticus und den arytaenoideus transversus, mit seinem äusseren Ast alle übrigen Kehlkopfmuskeln.

Symptome der wichtigsten Kehlkopfkrankheiten.

Acute Laryngitis. Meist fieberlos (bei Kindern unregelmässig remittirendes Fieber). Heiserkeit und Halsschmerzen; leichte Schlingbeschwerden. Nicht charakteristischer, schleimiger oder schleimig-eitriger Auswurf. Laryngoskopischer Befund: Röthung und Schwellung der Schleimhaut, diffus oder mehr circumscript. Stimmbänder geröthet, öfters oberflächliche Erosionen von grauweisser Farbe. Stimmbänder anscheinend verschmälert in Folge der Schwellung der Taschenbänder.

Chronische Laryngitis. Druck, Kitzel etc. im Kehlkopf, besonders beim Singen, Rauchen etc. Stimme umflort, heiser, bei längerem Sprechen aphonisch. Laryngoskopischer Befund: Röthung schmutzig-grauroth; in alten Fällen oft sandkorngrosse Schwellungen der Schleimhautfollikel (L. granulosa s. follicularis).

Larynxtuberculose. Meist secundär bei Lungenphthise. Heiserkeit, Aphonie, Schmerzen, Schlingbeschwerden. Laryngoskopischer Befund: 1. Stadium: Tuberculöse Infiltration: Schleimhaut — zuerst über den Aryknorpeln — prall geschwollen, grauweiss gefärbt. 2. Stadium: Tuberculöse Ulceration. Auf dem entzündeten und infiltrirten Boden unregelmässige, zackig geränderte, confluirende Geschwüre, schnell in die Tiefe greifend; Geschwürsgrund von eitrigem Secret bedeckt, in dem sich Tuberkelbacillen nachweisen lassen.

Syphilis des Larynx. Klagen und Beschwerden haben meist nichts Charakteristisches. Laryngoskopisch unterscheidet man 1. Frühformen: Erythema laryngis, Schleimhaut von rosarother Farbe. Laryngitis syphilitica, meist von nicht specifischer chronischer Entzündung nicht zu trennen; gewisse Geschwürsformen werden als charakteristisch angegeben; 2. Spätformen als circumscripte entzündliche Infiltrate oder diffuse gummöse Infiltrationen; charakterisch der schnelle Zerfall; die Geschwüre von tuberculösen nicht immer leicht zu unterscheiden. Die Differentialdiagnose wird durch den Nachweis von Tuberkelbacillen, bezw. den Nachweis luetischer Infection, am besten durch den Erfolg einer antisyphilitischen Cur gesichert.

Stimmbandlähmungen. (Fig. 28.)

1. Lähmung im Recurrensstamm. (Lähmung aller vom Recurrens versorgter Muskeln), selten doppelseitig, mit Cadaverstellug der Stimmbänder: Glottis offen bei Phonation wie bei Respiration; Unbeweglichkeit in Mittelstellung; absolute Aphonie, keine Dyspnoe. Ursache: Druck auf beide Nerven durch Geschwülste der Schilddrüse, Oesophagascarcinom etc. Häufiger einseitige Recurrenslähmung (Hemiplegie des Larynx): Cadaverstellung

Fig. 28.

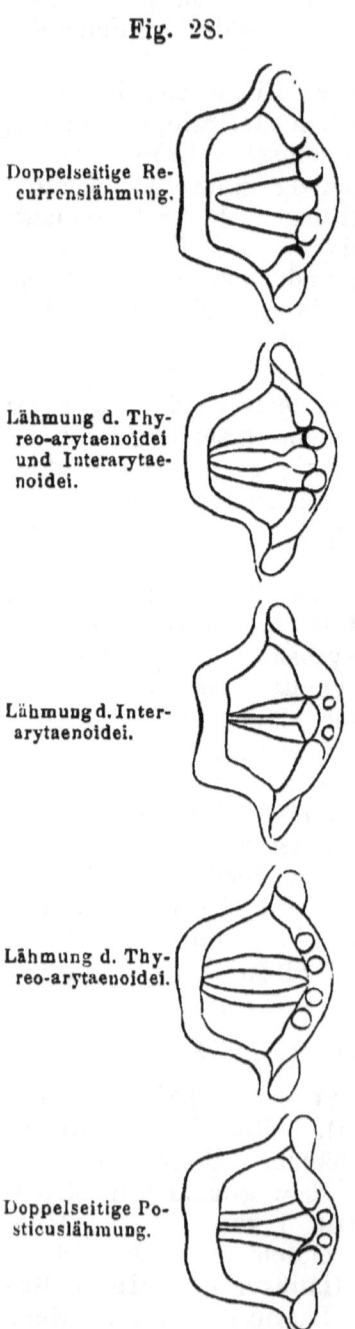

Doppelseitige Recurrenslähmung.

Lähmung d. Thyreo-arytaenoidei und Interarytaenoidei.

Lähmung d. Interarytaenoidei.

Lähmung d. Thyreo-arytaenoidei.

Doppelseitige Posticuslähmung.

des einen Stimmbands und des Aryknorpels. Beim Phoniren wird das gesunde Stimmband über die Mittellinie dem gelähmten genähert, wobei sich die Aryknorpel kreuzen. Stimme schwach, klangarm; bei Anstrengung eigenthümliche Fistelstimme. (Häufige Ursache: Aortenaneurysma.) Einseitige Lähmung bisweilen durch mangelnde Vibration der Platte des Schildknorpels zu constatiren. (Man palpirt mit der Spitze des Zeigefingers und lässt laut und langsam zählen.)

2. Lähmungen einzelner Recurrenszweige. Am gefahrvollsten ist die doppelseitige Lähmung des Musc. crico-arytaenoideus posticus (bilaterale Posticuslähmung). Der gelähmte Posticus kann die Glottis nicht mehr erweitern: die Stimmbänder erst in Cadaverstellung; allmälig überwiegen die Antagonisten (Glottisverengerer): die Glottis ist ein enger Spalt, beim Phoniren ganz geschlossen und selbst bei tiefster Inspiration nicht erweitert; es entsteht hochgradige inspiratorische Dyspnoe, während die Stimmbildung nicht tangirt ist (Gegensatz zur Recurrenslähmung). Bei einseitiger Posticuslähmung ist die Glottislähmung halb vorhanden, die Athmung nicht so behindert, beim Inspirium oft stridulös, die Stimme unrein und schnarrend.

Paralyse der Glottisschliesser: Crico-arytaenoideus lateralis, Thyreo-arytaenoideus internus und M. interarytaenoideus führt zu hochgradiger Oeffnung des Glottis (durch Wirkung der Antagonisten); also unbehinderte Athmung mit Stimmlosigkeit, die Glottis hat die Form eines Dreiecks.

Bei Lähmung des M. arytaenoideus transversus und obliquus klafft die Glottis respiratoria als offenes Dreieck; die Glottis vocalis schliesst sich beim Phoniren, da die Proc. vocales wohl einander genähert werden können, nur die Aryknorpel selbst mit ihrer Basis nicht. Die Stimme ist heiser; völlige Aphonie nur wo gleichzeitige Paralyse oder Parese der Stimmbänder.

Paralyse des M. thyreo-arytaenoideus internus (M. glottidis) ist die häufigste Lähmung. Beim Phoniren steht die Rima glottidis mehr oder weniger weit offen, die Stimme ist heiser oder aphonisch. Bei einseitiger Lähmung ist das Stimmband der betreffenden Seite concav ausgebuchtet und verharrt beim Phoniren in dieser Stellung. Häufiger noch ist die ein- oder beiderseitige Parese des Musc. thyreo-arytaenoideus; die Spannung des Stimmbandes beim Phoniren ist schwächer als normal, die Stimme matt, leicht ermüdend (Stimmbandatonie). Sie bildet die Ursache der hysterischen Aphonie.

3. Lähmungen des Laryngeus superior. Lähmung der Epiglottismuskeln (M. thyreo- und aryepiglotticus) führt zur unbeweglichen Aufrechtstellung der Epiglottis; sie ist meist mit anderen Lähmungen combinirt die Folge diphtheritischer Erkrankung.

Paralyse des M. crico-thyreoideus ist als isolirte Lähmung nicht sicher constatirt.

VII. Diagnostik der Krankheiten des Circulationsapparates.

Für die Anamnese kommen besonders in Betracht: 1. Die frühere Lebensweise des Patienten: Uebergrosse **Körperanstrengung** verursacht idiopathische Herzkrankheit, desgl. grosse **psychische Erregungen.** Zu üppiges Essen und Trinken verursacht oft erhöhten Blutdruck bezw. Gefässseitendruck, in Folge dessen Arterioscler se und Herzerkrankung. Wohlleben macht zu fett (**Fettherz**), **Alkoholismus** macht Herzschwäche, zu starkes **Rauchen** nervöse Herzbeschwerden. 2. Frühere Krankheiten: Acuter **Gelenkrheumatismus**, in zweiter Reihe alle anderen acuten Infectionskrankheiten (Scharlach, Erysipel, Malaria etc.), führen oft zu Endocarditis. **Syphilis** kann zu Myocarditis führen. 3. Früher bereits vorhanden gewesene Symptome von Herz- oder Nierenkrankheiten.

Die Diagnose der Erkrankungen des Herzens stützt sich auf die subjectiven Symptome: abnorme Sensationen in der Herzgegend, Herzklopfen, Beklemmungsgefühl; auf das Vorhandensein von Dyspnoe, Cyanose, Hydrops und auf die Resultate der physikalischen Untersuchung von Herz und Gefässen.

Klagen über Herzbeschwerden (Herzklopfen, Angstgefühl etc.) ohne eigentliche Dyspnoe, ohne Cyanose und Hydrops und ohne physikalische Anomalien werden auf **nervöse Herzaffectionen** bezogen.

Man findet oft bei nervösen Herzbeschwerden Pulsbeschleunigung (**Tachycardie**), besonders in kurzen Anfällen (**paroxysmale Tachycardie**), in Folge von Erregungen, Excessen etc. oder ohne nachweisbaren Grund. Doch ist Tachycardie oft ein Zeichen organischer Herzkrankheit.

Angina pectoris (Herzbräune) ist ein anfallsweise auftretender heftiger Schmerz in der Herzgegend, meist nach dem

Arm ausstrahlend, der mit dem grössten Angstgefühl einhergeht. Angina pectoris kann bei allen schweren Herzkrankheiten vorkommen, besonders aber bei Sclerose der Coronararterien, findet sich aber auch als nervöses Leiden ohne anatomische Ursache.

Ueber Dyspnoe, Cyanose und Hydrops vergl. S. 8 und 9.

Cardiales Asthma nennt man Anfälle von Dyspnoe bei Herzkranken, welche meist stunden-, seltener tagelang anhalten und von freien Intervallen gefolgt sind; cardiales Asthma kann bei allen Dilatationen des linken Ventrikels vorkommen. Die Differentialdiagnose gegenüber Bronchialasthma beruht auf dem Fehlen bronchitischer Geräusche im Anfall, dem geringeren Tiefstand der unteren Lungengrenzen, dem gering gespannten, meist frequenten Puls, der nachweisbaren Herzerweiterung.

Der Hydrops der Herzkranken beginnt an den Knöcheln und steigt langsam nach aufwärts; befällt erst zuletzt die Hände, Arme und das Gesicht; der Hydrops bei Morb. Brightii meist sofort das Gesicht.

Nur bei hochgradiger Stauung kommt es in Herzkrankheiten zu geringer Albuminurie; dabei ist der Urin hochgestellt und sehr spärlich (s. S. 121).

Die objective Untersuchung des Herzens besteht aus Inspection und Palpation, Percussion und Auscultation des Herzens und der grossen Gefässe, Untersuchung des Radialpulses, Betrachtung des Harns.

Inspection und Palpation.

Man sucht Lage und Stärke des Herzstosses und des Spitzenstosses festzustellen.

Als Herzstoss bezeichnet man die systolische Erschütterung bezw. Hebung der ganzen Herzgegend; als Spitzenstoss bezeichnet man die am weitesten nach links aussen und unten sichtbare und fühlbare Hervorwölbung des Intercostalraumes.

1. Lage des Spitzenstosses. Bei Gesunden fühlt die auf die Herzgegend aufgelegte Hand eine schwache, systolische Erschütterung; der Spitzenstoss ist im 5. linken Intercostalraum, mitten zwischen Parasternal- und Mammillarlinie zu fühlen.

Bei Kindern liegt der Spitzenstoss oft etwas höher, bei alten Leuten um einen Intercostalraum tiefer; bei tiefer Inspiration verschiebt sich der Spitzenstoss etwas nach abwärts. Bei linker Seitenlage kann der Spitzenstoss, namentlich bei schnell abgemagerten Menschen, einen Querfinger weit nach links rücken; dann rückt er bei rechter Seitenlage bald in die normale Stelle zurück.

Dauernde Verlagerung des Spitzenstosses hat grosse diagnostische Wichtigkeit; man schliesst daraus **Erweiterung oder Verdrängung des Herzens.**

Verlagerung des Spitzenstosses nach links bedeutet a) **Dilatation des Herzens** bezw. Flüssigkeit im Pericardialsack; b) Verdrängung des Mediastinums nach links; in diesem Fall ist auf der rechten Seite ein Pleuraexsudat oder Pneumothorax, in seltenen Fällen ein Tumor nachzuweisen oder linkerseits besteht retrahirende Pleuritis.

Verlagerung des Spitzenstosses nach rechts bedeutet stets Verdrängung des Herzens entweder durch linksseitiges pleuritisches Exsudat bezw. Pneumothorax oder durch Retractionsprocesse auf der rechten Seite.

Verlagerung des Spitzenstosses nach abwärts entsteht durch Hypertrophie des linken Ventrikels, seltener Aortenaneurysma, auch Tiefstand des Zwerchfells.

Verlagerung des Spitzenstosses nach aufwärts entsteht nur durch Hochdrängung des Zwerchfells in Folge übermässiger Ausdehnung des Abdomens (Ascites, Meteorismus, Tumoren, auch Schwangerschaft).

2. **Stärke des Herz- und Spitzenstosses. Abschwächung des Herz- und Spitzenstosses** bis zum Unfühlbarwerden kommt vor: 1. bei sehr fetten Menschen; 2. bei Ueberlagerung des Herzens durch die Lunge: Volumen pulmonum auctum; 3. bei Flüssigkeitserguss im Pericard, selten Geschwulst desselben; 4. **in allen Schwächezuständen des Herzens.**

Verstärkung des Herz- und Spitzenstosses, man fühlt einen „hebenden" Impuls: 1. **bei physiologisch vermehrter Herzthätigkeit,** bei psychischer Erregung, Anstrengung, auch im Fieber; 2. **bei Hypertrophie des Herzens;** 3. **bei Dilatation des Herzens;** in diesem Fall ist der Spitzenstoss verstärkt und verlagert.

Während die Abschwächung des Spitzenstosses bei nicht zu fetten und nicht emphysematösen Leuten sicher für Herzschwäche spricht, ist die Verstärkung des Spitzenstosses durchaus nicht immer als Zeichen verstärkter Herzkraft zu betrachten. Durch Martius ist festgestellt, dass die Stärke der Wahrnehmung des Herzstosses nicht nur von der Arbeitsleistung des Herzens, sondern auch von der Grösse der dem Thorax anliegenden Herzfläche abhängt. — Die Systole des Ventrikels zerfällt nach Martius in zwei Zeiten; zuerst contrahirt sich der Ventrikel bei geschlossenen Aortenklappen; er ändert dabei in typischer Weise seine Form, hierdurch entsteht der Herzstoss; dabei bleibt aber sein Volum unverändert (Verschlusszeit). In dem zweiten Abschnitt der Systole öffnen sich die Aortenklappen, das Volumen des Ventrikels verkleinert sich (Austreibungszeit). So erklärt es sich, weshalb dilatirte, sehr geschwächte Herzen oft bei kleinem Puls einen hebenden Herzstoss haben: in der Verschlusszeit schlägt ein bedeutend grösseres Herzvolum an die Brustwand, als bei normal gefülltem Herz, und dabei wird in der Austreibungszeit bedeutend weniger Blut in die Aorta getrieben, als vom gesunden Herzen.

Bei der Palpation fühlbare, reibende und schwirrende Geräusche haben dieselbe Bedeutung, als wenn sie durch die Auscultation wargenommen werden. Besonders bemerkenswerth ist ein über der Herzspitze fühlbares präsystolisches Schwirren (frémissement cataire), charakteristisch für Mitralstenose.

Vorwölbung der Herzgegend lässt auf Dilatation und Hypertrophie des Herzens oder pericarditischen Erguss schliessen.

Systolische Einziehung an der Herzspitze kommt nur bei Synechie (Verwachsung) beider Pericardialblätter in Folge chronischer Pericarditis statt; hierbei besteht öfter Pulsus paradoxus (S. 120).

Sichtbare Pulsationen: über Aorta bezw. Pulmonalis bedeuten Aneurysma oder leitende Infiltration der bezüglichen Lungenlappen; im Epigastrium oft ohne diagnostische Bedeutung (bei tiefstehendem Zwerchfell); öfters auf Hypertrophie des rechten Ventrikels beruhend. Sichtbare Leberpulsationen haben dieselbe Bedeutung wie echter Venenpuls (Tricuspidalinsufficienz).

Venenpulsationen, sichtbar am Bulbus der Vena jugularis, bezw. bei insufficienten Bulbusklappen in der Jugularvene, sind entweder der Herzsystole synchron (echter Venenpuls, präsystolisch-systolisch) oder sie gehen der Herzsystole voraus (diastolisch-präsystolisch). (cfr. S. 121.)

Der echte Venenpuls ist das Hauptzeichen der Tricuspidalinsufficienz, der präsystolische Venenpuls findet sich oft in Zuständen venöser Stauung ohne Klappeninsufficienz.

Percussion des Herzens.

Normale Herzdämpfungsgrenzen: Die innere Grenze läuft entlang dem linken Sternalrand, die äussere bildet einen nach aussen leicht convexen Bogen vom 4. Rippenknorpel bis zum 5. Intercostalraum zwischen Mammillar- und Parasternallinie (Spitzenstoss), die obere Grenze liegt am unteren Rande der 4. Rippe, die untere auf der 6. Rippe, doch ist die untere Begrenzung gegen die Leberdämpfung nicht leicht festzustellen.

Die beschriebene Figur ist die der **absoluten Dämpfung**, d. h. dort ist der Schall intensiv gedämpft; über diese Grenzen hinaus erstreckt sich die sog. „relative Dämpfung", innerhalb welcher das Herz von Lunge überdeckt ist, nach oben bis zum oberen Rand der 3. Rippe, nach rechts bis zur Medianlinie; doch ist dieser „relativ gedämpfte" Schall normal von sehr geringer Intensität.

Bei Kindern ist die Herzdämpfung etwas grösser, bei alten Leuten kleiner. Jede tiefe Inspiration verkleinert die Herzdämpfung. Die äussere Grenze rückt bei linker Seitenlage normal circa einen Querfinger nach aussen.

Die **Vergrösserung der Herzdämpfungsfigur** ist das wichtigste Zeichen vorgeschrittener Herzkrankheit. Seitliche Verbreiterung der Herzdämpfung bedeutet in der Regel Dilatation der Ventrikel; die Dilatation bildet das zweite Stadium der meisten Herzkrankheiten, sie entsteht aus der Hypertrophie.

1. Verbreiterung der Herzdämpfung nach links über die Mammillarlinie hinaus bedeutet Dilatation des linken Ventrikels; diese kommt zu Stande durch Aortenstenose und Insufficienz, durch Mitralinsufficienz und durch die Ursachen der idiopathischen Herzkrankheiten (Arteriosclerose, chronische Nephritis und Nierenschrumpfung, langdauernde körperliche Ueberanstrengung).

2. Verbreiterung der Herzdämpfung nach rechts über den linken Sternalrand, bedeutet Dilatation des rechten Ventrikels. (Leerer Schall auf der unteren Hälfte des Sternums kann aber auch durch blosse Fettanhäufung bedingt sein); die Dilatation des rechten Ventrikels kommt zu Stande bei Mitralstenose und Insufficienz, bei Klappenfeh-

lern des rechten Herzens sowie bei Volumen pulmonum auctum.

3. **Gleichzeitige Verbreiterung der Herzdämpfung nach beiden Seiten und nach oben** bedeutet Flüssigkeitserguss im Pericard (Pericarditis oder Hydropericard). Die Dämpfungsfigur bildet ein gleichschenkliges Dreieck, dessen Spitze im 3. bis 1. Intercostalraum liegt.

In jedem Fall von Vergrösserung der Herzdämpfung ist jedoch die Frage zu erwägen, ob es sich um **wirkliche Volumszunahme (Dilatation)** handelt, oder vielmehr 1. um Verschiebung des ganzen Herzens, 2. um Zurücktreten von bedeckender Lunge, so dass eine grössere Oberfläche des Herzens direct der Brustwand anliegt. — Die Herzdämpfung wird verschoben durch Pneumothorax, pleuritisches Exsudat, Schrumpfungsprocesse der Pleura und Lunge; die Herzdämpfung wird von Lunge entblösst bei Schrumpfung der Lunge, auch wird das Herz der Brustwand mehr angedrängt durch Hochdrängung des Zwerchfells (Ascites, Gravidität etc.). Bei Situs viscerum inversus liegt das ganze Herz rechts, die Leber links.

Hypertrophie des Herzens ist durch die Percussion nicht nachweisbar; erst wenn die Hypertrophie in Dilatation übergeht, kann man den percutorischen Nachweis führen.

Die Hypertrophie des linken Ventrikels wird diagnosticirt aus dem hebenden Spitzenstoss zugleich mit abnorm hoher Spannung der Radialis, Verstärkung des systolischen Mitraltons und des diastolischen Aortentons.

Die Hypertrophie des rechten Ventrikels wird diagnosticirt aus der abnormen Stärke des diastolischen Pulmonaltones.

Verkleinerung bezw. **Verschwinden der Herzdämpfung** kommt zu Stande durch das Ueberlagern der geblähten Lunge, bei Volumen pulmonum auctum.

Lufteintritt in's Pericard (Pneumopericard) giebt an Stelle der Herzdämpfung tympanitischen oder metallischen Schall, der bei Lagewechsel den Ort ändert.

Dämpfung auf dem oberen Theil des Sternum bezw. dicht neben demselben bedeutet Aneurysma des Arcus aortae oder Mediastinaltumor, in seltenen Fällen vergrösserte Thymusdrüse oder substernale Struma.

Auscultation des Herzens.[1])

Die Auscultation des Herzens zeigt, ob **Klappenfehler** vorhanden sind oder nicht; die Klappenfehler erkennt man an typischen Geräuschen. Reine Töne beweisen die Intactheit der Klappen; aber trotz reiner Töne kann das Herz krank, hypertrophisch und dilatirt sein. **Dilatation und Hypertrophie des Herzens bei reinen Tönen beruht auf idiopathischer Herzkrankheit.**

Normale und verstärkte Töne.

Man auscultirt die Töne der **Mitralis** über der Herzspitze, die Töne der **Tricuspidalis** am rechten Sternalrand am 5. und 6. Rippenknorpel, die der Aortenklappen am rechten Sternalrand im 2. Intercostalraum, die der Pulmonalklappen am linken Sternalrand im 2. Intercostalraum.

Ueber jeder Klappe hört man einen systolischen Ton während der Contraction der Ventrikel, und einen diastolischen Ton während der Erschlaffung der Ventrikel.

Ueber der Mitralis und Pulmonalis entsteht nur je ein Ton, der systolische, durch die Spannung der Klappen und die Muskelcontraction des Ventrikels; der diastolische Ton ist fortgeleitet von der Aorta bezw. Pulmonalis. Ueber den arteriellen Ostien entstehen je 2 Töne, der systolische durch Klappenspannung, der diastolische durch Klappenschluss.

Ueber der Mitralis und Tricuspidalis ist normal der systolische Ton etwas stärker als der diastolische; über Pulmonalis und Aorta ist normal der diastolische stärker als der systolische.

Abnorme Verstärkung des systolischen Mitraltones bei Hypertrophie des linken Ventrikels, doch auch bei physiologisch vermehrter Herzarbeit (Anstrengung, Erregung), sowie im Fieber.

Abnorme Abschwächung des systolischen Mitraltones bei allen Schwächezuständen des (meist dilatirten) linken Ventrikels.

Abnorme Verstärkung des 2. Pulmonaltones bedeutet Hypertrophie des rechten Ventrikels.

---

[1]) Die Auscultation des Herzens wie der Lungen ist erfunden von dem Pariser Kliniker **Laennec** (1781—1826).

Abnorme Verstärkung des 2. Aortentones bedeutet Hypertrophie des linken Ventrikels.

Metallischer Klang der Herztöne (oft in Entfernung hörbar) beweist das Vorhandensein grösserer Lufträume neben dem Herzen; also bei Pneumopericard, grossen Lungencavernen, Magenerweiterung.

Spaltung der Herztöne ist von geringem diagnostischen Werth, findet sich auch bei Gesunden, besonders häufig ist Spaltung des systolischen Tons an der Spitze bei Herzhypertrophie nach Nierenschrumpfung, Spaltung des diastolischen Tons in Folge von Mitralstenose.

Geräusche.

Man unterscheidet systolische und diastolische Geräusche; man erkennt sie als systolisch oder diastolisch, je nachdem sie mit dem Herzstoss bezw. dem Puls isochron sind oder nicht. Ein diastolisches Geräusch, welches unmittelbar dem Herzstoss vorhergeht, heisst präsystolisch. Ein Geräusch erfolgt entweder gleichzeitig mit einem Ton bezw. nach einem Ton oder ganz ohne Ton. Die Geräusche sind am besten hörbar in der Verlängerung der Richtung des Blutstromes, von dem sie erzeugt werden; man auscultirt deshalb bei Insufficienz der Mitralis das systolische Geräusch auch im zweiten linken Intercostalraum, bei Aorteninsufficienz das diastolische Geräusch auch mitten auf dem Sternum.

Das systolische Geräusch an der Mitralis bedeutet Insufficienz der Mitralis.

Dieses Geräusch kann auf anatomischer Veränderung (Endocarditis) beruhen; es kann aber auch anorganisch oder accidentell sein.

Accidentelle Geräusche werden durch Umschlagen der Klappenränder in Folge Verfettung der Papillarmuskeln, oder durch relative Insufficienz in Folge Dilatation des Ventrikels verursacht. Accidentelle Geräusche sind weich, blasend, meist nur systolisch.

Das systolische Geräusch an der Spitze wird als anorganisch betrachtet, wenn Patient fiebert, blutarm oder schlecht genährt ist und das Geräusch mit der Zeit verschwindet. Es gilt als auf Endocarditis beruhend, wenn genügende Aetiologie für Endocarditis vorliegt (Gelenkrheumatismus) und andere Zeichen des Klappenfehlers nachweisbar sind (Hypertrophie event. Dilatation etc.).

Diastolisches (präsystolisches) Geräusch an der Mitralis bedeutet Mitralstenose.

Systolisches Geräusch über der Aorta bedeutet Aortenstenose.

Diastolisches Geräuch über der Aorta bedeutet Aorteninsufficienz.

Hört man zwei Geräusche, so ist stets auf das diastolische der grössere Werth zu legen.

Diastolische Geräusche sind nur sehr selten accidentell, während systolische Geräusche sehr oft auf anorganischen Ursachen beruhen.

Die Stärke und der Charakter des Geräusches ist für die Prognose des Klappenfehlers nur theilweise massgebend.

Die Stärke des Geräusches ist nur zum Theil von der Schwere der anatomischen Veränderung, mehr von der Geschwindigkeit des Blutstroms, der Glätte oder Rauhigkeit der Wandungen abhängig. Der Charakter der Geräusche wird als hauchend, blasend, giessend, schabend, kratzend etc. bezeichnet.

Pericardiale Reibegeräusche sind der Herzaction nicht synchron, in unregelmässigen Absätzen hörbar (Locomotivengeräusch). Sie beweisen Pericarditis fibrinosa, carcinomatosa oder tuberculosa. Von der Athmung sind sie bis auf sehr tiefe Inspiration unabhängig.

Extrapericardiale Reibegeräusche, zwischen Pleura und äusserem Pericardialblatt entstehend, vom Charakter der pleuritischen Geräusche, meist etwas knatternd, sind von der Respiration abhängig und verschwinden bei angehaltenem Athem.

Auscultation der Gefässe.

Die Auscultation der Gefässe lässt in manchen Fällen die Diagnose eines Klappenfehlers besser begründen.

Die Systole des Herzens entspricht der Diastole der Gefässe; herzsystolisch = gefässdiastolisch, und umgekehrt.

Man auscultirt die Carotis am besten am Innenrand des Musculus sternocleidomastoideus in der Höhe des Schildknorpels; die Subclavia im äusseren Theil der Fossa supraclavicularis.

Ueber Carotis und Subclavia hört man normal 2 Töne, der erste (herzsystolische) entsteht durch Spannung der Gefässwandung, der zweite (herzdiastolische) ist von den Aortenklappen fortgeleitet.

Bei Aorteninsufficienz fehlt der zweite Ton, man hört über den Carotiden nur ein sägendes, herzsystolisches Geräusch; dasselbe Geräusch ist auch oft bei Aortenstenose, Mitralinsufficienz, allgemeiner Arteriosclerose zu hören.

Man kann ausserdem noch die entfernteren Arterien (Cruralis in der Schenkelbeuge, Brachialis in der Ellenbogenbeuge, Radialis oberhalb des Handgelenks) auscultiren. Beim Gesunden hört man über diesen Gefässen weder Ton noch Geräusch; bei starkem Druck mit dem Stethoskop erzeugt man ein (arteriendiastolisches) Druckgeräusch; bei sehr starkem Druck nimmt man dasselbe als Ton wahr. Abnormes Tönen selbst der kleineren Arterien (Hohlhandbogen, Cubitalis etc.) findet sich bei Aorteninsufficienz. Doppelton an der Cruralis bei Aorteninsufficienz, Mitralstenose, Schwangerschaft, Bleikolik.

Wirkliche (ohne Druck hörbare) Geräusche über den Arterien beweisen Aneurysma, in diesem Fall sind die Geräusche meist fühlbar.

Ueber den Venen des Gesunden ist normal nichts zu hören. Man auscultirt die Vena jugularis am äusseren Rand des Sternocleidomastoideus in Höhe des Schildknorpels.

Bei allen Anämien und Chlorosen auscultirt man über der V. jugularis ein laut sausendes Geräusch (Nonnensausen), welches am stärksten gehört wird, wenn der Patient den Kopf nach der anderen Seite dreht. Ueber der Vena cruralis ist nur bei sehr hochgradigen Anämien ein Geräusch zu hören.

Der Puls.

Die **Frequenz** des Pulses beträgt bei gesunden Erwachsenen 60—80 Schläge in der Minute, bei Kindern 100 bis 140, bei Greisen 70—90.

Pulsverlangsamung (Bradycardie, Pulsus rarus) ist für die Diagnose nur unter besonderen Umständen zu verwerthen. Es findet sich in den verschiedensten Zuständen, hervorgerufen durch Vagusreizung oder Sympathicuslähmung bezw. Reizung oder Lähmung intracardialer Centra. Besonders zu beachten ist das Vorkommen von Bradycardie bei Meningitis (Hirndruck), bei Icterus (Wirkung der Gallensäuren) und bei Kolik, wo es differentialdiagnostisch gegen Peritonitis in Betracht kommt. Unter den Herzerkrankungen findet sich Pulsus rarus am häufigsten bei den Stenosen der Aorta und Mitralis, doch auch in manchen idiopathischen Herzkrankheiten, und in Folge der Einwirkung der Digitalis.

Pulsbeschleunigung (Tachycardie), Pulsus frequens, hervorgerufen durch Vaguslähmung, Sympathicusreizung oder Affection von Herzganglien. Normaler Weise bei körperlichen Anstrengungen, psychischen Erregungen und oft nach dem Essen; pathologisch in allen fieberhaften Krankheiten (auf 1° Temperaturerhöhung kommen 8 Schläge in der Minuten mehr) häufig in der Reconvalescenz derselben; in allen fieberlosen Krankheiten, die zur Consumption führen (Phthise, Anämie etc.).

Excessive Beschleunigung (über 160) ist ein Zeichen grosser Herzschwäche (Collaps).

In Herzkrankheiten ist Tachycardie ein Zeichen der gestörten Compensation und oft der Intensität der Störung proportional. Ausserdem ist Tachycardie ein Hauptsymptom der nervösen Herzkrankheiten und bildet oft ein besonderes Krankheitsbild (paroxysmale Tachycardie).

Tachycardie mit Exophthalmus und Struma bei gleichzeitiger Kachexie ist der Symptomencomplex der Basedow'schen Krankheit.

Der **Rhythmus** des Pulses. Unregelmässigkeit in der Schlagfolge des Pulses lässt bei Kindern und Erwachsenen stets auf eine Erkrankung des Herzens oder Gehirns schliessen, ohne eine Differentialdiagnose zu gestatten. (Bei alten Leuten hat leichte Unregelmässigkeit des Pulses nichts zu sagen.)

Besondere Arten des Pulsus irregularis sind: Pulsus alternans: auf eine hohe Pulswelle folgt eine niedrige. Pulsus bigeminus: jeder dritte Puls setzt aus. Pulsus trigeminus: jeder vierte Puls setzt aus. Aus diesen Formen der Irregularität lässt sich ein bestimmter diagnostischer Schluss nicht ziehen.

Pulsus paradoxus: Der Puls wird bei tiefer Inspiration kleiner oder verschwindet ganz; kommt vor bei Verwachsungen der Pericardialblätter, schwieliger Mediastinitis, Mediastinaltumor, Stenose der Luftwege.

Ungleiche Grösse des Pulses an symmetrischen Arterien oder verlangsamtes Eintreffen an verschiedenen Arterien ist ein Zeichen von Aneurysmen.

Celerität des Pulses (celer oder tardus); der Puls ist schnellend oder träge, je nachdem das Arterienrohr schnell oder langsam ausgedehnt wird bezw. zusammenfällt. Pulsus celer findet sich bei allen Zuständen verstärkter Herzarbeit, insbesondere bei Hypertrophie des linken Ventrikels. Ganz charakteristisch für Aorteninsufficienz (Pulsus celer et altus) doch auch bei Schrumpfniere, Basedow'scher Krankheit etc. Pulsus tardus findet sich im Greisenalter, bei Aorten- und Mitralstenose, sowie bei Aneurysmen.

Höhe des Pulses (altus oder parvus). Die Höhe der Pulswelle hängt ab von der Kraft des Herzens, der arte-

Diagnostik der Krankheiten des Circulationsapparates. 121

riellen Blutmenge und der Spannung der Arterie. Pulsus altus findet sich im Fieber, bei Herzhypertrophie, besonders Aorteninsufficienz; kleiner Puls ist ein Zeichen der Herzschwäche, unter den Klappenfehlern charakteristisch für Stenose.

Härte des Pulses (durus oder mollis). Die Härte hängt ab von der Spannung der Arterienwand, sie verhält sich umgekehrt der Kraft, die der tastende Finger anwenden muss, um den Puls zu unterdrücken. Pulsus durus bei Hypertrophie des linken Ventrikels sowie bei Krampf der Arterienmuskulatur (Kolik), weicher Puls bei Fieber und Anämie. Härte des Pulses durch Kalkeinlagerung in die Arterienwand bei Arteriosclerose: die Arterie lässt sich unter dem Finger rollen.

Sphygmographie. (Fig. 29.)

Die sphygmographische Aufnahme der Pulscurve hat den Zweck, die Veränderungen des Pulses deutlicher zu präcisiren bezw. objectiv darzustellen. Durch dieselbe kann die Diagnose in manchen Fällen gestützt werden.

An der sphygmographischen Curve unterscheidet man einen aufsteigenden und einen absteigenden Schenkel. Erhebungen auf dem ersteren werden als **anacrot**, auf dem letzteren als **katacrot** bezeichnet. Beim normalen Puls des Erwachsenen steigt der aufsteigende Schenkel gerade an. Anacrote Erhebungen kommen nur bei Erkrankungen des Herzens oder der Arterien vor, indem dabei die Ausdehnung der Ar-

Fig. 29.

Normaler Puls.

Pulsus tardus.

Dicroter Puls.

Ueberdicroter Puls.

Unterdicroter Puls.

Monocroter Puls.

Pulsus magnus et celer.

Irregulärer Puls bei Dilat. cordis.

Verlangsamter Puls. (Digitaliswirkung.)

terien absatzweise geschieht. Der absteigende Schenkel zeigt normal eine grössere Erhebung: **Rückstosselevation** (herrührend vom Zurückprallen des Blutes auf die Aortenklappen) und mehrere kleinere Erhebungen: **Elasticitätselevationen** (von den Schwingungen der Arterienwand herrührend). Die Elasticitätselevationen sind sehr ausgeprägt, wenn die Arterienwand stark gespannt ist, z. B. bei Bleikolik, dabei wird die Rückstosselevation sehr klein. Die Elasticitätselevationen werden ganz klein oder verschwinden bei weicher, wenig gespannter Arterie; dann tritt die Rückstosselevation sehr stark hervor und wird beim Pulsfühlen als schwächere zweite Welle wahrgenommen: der Puls ist dicrot (doppelschlägig).

Dicrotie findet sich bei jedem Fieber, besonders bei Typhus. Im Pulsbild erscheint der dicrote Puls in verschiedenen Formen, je nachdem die Rückstosselevation oberhalb, auf oder unterhalb der Curvenbasis einsetzt: beim **unterdicroten** Puls beginnt die Elevation, bevor der absteigende Schenkel die Basis erreicht (geringes Fieber), beim **dicroten** Puls beginnt die Elevation direct von der Basis, beim unterdicroten unterhalb der Basis (stärkeres Fieber), beim **monocroten** Puls (sehr hohes Fieber) ist gar keine Rückstosselevation wahrnehmbar.

Der **Pulsus tardus** zeigt einen langsam ansteigenden Schenkel, runden Gipfel, keine Elasticitätselevation, kleine Rückstosselevation (Greisenpuls). **Pulsus celer et altus** haben steil ansteigenden Schenkel, keine Rückstoss-, mehrere Elasticitätselevationen.

Der **Venenpuls** zeigt das negative Bild des Arterienpulses. Der anacrote Schenkel ist langgestreckt und mit einer Einsenkung versehen (**anadicrot**), der katacrote Schenkel ist ziemlich steil abfallend (**katamonocrot**). Der zweite Schenkel des anadicroten Curventheils entspricht der Systole des rechten Vorhofs, der katamonocrote Schenkel der Herzcontraction (Vorhofdiastole). Dagegen folgt bei der **Insufficienz der Tricuspidalis** der vorhofsystolischen Ausdehnung der Vene nicht ein herzsystolisches Zusammenfallen, sondern **noch eine der Herzsystole synchrone Anschwellung** und erst in der folgenden Diastole ein schneller Venencollaps. Der „echte" Venenpuls beginnt also in der Herzdiastole (Vorhofsystole), dauert während der ganzen Systole und endigt erst im Beginn der folgenden Diastole (vergl. S. 113).

Die Betrachtung des Urins bei Herzkranken.

Da die Absonderung des Urins zum Theil von dem arteriellen Blutdruck abhängt, so erkennt man jedes Absinken desselben bezw. jede Druckzunahme im venösen System an der Verminderung der Urinsecretion. In Zuständen von Herzschwäche bezw. gestörter Compensation ist der Urin sparsam, dunkelroth, von hohem specifischen Gewicht, mit reichlichem Sedimentum lateritium, öfters mit geringem Eiweissgehalt.

Die Besserung der Herzkrankheit zeigt sich deutlich in der Zunahme der Urinmenge.

Symptome der wichtigsten Herzkrankheiten.

Allen Herzkrankheiten gemeinsam ist: im Stadium der Compensation Fehlen wesentlicher Beschwerden; im Stadium der gestörten Compensation: Cyanose, Dyspnoe, Hydrops, Stauungsurin.

Idiopathische Herzkrankheit.

Hypertrophie bezw. Dilatation des linken Ventrikels mit reinen Tönen, event. systolischem Geräusch an der Spitze.

Für die Diagnose entscheidend der Nachweis der Aetiologie: Arteriosclerose, Luxusconsumption, chronische Nephritis und Schrumpfniere, körperliche Ueberanstrengung.

Hierher gehören auch die Herzdilatationen nach unmittelbarer Schwächung der Herzmuskulatur (weakened heart der Engländer) durch Alkoholismus, Altersdegeneration (Debilitas cordis senilis), durch Fettumwachsung und Fettdegeneration (Fettherz) etc.

Klappenfehler.

Aorteninsufficienz. Hebender Herzstoss, Spitzenstoss nach links und unten verlagert, Herzdämpfung nach links verbreitert. Diastolisches Geräusch über der Aorta besonders auf der Mitte des Sternums, oft systolisches Geräusch an der Spitze und verstärkter 2. Pulmonalton. Pulsus celer et altus. Hüpfen der Carotiden, Carotidengeräusch, Tönen der Cruralis. Capillarpuls.

Aortenstenose. Schwacher Herzstoss, Spitzenstoss nach links und unten, nicht so sehr wie bei Insufficienz, verlagert. Herzdämpfung nach links verbreitert. Lautes systolisches Geräusch an der Aorta, meist auch schwächer an den anderen Ostien zu hören. 2. Aortenton fehlt. Pulsus rarus, parvus, tardus. Oft Ohnmachten.

Mitralinsufficienz. Herzstoss mässig stark, Spitzenstoss oft nach links verlagert. Herzdämpfung nach rechts verbreitert. Ueber der Herzspitze und der Pulmonalis systolisches Geräusch, sehr verstärkter 2. Pulmonalton. Puls oft unregelmässig.

Mitralstenose. Herzstoss mässig stark, Spitzenstoss wenig nach links verlagert. Pulsatio epigastrica. Ueber der Herzspitze präsystolisches Geräusch, (oft frémissement cataire), sehr verstärkter rauher systolischer Ton. Klappender 2. Pulmonalton. Puls verlangsamt und klein, leicht unregelmässig.

Tricuspidalinsufficienz. Verbreitung der Herzdämpfung nach rechts, systolisches Geräusch an der Tricuspidalis, abgeschwächter 2. Pulmonalton, echter Venenpuls, Leberpulsation. Die Symptome dieses Herzfehlers entstehen auch ohne anatomische Klappenläsion, bei starker Dilatation des rechten Ventrikels, besonders nach Mitralfehlern.

Die **Pulmonalfehler** kommen nur angeboren in sehr seltenen Fällen vor, zeichnen sich durch enorme Cyanose aus, geben rechtsseitig verbreiterte Herzdämpfung und die entsprechenden Geräusche.

Pericarditis.

Herzdämpfung vergrössert in Form eines gleichschenkligen Dreiecks mit der Spitze nach oben. Herzstoss und Spitzenstoss schwach oder gar nicht fühlbar, event. nicht so weit nach aussen reichend, als die Dämpfung. Herztöne äusserst schwach. Oft Reibegeräusche. In einzelnen Fällen Pulsus paradoxus.

Symptome der wichtigsten Krankheiten der grossen Gefässe.

Arteriosclerose (Atherom der Arterien). Die fühlbaren Arterien (besonders Radialis und Temporalis) geschlängelt und hart (oft höckerig). Puls gespannt, meist träge. Hypertrophie und Dilatation des Herzens. Oft systolisches Geräusch an der Spitze, selten diastolisches Geräusch über der Aorta. Oft Angina pectoris (Coronarsclerose) bezw. cardiales Asthma.

Aneurysma der Brustaorta. Dämpfung über dem obern Theil des Sternums, bezw. neben demselben; im Bereich derselben systolisches (oder diastolisches) Geräusch hörbar und fühlbar. Bei weiterem Fortschritt tritt die pulsirende Geschwulst in der Gegend der 2. und 3. Rippe links vom Sternum hervor. Oft Hypertrophie und Dilatation des linken Ventrikels. Ungleichheit der Radialpulse.

VIII. Untersuchung des Urins.

Die Untersuchung des Urins lässt erkennen:
1. **Die Beschaffenheit der Nieren** (und der Harnblase). Die gesunden Nierenepithelien lassen das Eiweiss des Blutes nicht hindurchtreten. In Nierenkrankheiten mischen sich Eiweiss und Formbestandtheile dem Urin bei. In Krankheiten der Blase kommt es zu gewissen Zersetzungsvorgängen des Urins.
2. **Den Verlauf des Stoffwechsels.** Durch den Urin verlassen die Endproducte der Eiweisszersetzung (Harnstoff u. s. w.) den Körper; aus der Harnuntersuchung erkennt man das quantitative Verhältniss zwischen Stickstoffeinnahme und -Ausgabe, welches in Stoffwechselkrankheiten bestimmte Aenderungen erfährt, die Beimischung einiger Stoffe, die in Folge gewisser Anomalien des Stoffwechsels entstehen oder der normalen Zerstörung entgehen (Zucker, Aceton etc.).
3. **Die Kraft des Herzens** (s. S. 122).
4. **Krankheiten anderer Organe**, welche gewisse Stoffe in das Blut und in Folge dessen in den Harn übergehen lassen. Bei Lebererkrankungen tritt Gallenfarbstoff, bei schweren Darmaffectionen Indican, bei Eiterungen Pepton im Urin auf.
5. Das Vorhandensein **heterogener Stoffe**, welche von aussen dem Körper zugeführt sind, z. B. Jod, Quecksilber.

Menge des Harns beträgt in 24 Stunden im Durchschnitt 1500 ccm, ist in weiten Grenzen von der Flüssigkeitsaufnahme abhängig. Tagesmengen unter 500 und über 3000 ccm sind meist ein Krankheitszeichen.

Verminderung der Harnmenge findet sich bei profusen Schweissen und Durchfällen, im Fieber, bei Herzschwäche, acuter und oft chronischer Nephritis, bei der Entstehung von Exsudaten und Transsudaten.

Bei Herzkrankheiten und acuter Nephritis hängt die Beurtheilung des augenblicklichen Periculum zum Theil von der Harnmenge ab; bei Exsudaten, z. B. Pleuritis, ist die beginnende Vermehrung das Zeichen der Resorption. Oft ist geringe Harnmenge nur ein Zeichen **ungenügender Ernährung**.

Vermehrung der Harnmenge findet sich bei Diabetes mellitus und insipidus, bei Schrumpfniere, bei der Resorption von Exsudaten und Transsudaten, oft in der Reconvalescenz acuter Krankheiten.

Specifisches Gewicht des Urins schwankt bei Gesunden zwischen 1015 und 1025 und steht in umgekehrtem Verhältniss zur Menge.

Ungewöhnliche Niedrigkeit des specifischen Gewichtes bei Schrumpfniere und Diabetes insipidus; sehr hohes specifisches Gewicht: bei vermehrter Menge bei Diabetes mellitus, bei verminderter Menge im Fieber und in Consumptionskrankheiten und bei Nephritis.

Aus dem spec. Gewicht kann man die **Menge der festen Bestandtheile** des Urins (in 1000 ccm) berechnen: man multiplicirt die beiden letzten Ziffern mit 2,33 (Häser'sche Coefficient). Also beträgt z. B. bei einem spec. Gewicht von 1015 die Menge der festen Bestandtheile 34,95 g in 1000 ccm.

Farbe des Urins. Die normale Harnfarbe ist ein mehr oder weniger gesättigtes Gelb, um so dunkler, je sparsamer der Urin ist. **Stark gelbrothe Farbe** rührt her von **Urobilin** (S. 132). **Rothe** (fleischwasserartige) Farbe von **Blutbeimischung** (S. 131). **Braunfärbung** mit gelbem Schaum von **Gallenfarbstoff** (S. 132). **Olivengrüne bis schwarze Farbe** nach **Carbol-** (selten Salicyl-) Gebrauch. Gelbgrünlich nach Gebrauch von Rheum und Santonin. Dunkelfärbung an der Luft kommt von Melanin (S. 139).

Durch die Farbe wird man auf die abnormen Bestandtheile aufmerksam, die alsdann durch chemische und mikroskopische Untersuchung nachzuweisen sind.

Trübung des Urins. Normaler Harn ist klar. Die Bedeutung der Trübung hängt ab von der Reaction, welche durch Lakmus bezw. den Geruch geprüft wird (s. u.).

Trübung bei **saurem Urin** rührt her entweder von **harnsauren Salzen**, dann verschwindet sie sofort beim Erwärmen einer Probe im Reagensglas; oder sie verschwindet nicht beim Erwärmen, dann wird sie verursacht durch organische **Formbestandtheile** (S. 146), die durch Mikroskopiren erkannt werden.

Trübung bei **alkalischem** Urin rührt her von Phosphaten, seltener oxalsaurem Kalk, oder von Formbestandtheilen, worüber nur die Mikroskopie Aufschluss geben kann.

Reaction. Normaler Harn ist sauer. Ist der Harn alkalisch, so ist festzustellen, ob die Reaction abhängt von **fixem** Alkali (kohlensaurem Kali) oder von **flüchtigem** Alkali (kohlensaurem Ammoniak). Man erkennt dies dadurch, dass man angefeuchtetes rothes Lakmuspapier dicht über den Urin hält. Wird das Lakmus ohne Berührung gebläut, so rührt die alkalische Reaction von kohlensaurem Ammoniak her; tritt die Bläuung erst nach dem Eintauchen des Lakmus in den Urin ein, so ist die alkalische Reaction durch kohlensaures **Kali** oder **Natron** bedingt.

Die Bläuung des Lakmuspapiers durch flüchtiges Alkali verschwindet beim Trocknen, die durch fixes Alkali ist beständig.

Hält man über ammoniakalischen Urin einen mit Salzsäure befeuchteten Glasstab, so bilden sich weisse Nebel von NH_4Cl (Salmiak).

Alkalische Reaction des Harns durch fixes Alkali tritt auf bald nach grösseren Mahlzeiten; nach dem reichlichen Genuss von Früchten, Beeren oder Kartoffeln; bei Magenkranken nach häufigem Erbrechen oder Magenausspülungen; bei der Resorption alkalischer Exsudate; nach alkalischer Medication (Saturation, Natron bicarbonicum).

Alkalische Reaction des Harns durch flüchtiges Alkali entsteht durch bakterielle Zersetzung des Harnstoffs in kohlensaures Ammon.

$$CO\begin{matrix}NH_2\\NH_2\end{matrix} + 2H_2O = CO\begin{matrix}ONH_4\\ONH_4\end{matrix}$$

Diese Zersetzung geht in jedem Urin bei längerem Stehen, besonders in der Hitze vor sich. Wird der Harn jedoch bereits zersetzt entleert, so ist das Bestehen einer **Cystitis** bewiesen.

Die ammoniakalische Gährung verbreitet einen sehr charakteristischen Geruch, an dem sie leicht zu erkennen ist.

Jeder alkalische Harn enthält ein Sediment von phosphorsaurer Ammoniak-Magnesia (Tripelphosphat), phosphorsaurem Kalk, oft kohlensaurem Kalk. Bei Gährung ist das Tripelphosphat vorherrschend. Ausserdem enthält der Harn reichlich Bakterien. Bei fixem Alkali mehr die letztgenannten Salze.

Die **Reaction** des Harns ist bedingt durch das quantitative

Verhältniss der Säuren und Basen. Folgende Säuren enthält der Urin: Salzsäure, Schwefelsäure, Phosphorsäure, Harnsäure, Kreatin, wenig Hippursäure und Oxalsäure; folgende Basen: Kali, Natron, Kalk, Magnesia, event. Ammoniak und Kreatinin.

Bei der Zerstörung der Eiweisskörper (Lecithine und Nuclëine) entsteht reichlich Schwefelsäure und Phosphorsäure; deswegen ist nach dem Genuss von Fleisch, Käse, Leguminosen, Cerealien der Harn stark sauer.

Während die **Salzsäure** im Magen gebunden wird, also im ersten Act der Verdauung eiweissreicher Mahlzeiten, ist die Säurereaction des Harns vermindert; wird die Magensalzsäure nach aussen entfernt durch Erbrechen oder Ausspülung, so muss ebenfalls der Harn weniger sauer, mehr alkalisch werden.

Directe Alkalizufuhr geschieht durch die Zufuhr der **Kalisalze leicht verbrennlicher Säuren**, weinsaures Kali, Citronensäure, Apfelsäure, welche zu kohlensaurem Kali verbrennen. Diese Salze sind in Früchten, Beeren, auch in Kartoffeln reichlich enthalten. Durch Obstgenuss wird der Harn also alkalisch. desgleichen natürlich durch die medicamentöse Zufuhr von kohlensaurem Natron (auch Saturationen).

Chemische Untersuchung auf pathologische Harnbestandtheile.

Eiweiss. Das Vorkommen von Eiweiss (Serumalbumin und Serumglobulin) im Urin beweist eine Läsion der Nierenepithelien. Hierbei kann es sich um leichtere und schwere Ernährungsstörungen handeln (Stauung, Anämie, Trübung, Degeneration). Starker andauernder Eiweissgehalt beweist Nephritis.

In jedem menschlichen Urin finden sich Spuren von Eiweiss, doch können diese nur durch besonders feine Verfahren nachgewiesen werden (normale Albuminurie). Geringe Mengen Eiweiss finden sich **vorübergehend** während der Verdauung, nach grossen körperlichen Anstrengungen, kalten Bädern, psychischen Erregungen (**physiologische Albuminurie**).

Eine Krankenuntersuchung ist unvollständig ohne Prüfung des Urins auf Eiweiss. Beim Nachweis geringer Mengen ist die Untersuchung zu wiederholen, am besten an Urinproben, die zu verschiedenen Tageszeiten gelassen werden (beim Erwachen und spät Nachmittags).

Von praktischer Bedeutung sind die **intermittirenden Albuminurien**: es handelt sich um sehr geringe Mengen Eiweiss, welche zu verschiedenen Zeiten **vorübergehend** nachweisbar sind, meist bei sonst gesunden jungen Leuten. Wenngleich stets der Verdacht auf Nephritis bestehen muss, ist doch der Verlauf günstig. Eine besondere Stellung nimmt die cyclische Albuminurie ein: der Urin ist früh Morgens stets eiweissfrei und zeigt, zweistündig untersucht, schwankende Eiweissmengen, meist Abends das Maximum. Obgleich auch hier chronische Nephritis nicht auszuschliessen ist, sind doch mehrfache Heilungen beobachtet.

Eiweissproben.

Man benutze frisch entleerten Urin, am besten die letzte Portion der gelassenen Menge.

Zur Anstellung derselben muss der Urin klar, event. filtrirt sein.

1. **Kochprobe.** Man erwärmt den Harn im viertelgefüllten Reagensglas zum Sieden und setzt $1/_{10}$ Volum verdünnter Salpetersäure dazu. Eine entstandene Trübung, die beim Erwärmen sich löst, war saures harnsaures Natron. Entsteht eine Trübung, die beim Säurezusatz sich löst, so war es kohlensaurer oder phosphorsaurer Kalk. Bleibende Trübung bezw. erst nach Zusatz der Salpetersäure entstehender Zusatz ist Eiweiss.

Lässt man die Kochprobe über Nacht stehen, so kann man nach dem Absetzen aus dem Verhältniss von Niederschlag und Flüssigkeit die Menge des Eiweisses ungefähr abschätzen. Leichte Trübung der Flüssigkeit (Spur Eiweiss) entspricht 0,01 pCt.; Kuppe ist eben mit Niederschlag gefüllt: 0,05 pCt.; der Niederschlag beträgt $1/_{10}$ der Harnsäule: 0,1 pCt.; $1/_4$ der Harnsäule: 0,25 pCt.; $1/_3$ der Harnsäule: 0,5 pCt.; die Hälfte der Harnsäule 1 pCt.; die ganze Harnsäule ist erstarrt: 2—3 pCt.

2. **Probe mit Essigsäure und Ferrocyankalium.** Man setzt im Reagensglas zu dem kalten Harn einige Tropfen Essigsäure[1]) und tropfenweise Ferrocyankalium (10 proc. Lösung), so tritt bei Anwesenheit von Eiweiss sofort oder nach einigen Minuten flockiger Niederschlag auf

3. **Heller'sche Probe.** Man lässt im schief gehaltenen Reagensglas zum kalten Harn vorsichtig conc. Salpetersäure zufliessen; die Säure sammelt sich unterhalb des Harns, und bei der Anwesenheit von Eiweiss entsteht an der Berührungsstelle eine ringförmige Trübung. Doch kann eine ähnliche Trübung in seltenen Fällen entstehen durch Harnsäure, salpetersauren Harnstoff und Harzsäuren (nach dem Einnehmen von Terpentin, Copaiva etc.). Der Harzsäurering löst sich in Alkohol, die Harnstofftrübung entsteht erst nach längerem Stehen, ist auch meist deutlich krystallinisch; der Harnsäurering ist nicht so scharf ab-

---

[1]) Manchmal entsteht beim Ansäuern mit Essigsäure eine Trübung, welche Mucin ist oder ein besonderer Eiweisskörper davon ist zu filtriren.

gegrenzt, wie meist der Eiweissring, steht höher im Urin und entsteht nur in sehr concentrirtem Harn.

Quantitative Eiweissbestimmung: Für klinische Zwecke hinlänglich genau ist die Bestimmung mittelst Esbach's Albuminimeter[1]). Man füllt das Glasröhrchen bis zur Marke U mit Harn, hierauf bis zur Marke R mit folgendem Reagens: Acid. citric. 5,0, Acid. picronitr. 2,5, Aq. dest. 245,0, schüttelt durch und liest am andern Tage die Zahl ab, bis zu welcher der Niederschlag steht; diese bezeichnet den Eiweissgehalt pro mille.

Für wissenschaftliche Zwecke bedient man sich am besten der Wägung des ausgefällten Eiweisses. 100 ccm Harn werden in einer Porzellanschale zum Sieden erhitzt, 2 Tropfen Essigsäure hinzugesetzt, filtrirt. Der Filter war vorher zur Constanz getrocknet und gewogen. Der Niederschlag wird mit heissem Wasser, Alkohol und Aether ausgewaschen, getrocknet und gewogen, die Differenz der Gewichte ergiebt den procentischen Eiweissgehalt.

Ausser dem durch Kochen fällbaren Eiweiss finden sich im Urin auch die durch Kochen nicht fällbaren Modificationen desselben, welche bei der Magenverdauung des Eiweisses entstehen; das Propepton (oder Hemialbumose) und das Pepton.

Propepton steht zwischen Eiweiss und Pepton, wird durch Salpetersäure, durch Essigsäure und Ferrocyankalium, durch Essigsäure und Kochsalz gefällt. Propepton wird daran erkannt, dass **es sich beim Erwärmen löst und beim Erkalten wieder ausfällt.**

Propepton findet sich neben Albumen in vielen Fällen von Nephritis, hohem Fieber etc. Das Vorkommen neben Albumen hat keine diagnostische Bedeutung. Allein findet es sich selten; **oft geht reine Propeptonurie echter Albuminurie voraus.**

Propeptonprobe: Man setzt zu dem mit wenig Tropfen Essigsäure augesäuerten kalten Harn im Reagensglas dasselbe Volum conc. Kochsalzlösung zu, kocht die Mischung und filtrirt schnell vom Niederschlag ab. Ein Niederschlag, der beim Erkalten des Filtrats entsteht, ist Propepton (Hemialbumose).

Pepton ist das Endproduct der Eiweissverdauung im Magen; es ist durch Kochen und durch Säuren nicht fällbar; es wird durch die Biuretprobe nachgewiesen, nachdem die anderen Eiweisskörper ausgefällt und abfiltrirt sind.

Pepton findet sich im Urin besonders bei der Resorption eitriger oder fibrinöser Exsudationen (pyogene Peptonurie), zuweilen bei Ulcerationen der Darmschleim-

---

[1]) Derselbe ist bei Warmbrunn und Quilitz, Berlin, Rosenthalerstr. 40, zu erhalten.

haut, vielen Leberaffectionen, bei Puerperis (enterogene, hepatogene, puerperale Peptonurie). Peptonurie ist hauptsächlich für die Diagnose eines Eiterherdes, doch nur mit grosser Vorsicht, zu verwerthen.

Peptonnachweis (nach Hofmeister): Zu 500 ccm Harn setzt man 50 ccm conc. Natriumacetatlösung, darauf tropfenweis conc. Eisenchloridlösung, bis die Flüssigkeit bleibend roth wird. Hierauf wird durch vorsichtigen Zusatz von Kalilauge die stark saure Reaction bis zur neutralen oder schwach sauren abgestumpft, aufgekocht und nach dem Erkalten filtrirt. Ist das Filtrat mit Essigsäure und Ferrocyankalium eiweissfrei befunden, so wird die Biuretprobe angestellt: einige Tropfen Kalilauge und einige Tropfen 1 proc. Kupfersulfatlösung geben bei der Anwesenheit von Pepton prachtvolle Rothfärbung.

Blut. Man erkennt den Blutgehalt an der Farbe des Harns; dieselbe ist hellroth mit grünlichem Schimmer (fleischwasserähnlich) bei Gegenwart von Oxyhämoglobin; schmutzig-braunroth bei Gegenwart von Methämoglobin. Indess darf man nicht aus der Farbe allein den Blutgehalt diagnosticiren; man stellt vielmehr die mikroskopische Untersuchung des Sediments (S. 146) und die chemischen Proben an; seltener bedient man sich der spectroskopischen Prüfung (Cap. XI.).

Heller'sche Probe. Zu dem Urin setzt man im Reagensglas $1/4$ seines Volums Kalilauge und kocht: alsbald fallen die Erdphosphate (phosphorsaurer Kalk und Magnesia) nieder. Bei Anwesenheit von Blut sind die Flocken des Niederschlags röthlichbraun gefärbt (normal grauweiss). Man erkennt die Farbe am besten, wenn der Niederschlag sich gut abgesetzt hat.

Van Deen'sche Probe (Guajacprobe). Man setzt zum Urin 2 ccm Guajactinctur und 2 ccm altes Terpentinöl und schüttelt kräftig durch: beim Vorhandensein von Blut wird das Ganze nach kurzer Zeit blau (Eiter giebt dieselbe Reaction). Anstatt alten Terpentinöls kann man folgende Mischung anwenden (Hühnefeld): Eisessig 2,0, destillirtes Wasser 2,0, Terpentinöl 100,0, absoluter Alkohol 100,0 Chloroform 100,0.

Blut im Urin bedeutet Hämaturie oder Hämoglobinurie. Hämaturie bezeichnet das Vorhandensein von farbstoffhaltigen Blutkörperchen im Urin; das Blut kann aus Niere, Nierenbecken, Blase oder Urethra stammen. Hämaturie entsteht hauptsächlich durch acute Nephritis, hämorrhagischen Niereninfarct, acute Cystitis, Blasenkrebs, Blasen- und Nierensteine. Die Differentialdiagnose stützt sich besonders auf die anderweitigen Bestandtheile des Urins

(Eiweiss, Cylinder), die Beschaffenheit und Menge des Blutes (grosse Gerinnsel aus der Blase, kleine röhrenförmige aus den Ureteren) und den Krankheitsverlauf (cfr. das folgende Capitel).

Hämoglobinurie ist der Uebertritt gelösten Blutfarbstoffs (ohne Blutkörperchen) in den Urin; entsteht in Folge Auflösung der rothen Blutkörperchen durch Gifte (Kali chloricum, Morchelngift etc.), auch nach Transfusion und Verbrennung, und als selbständige Krankheit (periodische Hämoglobinurie, meist nach Erkältungen).

Gallenfarbstoff tritt im Urin unverändert auf (Bilirubin) oder reducirt (Hydrobilirubin = Urobilin). Den eigentlichen Gallenfarbstoff erkennt man an der bierbraunen Farbe des Harns und dem gelben Schaum beim Schütteln. Urobilinhaltiger Harn ist gelbroth, mit einem Stich in orange. Zum sichern Nachweis dient chemische bezw. spectroskopische Prüfung.

Gmelin'sche Probe auf Bilirubin. Concentrirte Salpetersäure wird im Reagensglas mit 1—2 Tropfen rauchender Salpetersäure versetzt; mit dieser Flüssigkeit wird der Urin sehr vorsichtig unterschichtet, an der Berührungsstelle bildet sich ein farbiger Ring, der erst grün ist (Biliverdin), dann violet, roth, gelb wird (Choletelin) schliesslich eine schmutzig dunkle Farbe annimmt. Eintreten eines blaugefärbten Ringes rührt event. von Indigo her.

Der Nachweis von Bilirubin im Harn gestattet dieselben diagnostischen Schlüsse wie das Bestehen von Icterus.

Urobilinprobe. Man macht den Harn im Reagensglas mit Ammoniak stark alkalisch, setzt 8—10 Tropfen 10proc. Lösung von Zincum chloratum hinzu und filtrirt schnell; bei Anwesenheit von viel Urobilin ist das Filtrat, gegen dunklen Hintergrund betrachtet, grün, im durchfallenden Licht rosenroth schimmernd. — Spectroskopisch zeigt die Lösung bei gehöriger Verdünnung einen Absorptionsstreifen zwischen Grün und Blau.

Hydrobilirubin (Urobilin) findet sich bei manchen Formen von Icterus, dabei ist die Hautfarbe meist fahlgelb (Urobilinicterus), in Stauungszuständen und bei hohem Fieber. Ausserdem bei der Aufsaugung grösserer Blutergüsse (in Folge der Reduction des mit Bilirubin identischen Blutfarbstoffs); unter genügender Berücksichtigung der anderen Ursachen kann hoher Urobilingehalt für die Diagnose einer innern Blutung (Apoplexie, Infarct etc.) verwerthet werden.

Traubenzucker. Zuckerhaltiger Urin ist meist reich-

lich, von heller Farbe und von hohem specifischem Gewicht. Der Nachweis des Traubenzuckers im Urin beruht auf folgenden Eigenschaften:
1. Traubenzucker färbt sich mit Kalilauge gekocht braun.
2. Traubenzucker vermag beim Erwärmen andere Körper zu reduciren.
3. Mit Hefe gährt der Traubenzucker und wird zu Alkohol und Kohlensäure ($C_6H_{12}O_6 = 2C_2H_5OH + 2CO_2$).
4. Traubenzucker dreht die Ebene des polarisirten Lichts nach rechts.

Qualitative Zuckerreactionen.

1. **Moore'sche Probe.** Man versetzt den Urin im Reagensglas mit $1/3$ Volum Kalilauge und kocht mehrere Male auf; bei Anwesenheit von Traubenzucker tritt **Braunfärbung** auf.

2. **Reductionsproben.** a) **Trommer'sche Probe.** Man versetzt den Urin mit $1/3$ Volum Kalilauge und setzt nun 10proc. Kupfersulfatlösung hinzu, so lange als der entstehende hellblaue Niederschlag beim Umschütteln sich auflöst; sobald nach Zusatz eines neuen Tropfens und Umschütteln der Niederschlag ungelöst bleibt, erwärmt man vorsichtig den oberen Theil der Flüssigkeit über der Flamme. Bei Anwesenheit von Traubenzucker tritt zwischen 60 und 70°, also vor dem Kochen, ein gelbrother Niederschlag auf. Sowie der Niederschlag eintritt, hört man auf zu erhitzen.

Die Reaction verläuft folgendermassen: $CuSO_4 + 2KHO = Cu(HO)_2$ (Cuprihydroxyd oder Kupferoxydhydrat) $+ K_2SO_4$. $Cu(HO)_2$ allein zerfällt beim Erwärmen in schwarzes CuO (Cuprioxyd oder Kupferoxyd) $+ H_2O$. An den Zucker geben 2CuO bezw. $Cu(OH)_2$ beim Erwärmen ein O-Atom ab und es entsteht Cu_2O gelbrothes Kupferoxydul (Cuprooxyd) oder CuOH braunrothes Kupferoxydulhydrat (Cuprohydroxyd).

Das blosse Sichlösen des Kupferoxydhydrats mit **lazurblauer** Farbe beweist die Anwesenheit des Zuckers noch nicht; es kommt auch bei Gegenwart von Eiweiss, Ammoniak und anderen organischen Stoffen vor.

Auch der Farbenumschlag der Lösung in gelb **ohne Niederfallen** des gelben Stoffes ist nicht für Zucker beweisend, denn Harnsäure und Kreatinin reduciren ebenfalls Kupferoxyd, halten aber Kupferoxydul in Lösung.

Streng genommen, beweist das Ausfallen von Kupferoxydul nicht, dass Zucker, sondern nur, dass ein reducirender Körper im Urin vorhanden ist. Es treten aber auch andere reducirende Substanzen im Urin auf nach Darreichung bestimmter Stoffe (Chloralhydrat, Campher, Chloroform, Terpentin, Salicylsäure, Copaiva und Cubeben).

Bei der Verabreichung solcher Medicamente ist die Trommer'sche Probe durch Gährung und Polarisation zu controliren. Man stellt die Trommer'sche Probe am schnellsten an durch Zusatz eines gleichen Volums zweifach verdünnter Fehling'scher Lösung zu wenig Cubikcentimetern kochend heissen Urins. Bei Anwesenheit von Zucker tritt gelbrother Niederschlag ein, doch ist die Fehling'sche Lösung vorher zu prüfen, ob sie nicht schon allein beim Kochen den Niederschlag giebt.

2b. Böttcher'sche Probe. Man löst gepulvertes kohlensaures Natron bis zur Sättigung in circa 10 ccm Harn, setzt eine ganz kleine Menge von basisch salpetersaurem Wismuth hinzu und kocht mehrere Minuten lang. Schwarzfärbung beweist Traubenzucker; nur wenn organische Substanz (Eiweiss, Schleim, Eiter, Blut) im Urin vorhanden ist, kann Bildung von Schwefelwismuth einen Irrthum veranlassen.

3. Die Gährungsprobe ist als die sicherste Zuckerprobe zu betrachten. Man schüttelt den Urin im Reagensglas mit einem erbsengrossen Stück frischer Presshefe und füllt die Mischung in ein Gährungsröhrchen[1]) (Fig. 30), so dass die Cylinderröhre ganz mit Flüssigkeit erfüllt ist. In den gefüllten Apparat thut man etwas Quecksilber, um die Röhre abzusperren, und setzt das

Fig. 30.

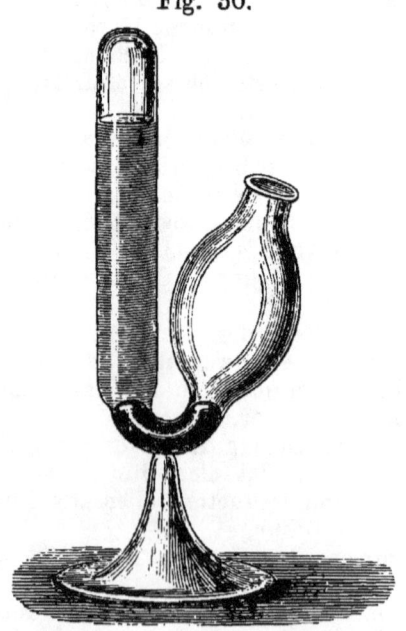

---

[1]) Käuflich zu haben bei Warmbrunn und Quilitz, Berlin, Rosenthalerstr. 40 und andern Glashandlungen.

Ganze an einen warmen Ort (circa 24°). Bei Zuckergehalt steigen in der cylindrischen Röhre in einigen Stunden Gasblasen von CO_2 auf. Zur Controle stellt man noch zwei Gährungsröhrchen auf, eins mit einer Mischung von Traubenzuckerlösung und Hefe (soll beweisen, dass die Hefe wirksam ist), eins mit normalem Urin und Hefe (muss ohne Gas bleiben und beweist, dass die Hefe zuckerfrei ist).

Der vorübergehende Nachweis sehr geringer Zuckermengen (unter $1/2$ pCt.) ist diagnostisch ohne Bedeutung und findet sich nach überreichlicher Kohlehydratnahrung bei Gesunden (transitorische Glycosurie).

Länger dauernde Ausscheidung einer Zuckermenge von über $1/2$ pCt. findet sich nur bei Diabetes mellitus. Die specielle Diagnose dieser Krankheit erfordert die quantitative Feststellung der Zuckerausscheidung (vergl. Stoffwechselkrankheiten Cap. X.).

Quantitative Zuckerbestimmung.

Schätzung mittelst der Moore'schen Probe. Der mit Kali erhitzte Urin ist strohgelb bei ungefähr 1 pCt. Traubenzucker, gesättigtes Gelb (Bernstein) bei 2 pCt., braun wie Jamaikarum bei 5 pCt., schwarzbraun bei 7 pCt. Diese Schätzung ist wenig zuverlässig und giebt nur dem sehr Geübten einigermassen brauchbare Resultate.

Schätzung mittelst Fehling'scher Lösung. Fehling'sche Lösung besteht aus 34,639 g krystallinischem Kupfersulfat, 173,0 Seignettesalz, 100 ccm officineller Natronlauge, mit destillirtem Wasser auf 1 Liter aufgefüllt. 1 ccm dieser Lösung wird durch 5 mg Traubenzucker reducirt.

Es werden 2 ccm Fehling'scher Lösung mittelst Pipette in ein Reagensglas gefüllt, mit 20 ccm Wasser verdünnt. Das darin enthaltene Kupferoxyd wird gerade von 1 cg Zucker reducirt. Man setzt also zu der siedend heissen Fehling'schen Lösung tropfenweis den Urin zu und betrachtet nach jedem Tropfen im durchfallenden Licht, ob die Flüssigkeit eben entfärbt ist. In der zur Entfärbung nothwendigen Tropfenzahl Urin ist 0.01 g Zucker enthalten. 20 Tropfen werden auf 1 ccm Urin gerechnet.

Aus folgender Tabelle ersieht man das annähernde Verhältniss von Tropfenzahl zum Procentgehalt:

Tropfen.	Procentgehalt.	Tropfen.	Procentgehalt.
100	0,2	60	0,3
90	0,21	50	0,4
80	0,25	40	0,5
70	0,28	30	0,6

Tropfen.	Procentgehalt.	Tropfen.	Procentgehalt.
25	0,8	10	2,0
20	1,0	9	2,2
19	1,05	8	2,5
18	1,1	7	2,8
17	1,15	6	3,3
16	1,2	5	4,0
15	1,3	4	5,0
14	1,4	3	6,6
13	1,5	2	10,0
12	1,6	1	20,0
11	1,8		

Die Resultate dieser Schätzung sind bei geschickter Ausführung meist ziemlich verlässlich.

Titrirung mittelst Fehling'scher Lösung. 20 ccm Fehling'scher Lösung in Porzellanschale stark verdünnt; der Harn auf's Zehnfache verdünnt und in eine Bürette gefüllt, aus der er nun cubikcentimeterweise zu der siedendheissen Fehling-schen Lösung hinzugelassen wird, bis aus dieser sämmtliches Kupfer als Oxydul niedergeschlagen und die Lösung ganz farblos ist. In der verbrauchten Harnmenge sind 0,1 g Zucker enthalten — so viel reduciren 20 ccm Fehling'scher Lösung. Danach ist der Procentgehalt leicht zu berechnen. (Man hat z. B. 27 ccm des zehnfach verdünnten Harns gebraucht, um 20 ccm Fehling-lösung zu entfärben, so sind in 27 ccm Harn 0.1 g, in 100 ccm $\frac{0,1 \cdot 100}{27} = 0,37$ g, da es sich um zehnfache Verdünnung handelt, 3,7 pCt. Zucker enthalten.) Der Endpunkt der Reaction ist oft schwierig zu treffen. Die Titrirmethode ist durchaus genau, kann aber durch dem Urin beigemischte reducirende Substanzen (s. o.) zu Täuschungen führen.

Bestimmung mit Einhorn's Saccharimeter. Das Instrument ist ein einfaches Gährungsröhrchen, dessen cylindrisches Röhrchen empirisch calibrirt ist. 10 ccm Harn werden mit 1 g Presshefe im Probirglas geschüttelt und in das Gährungsröhrchen eingefüllt. Je nach dem spec. Gewicht muss der Harn vorher verdünnt werden; spec. Gewicht 1018—1022 zweifach, 1022—1028 fünffach, 1028—1038 zehnfach. Dies Verfahren giebt für Zuckergehalt unter 1 pCt. sehr gute, über 1 pCt. oft fehlerhafte Resultate, ist jedoch für praktische Zwecke, namentlich für fortlaufende Bestimmungen recht brauchbar.

Bestimmung des specifischen Gewichts vor und nach der Vergährung. Man bestimmt Temperatur und spec. Gewicht des Harns und lässt nun 100—200 ccm in einem Kolben mit Presshefe vermischt bei circa 24° stehen. 24 Stunden später bezw. nach Aufhören der Gasentwickelung wird filtrirt, auf die vorherige Temperatur abgekühlt und wiederum das spec. Gewicht gemessen.

Jeder Urometergrad weniger bedeutet 0,219 pCt. Zucker. Hatte der Harn vorher 1032, nachher 1022 spec. Gewicht, so ist der Zuckergehalt $10 \cdot 0{,}219 = 2{,}19$ pCt.

Diese Bestimmung giebt sehr genaue Resultate, wenn der Zuckergehalt über 0,5 pCt. ist.

Bestimmung mittelst Polarisation. 40—50 ccm Urin werden im Becherglåschen mit einer Messerspitze gepulverten Bleiacetats gemischt, vom Niederschlag abfiltrirt. Das Filtrat wird in das zum Polarisationsapparat gehörige 10 (oder 20) cm lange Glasrohr mit Fernhaltung von Luftblasen eingefüllt, nachdem dasselbe vorher mit Filtratflüssigkeit ausgespült ist. Aus der Ablesung am Polarisationsapparat bezw. dem Mittel von drei Ablesungen wird der Procentgehalt berechnet, indem man die beobachtete Ablenkung, in Graden ausgedrückt, mit 100 multiplicirt und durch 53,1 dividirt; ist das Glasrohr 20 cm lang, so wird die erhaltene Zahl durch 2 dividirt. (Beschreibung und Theorie des Polarisationsapparates vergl. in den grösseren Lehrbüchern.) Ist der Harn eiweisshaltig, so muss das Eiweiss vor der Polarisation ausgefällt werden.

Die Polarisation ergiebt ein anderes Resultat, als die Titration 1. wenn der Harn ausser Zucker andere reducirende Substanzen enthält, 2. wenn der Harn linksdrehende Substanzen enthält, z. B Oxybuttersäure bei schwerem Diabetes In solchen Fällen thut man gut, den Harn nach vorgenommener Vergährung nochmals zu titriren bezw. zu polarisiren. Abgesehen von diesen Fehlerquellen giebt die Polarisation absolut genaue Resultate.

Aceton und Acetessigsäure. Diese beiden Körper erscheinen im Harn bei hochgradigem Zerfall von Körpereiweiss, insbesondere bei hohem Fieber, bei schweren Anämien und manchen Carcinomen, bei rapid verlaufender Phthise, bei schweren Formen von Diabetes und im Inanitionszustand.

Acetessigsäure (CH_3COCH_2COOH) wird nachgewiesen durch die Gerhardt'sche Eisenchloridreaction: Bei Zusatz von Fe_2Cl_6 zum Urin tritt grauer Niederschlag von Eisenphosphat auf, bei weiterem Zusatz tritt bei Anwesenheit von Acetessigsäure eine tief bordeauxrothe Farbe ein; der Schüttelschaum schimmert rothviolet. Bei Zutropfen von Schwefelsäure verschwindet die Rothfärbung.

Beim Kochen des Urins zersetzt sich Acetessigsäure in Aceton und Kohlensäure:

$$CH_3COCH_2COOH = CH_3COCH_3 + CO_2.$$

Aceton geht in's Destillat über (man destillirt ca. $\frac{1}{2}$ Liter Urin mit wenig Tropfen Salzsäure) und wird darin durch die Lieben'sche Probe nachgewiesen; man setzt zum Destillat im

Reagensglas einige Tropfen Jodlösung (Jodi 2,0, Kali jodati 10,0, Aq. dest. 200,0) und Kalilauge; bei Gegenwart von Aceton tritt sofort gelbweisser, charakteristisch riechender Jodoformniederschlag ein Im Urin selbst wird Aceton durch die Legal'sche Probe nachgewiesen: Man setzt wenige Tropfen frische Natriumnitroprussidlösung zur Urinprobe und macht sie stark alkalisch; zuerst tritt purpurrothe Färbung ein, die allmälig in gelb übergeht; nun setzt man 2—3 Tropfen Essigsäure hinzu; bei Gegenwart von Aceton tritt an der Berührungsstelle carmoisin- bis purpurrothe Farbe ein. Doch ist es zweifelhaft, ob Aceton im Urin präformirt enthalten ist.

Von praktisch-diagnostischer Wichtigkeit ist die bordeauxrothe Eisenchloridreaction besonders bei Diabetes, wo sie das Vorhandensein der schweren Form und damit meist ungünstige Prognose anzeigt.

Ehrlich's Diazoreaction. In verschiedenen Krankheiten treten im Urin nicht näher gekannte aromatische Körper auf, welche mit Sulfodiazobenzol sich zu charakteristischen Farben verbinden.

Der chemische Verlauf der Diazoreaction: Sulfanilsäure ($C_6H_4NH_2SO_3H$) giebt mit salpetriger Säure (HNO_2) Sulfodiazobenzol ($C_6H_5NNSO_4H$ [Diazo = 2 Stickstoff]). Dieser Körper vereinigt sich mit vielen aromatischen Amidoverbindungen zu Farben. Um nun Sulfodiazobenzol im gegebenen Augenblick frisch zu haben, hält man sich Sulfanilsäure mit HCl in Lösung und setzt hierzu im gegebenen Fall KNO_2 zu, wodurch salpetrige Säure frei wird, die Sulfodiazobenzol aus Sulfanilsäure bildet.

Ausführung der Diazoreaction. Man muss zwei Lösungen bereit haben: 1. Acid. sulfanilic. 5,0, Acid. hydrochlor. pur. 50,0, Aq. destill. 1000,0. 2. Natr nitros 0.5, Aq. destill. 100,0. Man versetzt, um die Probe anzustellen, im Messglas 50 ccm der Sulfanillösung mit 1 ccm der Natriumnitritlösung. Diese Mischung wird zu der Urinprobe gesetzt (halb Mischung und halb Urin), dazu $^1/_8$ Volum Ammoniak, das Ganze kräftig durchgeschüttelt. Als positive Diazoreaction bezeichnet man die tiefe Rothfärbung des Schüttelschaums.

Diazoreaction findet sich bei Typhus, bei Pneumonie, Masern, bei schweren Fällen von Phthise; sie fehlt bei Meningitis. Der Hauptwerth der Diazoreaction liegt in ihrem Vorkommen bei Typhus, wo sie in unklaren Fällen oft die Diagnose entscheidet und namentlich den Recidiv-Charakter von Nachfiebern sicherstellt; das Verschwinden der Reaction zeigt, dass die Infection abgelaufen ist. Bei Phthise giebt das Auftreten der Reaction eine schlechte Prognose.

Fett im Urin wird an der milchartigen Trübung des

ganzen Harns erkannt, welche verschwindet, wenn man den Urin mit etwas Kalilauge versetzt und mit Aether ausschüttelt. Man bezeichnet dies Symptom als Chylurie. Dieselbe bildet ein eigenes Krankheitsbild, in den Tropen vorkommend, verursacht durch Filaria sanguinis (Cap. XII); selten ist Chylurie die Folge von Verschluss des Ductus thoracicus.

Melanin ist der Farbstoff der melanotischen Carcinome, welcher bisweilen in den Harn übergeht und denselben in seltenen Fällen dunkelschwarz erscheinen lässt. In anderen ebenfalls seltenen Fällen ist eine Vorstufe des Farbstoffs im Harn enthalten (Melanogen); dann fällt nach Versetzen mit Eisenchlorid der schwarze Farbstoff aus.

Schwefelwasserstoff findet sich in seltenen Fällen von eigenartiger Harnzersetzung durch besondere Bakterien. Man erkennt den SH_2 an dem Geruch nach faulen Eiern oder durch Darüberhalten eines mit Bleiacetat getränkten Papierstreifens, welcher sich durch Bildung von Bleisulfid bräunt.

Chemische Untersuchung auf normale, in Krankheiten quantitativ veränderte Bestandtheile.

1. Anorganische Bestandtheile.

Chloride hauptsächlich als Kochsalz im Urin enthalten; die normale Menge hängt von der Nahrung ab, beträgt durchschnittlich 10—15 g NaCl. Chloride sind vermindert im Fieber (besonders bei Pneumonie), bei Carcinom und Anämie und in der Inanition. In diesen Zuständen kann die Verminderung der Chloride diagnostischen Werth haben.

Die Probe wird folgendermassen angestellt: Man versetzt den Urin mit einigen Tropfen Salpetersäure und setzt 10 proc. Lösung von salpetersaurem Silber hinzu; normal erfolgt käsiger Niederschlag, bei Pneumonie etc. oft nur geringe Trübung. Genaue quantitative Bestimmung erfolgt durch Titrirung.

Phosphate zum Theil als Kali und Natronsalz, zum Theil als Kalk- und Magnesiasalz im Urin enthalten, die Tagesmenge schwankt je nach der Nahrung in weiten Grenzen um 3 g. Die Bestimmung der Phosphate geschieht durch Titrirmethoden und hat keine wesentliche diagnostische Bedeutung.

Sulfate, theils als Kalisalz (präformirte Schwefelsäure), theils an Phenol, Indoxyl, Scatoxyl gebunden (Aetherschwefelsäure) im Urin enthalten.

Die Trennung der beiden Schwefelsäuren geschieht so: Man

versetzt 100 ccm Urin mit wenig Tropfen Essigsäure, darauf mit 20 ccm 10proc. Chlorbariumlösung (hierdurch wird die präformirte Schwefelsäure gefällt) und filtrirt; in's Filtrat geht die Aetherschwefelsäure und überschüssiges Chlorbarium über; durch Kochen mit concentrirter Salzsäure wird die Aetherschwefelsäure zersetzt in Phenol und Schwefelsäure und es scheidet sich neues schwefelsaures Baryt aus.

Der blosse Nachweis der Sulfate hat keinen diagnostischen Werth; die quantitative Feststellung der gepaarten (Aether-) Schwefelsäure ist von Bedeutung, weil sie einen sichern Massstab für die Intensität der Darmfäulniss giebt. Es ist hierzu die chemische Wägung des gefällten schwefelsauren Baryt nothwendig.

Carbonate sind gelöst im Urin in wesentlicher Menge nur nach Genuss von Obst etc. und von eigentlichen Alkalien. Der Harn braust dann nach Säurezusatz auf. Ueber die diagnostische Bedeutung s. unter Reaction (S. 127).

Ammoniak im unzersetzten Urin 0,5—0,8 g täglich; in manchen Leberkrankheiten und bei Diabetes bis 6 g vermehrt; diagnostisch eventuell als Zeichen der Schwere des Diabetes zu verwerthen. Der quantitative Nachweis geschieht durch Zusatz von Kalkmilch zu 20 ccm Urin unter trockner Glasglocke, in welcher zugleich eine Glasschale mit 20 ccm Schwefelsäure von bestimmtem Gehalt aufgestellt ist. Nach 48 Stunden wird der Schwefelsäuregehalt bestimmt und aus der verlorenen Menge die Bildung von NH_3 berechnet. Reichlich Ammoniak in zersetztem (alkalischem) Urin enthalten; nachgewiesen durch übergehaltenes rothes Lakmuspapier, welches blau wird, oder Glasstab mit Salzsäure, wodurch weisse Nebel von Salmiak entstehen.

Natrium, Tagesmenge 3—6 g Na_2O, Kalium, Tagesmenge 2—3 g K_2O. Die quantitative Bestimmung dieser Stoffe erfolgt nach den Regeln der chemischen Analyse. Von diagnostischem Werth kann in principiellen Fällen die Thatsache sein, dass in allen Zuständen hochgradigen Körpereiweiss-Zerfalles (Fieber, Inanition etc.) die Kalimenge im Verhältniss stark vermehrt, die Natronmenge sehr vermindert ist.

2. Organische Bestandtheile.

Harnstoff (in der Medicin oft als $\overset{+}{U}$ = Urea bezeichnet), ist das hauptsächliche Endproduct des Stoffwechsels der Eiweisskörper.

Chemische Eigenschaften: Der Harnstoff krystallisirt in Prismen und Nadeln, ist in Wasser und Alkohol löslich, in Aether unlöslich, bildet bei der trockenen Erhitzung Biuret, welches mit Kalilauge und etwas Kupfersulfatlösung Rothfärbung giebt (Biuretreaction). Unter der Einwirkung von Fermenten bezw. Bacterien verwandelt sich Harnstoff in kohlensaures Ammoniak $CO(ONH_4)_2$.

Mit Salpetersäure und Oxalsäure bildet Harnstoff gut krystallisirende Verbindungen.

Die normale Menge des Harnstoffs hängt zum grossen Theil von der Menge des genossenen Eiweisses ab (vergl. Cap. X.). sie schwankt zwischen 20 und 40 g und ist bei eiweissarmer Kost vermindert, bei sehr eiweissreicher Kost physiologisch vermehrt.

Pathologische Steigerung der Harnstoffausfuhr findet sich beim Fieber, vielen Fällen von Carcinom, Anämie und Leukämie, bei Intoxicationen (Phosphor, Arsen, Chloroform etc.) und bei Dyspnoe.

Pathologische Verminderung der Harnstoffausscheidung findet sich bei Inanition, bei allen parenchymatösen Nierenerkrankungen und bei acuter gelber Leberatrophie.

Qualitativer Nachweis des Harnstoffs. Derselbe ist von diagnostischem Werth für die Diagnose urämischer Zustände, bei welchen im Erbrochenen, im Sputum, in Transsudaten und im Blut Harnstoff enthalten ist. Man dampft die zu untersuchende Flüssigkeit zu Syrupdicke ein, extrahirt mit Alkohol, filtrirt, verjagt den Alkohol durch Destillation, löst den dicken Syrup in etwas Wasser und setzt, am besten unterm Mikroskop, conc. Salpetersäure zu. Nach einiger Zeit sieht man charakteristische sechsseitige Krystalle von salpetersaurem Harnstoff.

Quantitative Bestimmung des Harnstoffs. Dieselbe ist von grossem diagnostischem Werth für die Diagnose der Stoffwechselkrankheiten und die diätetische Behandlung (cfr. Cap X.). Man bestimmt nicht sowohl den Harnstoff als den Gesammtstickstoff, welcher im Harn enthalten ist.

Annähernde Bestimmung durch Titration nach der Methode von Liebig. modificirt von Pflüger.

Zu 10 ccm Harn wird aus einer Bürette allmählich Quecksilbernitratlösung bestimmten Gehalts[1]) hinzugelassen. (Es bildet sich eine unlösliche Verbindung von salpetersaurem Harnstoff und Quecksilberoxyd.) Neben der Bürette hält man auf schwarzer Unterlage ein Uhrglas, in welchem aus gepulvertem Na_2CO_3 und wenig Wasser dicklicher Brei bereitet ist. (So lange im Harn das Quecksilbernitrat an Harnstoff gebunden wird, kann es nicht

---

[1]) In 1000 ccm Lösung sind 71,48 g Quecksilber enthalten. Die Herstellung der Lösung erfordert eine Reihe schwieriger Cautelen; sie ist fertig zu haben in vielen chemischen Fabriken, z. B. Kahlbaum, Berlin, Schlesische Strasse 16—19.

mit Na_2CO_3 reagiren; sowie aller Harnstoff zur Bindung verbraucht ist, vermag das nun frei in Lösung befindliche $Hg(NO_3)_2$ mit Na_2CO_3 sich umzusetzen, es bildet sich $2NaNO_3$ + aufbrausende CO_2 + gelbes HgO.) Man rührt den Harn und die zulaufende Quecksilberlösung mit einem Glasstab gut durch; dann berührt man den Natronbrei mit demselben; sowie sich an der Berührungsstelle bleibende Gelbfärbung zeigt, ist die Titration beendet.

Die Zahl der verbrauchten Cubikcentimeter der Quecksilberlösung multiplicirt man mit 0,04, um die Procentzahl des Urins an Stickstoff zu erhalten. Beispiel: Verbraucht sind für 10 ccm Urin 21 ccm Hg Lösung; 21.0,04 = 0,84 pCt. N; betrug die 24 stündige Urinmenge 1500 ccm, so war die tägliche Ausscheidung 12,6 g N = 27 g Harnstoff (N : Harnstoff = 1 : 2,143).

Diese Methode ist für viele klinische Zwecke ausreichend zuverlässig. Eine genauere Titrirmethode erfordert weitere Cautelen, z. B. die Fällung der Phosphate und Sulfate durch Barytmischung, die Abstumpfung der beim Titriren sauer werdenden Flüssigkeit, den wiederholten Zusatz von Quecksilberlösung etc.

Die neuerdings in allen klinischen Laboratorien angewandte, unbedingt zuverlässige Methode der Stickstoffbestimmung ist die von Kjeldahl: 5 ccm Urin werden im Kolben mit 20 ccm rauchender Schwefelsäure über der Flamme bis zur Farblosigkeit gekocht; die verdünnte Lösung mit 100 ccm Natronlauge (1,3 spec. Gewicht) am Kühler destillirt; vorgelegt werden 50—100 ccm $^1/_{10}$ Normalsäure, welche nach beendigter Destillation mit $^1/_{10}$ Lauge titrirt wird. (Aller N des Harns wird zu NH_3, welcher von überschüssiger Schwefelsäure gebunden wird $(NH_4)_2SO_4$; durch KHO wird hieraus NH_3 frei, dies tritt in die vorgelegte Säure, bindet einen Theil derselben; der frei bleibende Theil wird bestimmt und hieraus die entwickelte NH_3-Menge berechnet, aus der wieder die in 5 ccm enthaltene N-Menge bestimmt wird.)

Harnsäure ($C_5H_4N_4O_3$), in 24 Stunden 0,4—0,8 g ausgeschieden; die Menge schwankt sehr, meist parallel dem Harnstoff (Verhältniss meist 1 : 50). Die Harnsäure ist im Urin als neutrales harnsaures Natron gelöst enthalten; in stark sauren und sehr concentrirten Harnen (im Fieber, Stauungszuständen und nach starkem Schwitzen) fällt oft in der Kälte saures harnsaures Natron oder reine Harnsäure aus (s. Sedimente).

Die Harnsäureausscheidung ist vermehrt bei Leukämie (Verhältniss zu Harnstoff bis 1 : 16) und nach Gichtanfällen; während des Gichtanfalls ist die Ausscheidung vermindert.

Der qualitative Nachweis der Harnsäure ist manchmal von Werth bei der Betrachtung der Sedimente und Concremente (s. u.) und geschieht durch die Murexidprobe.

Man thut zu der zu prüfenden Substanz 3—4 Tropfen conc. Salpetersäure auf einem Porzellanschälchen und dampft langsam zur Trockne; es bildet sich bei der Anwesenheit von Harnsäure ein orangerother Fleck, der auf Zusatz von etwas Ammoniak purpurroth wird.

Der qualitative Nachweis im Blut geschieht durch Garrod's Fadenprobe: Durch blutigen Schröpfkopf werden ca. 10 ccm Blut gewonnen, diese lässt man im Schröpfkopf gerinnen und abstehen; das Serum wird in ein Uhrglas gebracht, mit Essigsäure angesäuert, ein leinener schwacher Faden eingelegt; man lässt es bedeckt 24 Stunden stehen, dann mikroskopirt man mit schwacher Vergrösserung; es sind im Fall der Anwesenheit von Harnsäure reichliche Krystalle am Faden zu sehen.

Zur annähernden quantitativen Bestimmung im Urin setzt man zu 200 ccm Urin im Becherglas 10 ccm concentrirte Salzsäure und lässt das Gemisch am kühlen Ort 48 Stunden stehen; hierauf wird der entstandene Niederschlag von Harnsäure filtrirt, getrocknet und gewogen.

Zur exacten Bestimmung der Harnsäure sind complicirte Methoden erforderlich.

Oxalsäure ($COOH.COOH$) in 24 Stunden bis 0,02 g ausgeschieden, entweder gelöst oder im Sediment als oxalsaurer Kalk (s. u.).

Xanthinkörper (Xanthin $C_5H_4N_4O_2$, Hypoxanthin $C_5H_4N_4O$) in sehr geringer Menge im Harn enthalten, vermehrt bei Leukämie; der Nachweis ist ohne diagnostische Bedeutung; dasselbe gilt von dem

Kreatinin ($C_4H_7N_3O$), Tagesmenge 0,6—1,3 g), sowie der

Hippursäure ($C_3H_9NO_3$), Tagesmenge 0,25—0,5 g; entsteht aus Benzoësäure C_6H_5COOH und Glycocoll CH_2NH_2COOH).

Indican ($C_8H_6NKSO_4$), indoxylschwefelsaures Kali, in geringen Mengen in jedem Harn enthalten, ist vermehrt bei starker Darmfäulniss, also bei allen Darmkrankheiten, die zu Verringerung der Peristaltik und verminderter Resorption führen, insbesondere bei Darmverschluss; dabei ist der Indicangehalt um so reichlicher, je höher der Verschluss sitzt. Dickdarmverschluss giebt wenig Indican. Auch bei putriden Eiterungen ist das Indican vermehrt.

Chemisches über das Indican. Bei der Fäulniss des Eiweisses im Darm oder in Eiterherden entsteht Indol C_8H_7N, welches im Organismus zu Indoxyl oxydirt wird; dieses paart sich wie die meisten aromatischen Substanzen mit Schwefelsäure. Der Nachweis des Indicans beruht auf der Bildung von Indigoblau.

Nachweis des Indicans. Man versetzt den Harn mit

dem gleichen Volum Salzsäure und dann tropfenweise unter starkem Umschütteln mit frischer Chlorkalklösung (Calcar. hypochlor. 5,0, Aq. destill 100,0); bei reichlichem Indicangehalt färbt sich der Harn bläulich, oder das Indigo fällt in blauen Flocken aus. Durch Zusatz von Aether und Chloroform kann man das Indigoblau ausschütteln. Sehr dunklen Harn kann man vor dem Anstellen der Reaction durch Schütteln mit wenig essigsaurem Blei und Filtriren entfärben.

Indigroth wird nachgewiesen, indem man den Urin aufkocht und nun unter vorsichtigem Weiterkochen tropfenweise Salpetersäure zusetzt, bis eine tiefrothe Färbung eintritt; der Schüttelschaum ist blauviolet: die Farbe geht in Chloroform oder Aether über (Rosenbach'sche Reaction) Die Constitution des Indigroth ist noch nicht bekannt; die Reaction findet sich, ziemlich parallel der Indigblaureaction, in schweren Darmleiden, doch auch vereinzelt in leichteren Darmaffectionen.

Phenole: C_6H_5OH Carbolsäure, Phenol, $C_6H_4CH_3OH$ Kresol, sind im Harn mit Schwefelsäure gepaart enthalten (Aetherschwefelsäuren). In der Norm 0,017—0,05 g Phenole ausgeschieden; Vermehrung bis zu 0,6 g bei Fäulnissprocessen im Organismus, für deren Intensität die Phenolausscheidung einen diagnostisch verwerthbaren Massstab bietet.

Nachweis des Phenols: 200 ccm Harn werden mit 40 ccm Salzsäure versetzt und circa 150 ccm abdestillirt; das Destillat filtrirt und mit Bromwasser bis zur Gelbfärbung versetzt; bei Anwesenheit von Phenol entsteht ein Niederschlag. Derselbe ist Tribromphenol. Aus der durch Wägung festzustellenden Menge desselben kann man den Phenolgehalt berechnen

Untersuchung der Harnsedimente.

Ist der Urin stark getrübt oder enthält er einen Bodensatz, so schüttet man ihn in ein Spitzglas (Champagnerglas) und lässt den Niederschlag mehrere Stunden sich absetzen; dann giesst man den darüber stehenden Urin ab und nimmt eine Probe des Sediments auf den Objectträger zur mikroskopischen Betrachtung.

Vor dem Mikroskopiren sucht man sich durch **Prüfung der Reaction** und **Erhitzen** einer Probe vorläufig zu orientiren. Ist der Urin sauer und verschwindet dann die Trübung beim Erhitzen, so bestand das Sediment aus harnsauren Salzen. War der Urin alkalisch und wird derselbe klar beim Zusatz von Salzsäure unter Aufbrausen, so bestand das Sediment aus kohlensaurem Kalk.

Unorganisirte Sedimente.

Im sauern Harn.

Saures harnsaures Natron (Fig. 31). Amorphe, meist in Drusen zusammengebackene Körnchen. Setzt man unterm Mikroskop Salzsäure zu, so bilden sich Harnsäurekrystalle. Gewöhnlich gelbroth gefärbt: Ziegelmehlsediment (Sedimentum lateritium). Löst sich beim Erhitzen. — Ohne wesentliche diagnostische Bedeutung, beweist nur das Sauersein bezw. die Concentrirtheit des Urins.

Harnsäure (Fig. 31). In Wetzstein- oder Tonnenform

Fig. 31.

Harnsäure.   Harnsaures Natron.

Oxalsaurer Kalk.

(auch in Spiessen und zu Rosetten angeordnet), meist gelb gefärbt. Ausser an der Form durch die Murexidreaction erkannt (S. 143). Reichliches Harnsäuresediment beweist an sich nicht immer vermehrten Harnsäuregehalt; doch wird man dadurch zur quantitativen Bestimmung aufgefordert. Meist zeigt reichliches Harnsäuresediment sog. harnsaure Diathese an (Nephritis urica, Arthritis urica).

Oxalsaurer Kalk (Fig. 31). (Die Reaction des Harns

nähert sich der neutralen.) Krystallisirt in Form von Octaëdern (Briefcouverts); wenn vereinzelt, ohne Bedeutung; reichliches Vorkommen von Oxalat im Sediment beweist durchaus nicht immer gesteigerte Oxalsäureausscheidung; hierzu ist quantitative Bestimmung nöthig.

Cystin, ein seltenes Sediment, welches für eine bestimmte Stoffwechselkrankheit pathognostisch ist (Cap. X.), besteht aus sechsseitigen Krystalltafeln, die sich in Ammoniak leicht lösen.

Leucin (Amidocapronsäure) (Fig. 32) und Tyrosin (Amidohydroparacumarsäure), ebenfalls sehr seltene Sedimente, finden sich im Urin bei acuter gelber Leberatrophie und Phosphorvergiftung. Leucin krystallisirt in gelblich weissen, oft radiär gestreiften Kugeln, Tyrosin in schönen Nadelbüscheln.

In alkalischen Harnen. (Fig. 33.)

Phosphorsaure Ammoniakmagnesia = Tripelphosphat ($NH_4MgPO_4 + 6H_2O$) krystallisirt in Sargdeckelform; sehr leicht löslich in Essigsäure.

Phosphorsaurer Kalk entweder als $Ca_3(PO_4)_2$ in Form unregelmässiger Körnelung, oder als $CaHPO_4$ in keilförmigen Krystallen, oft in Rosetten angeordnet.

Kohlensaurer Kalk ($CaCO_3$) als runde regelmässige Körner oder in Hantelform (Dumbbells), lösen sich bei Säurezusatz unter Gasentwicklung.

Harnsaures Ammoniak in Stechapfelform oder unregelmässiger Keulenform.

Die alkalischen Sedimente haben ausser dem Hinweis auf die Reaction (s. o.) keine weitere diagnostische Bedeutung.

Organisirte Sedimente. (Fig. 34 u. 35.)

Dieselben sind für die Diagnose der Nierenerkrankungen (Cap. IX.) von grösster Bedeutung.

Weisse Blutkörperchen (Leucocyten) kommen vereinzelt im Urin des Gesunden vor; sind sie aber reichlich vorhanden, so ist Entzündung oder Eiterung an irgend einer Stelle von den Nieren bis zur Urethra bewiesen (Nephritis, Pyelitis, Cystitis, Gonorrhoe, bei Weibern Fluor).

Rothe Blutkörperchen, meist ausgewaschen und blass, beweisen das Vorhandensein einer Blutung im Urogenitalapparat (s. unter Hämaturie S. 131).

Fig. 32.

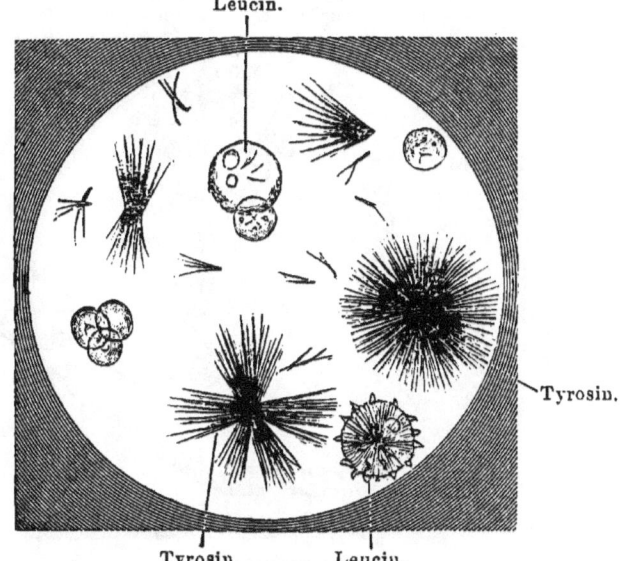

Urinsediment bei acuter gelber Leberatrophie.

Fig. 33.

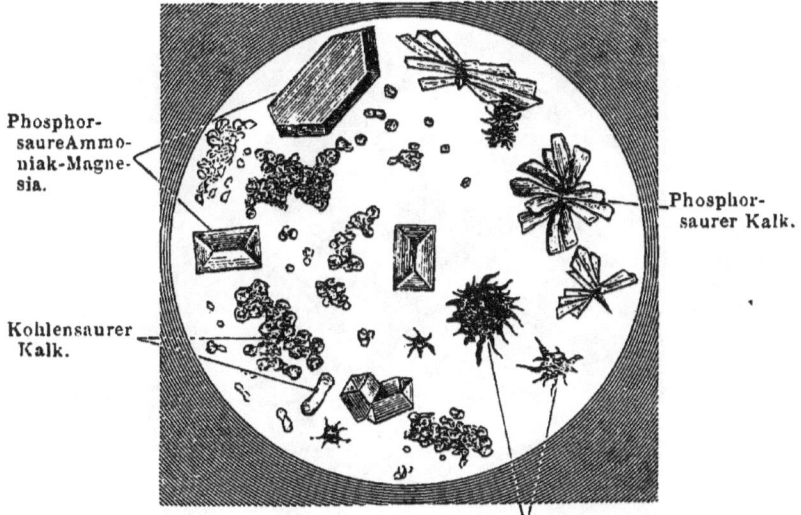

Sediment von ammoniakalisch gährendem Urin.

148 Untersuchung des Urins.

Fig. 34.

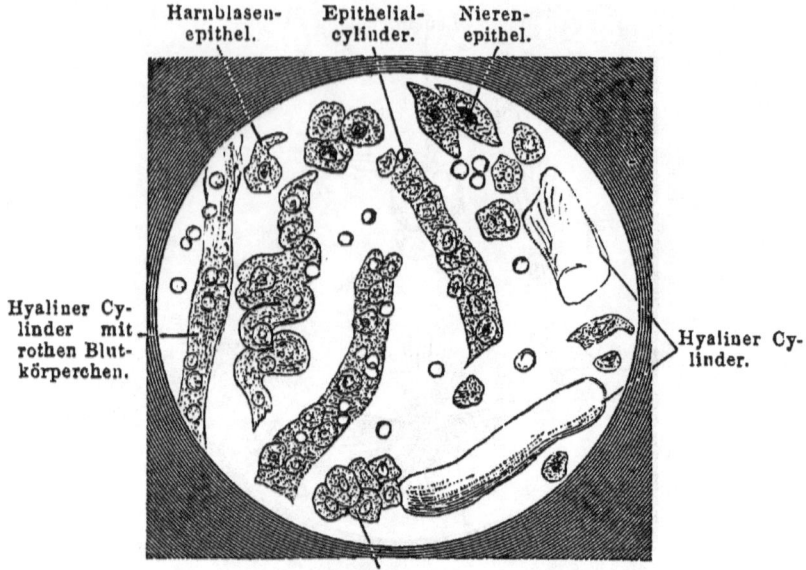

Sediment bei acuter Nephritis.

Fig. 35.

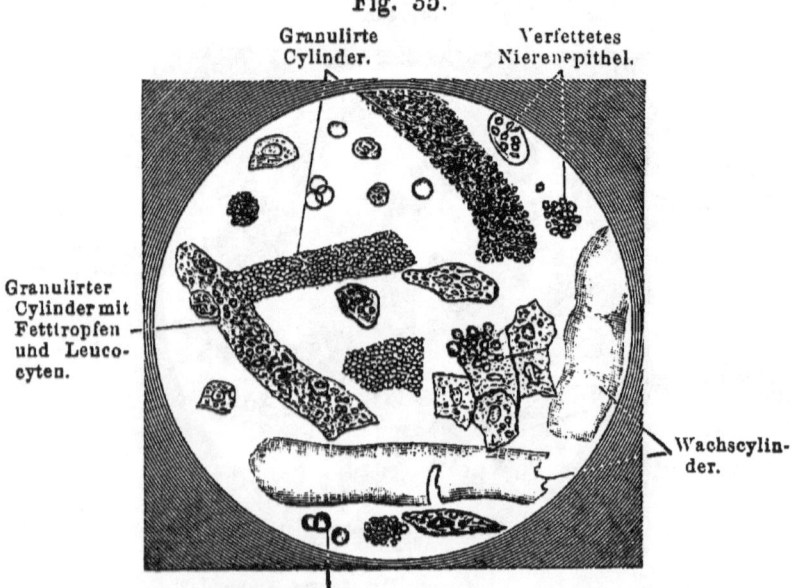

Sediment bei chronischer Nephritis.

Nierenepithelien (Fig. 34), runde oder kubische kernhaltige Zellen, zeigen meist eine Affection der Niere an. Sie backen oft zu Epithelcylindern zusammen. Von grösstem diagnostischem Werth sind verfettete Nierenepithelien (Fettkörnchenkugeln) (Fig. 35); sie beweisen chronische Nephritis, im 2. Stadium der fettigen Degeneration.

Epithelien des Nierenbeckens, der Ureteren und der Blase sind von einander nicht zu unterscheiden; entweder polygonale Plattenepithelien, oder mehr rundliche, mit Fortsätzen versehene, stets kernhaltige Zellen. Reichliches Vorkommen dieser Epithelien gestattet die Diagnose Pyelitis oder Cystitis oder Entzündung der Harnleiter (Differentialdiagnose s. Cap. IX.).

Epithelien der Vagina sind grosse Plattenepithelien, wie die Buccalepithelien; Epithelien der männlichen Urethra Cylinderepithelien, manchmal im gonorrhoischen Eiter vorkommend.

Harncylinder sind wahrscheinlich Abgüsse der Harnkanälchen. Man unterscheidet:

1. Hyaline Cylinder, schmale, helle, ganz homogene Gebilde, von wenig deutlichen Contouren. Das Vorkommen derselben ist nicht für Nephritis beweisend. Sie finden sich auch bei Stauung, Fieber, Icterus etc.
2. Epithelialcylinder; aus zusammengebackenen Epithelien bestehend; sind für Nephritis beweisend; oft verändert, mehr oder weniger körnig (granulirte Cylinder), oft mit verfetteten Epithelien bedeckt).
3. Blutkörperchencylinder, nur bei Nierenblutungen.
4. Wachscylinder, von scharfen Contouren, gelblich glänzend. Nur bei chronischer Nephritis vorkommend.
5. Braune Cylinder, selten vorkommend in schwereren Infectionskrankheiten und bei Knochenbrüchen.

Cylinderähnliche Gebilde setzen sich aus Bacterienhaufen, auch aus amorphen harnsauren Salzen zusammen.

Mikroorganismen können in vielen Infectionskrankheiten in den Urin übergehen (Diphtherie, Recurrens, Typhus). Diagnostische Bedeutung kommt dem Vorkommen von Tuberkelbacillen und Gonococcen zu. Reichlich

Mikrobien im frisch gelassenen Harn bei Cystitis und Pyelonephritis. Ueber den Nachweis s. Cap. XII.

Von thierischen Parasiten sind im Sediment in seltenen Fällen gefunden **Echinococcentheile**, Embryonen von **Filaria sanguinis**, welche ebenso wie **Distomum haematobium** Haematurie veranlassen.

Anhang.
Nachweis einiger heterogener Stoffe im Urin.

Der Nachweis fremder Stoffe im Urin kann für die Diagnose von Intoxicationen von Wichtigkeit sein; ausserdem ist es oft aus therapeutischen Gründen von Interesse, zu sehen, ob eine Substanz vom Organismus resorbirt worden ist; schliesslich kann man durch den event. Nachweis eines Arzneimittels im Urin die Angaben des Patienten controliren.

Jod nach Anwendung von Jodkali, Jodoform: Man versetzt den Harn mit wenigen Tropfen rauchender Salpetersäure oder Chlorwasser und einigen Cubikcentimetern Chloroform und schüttelt durch; Bei Gegenwart von Jod färbt sich das Chloroform rothviolet.

Brom nach Anwendung von Bromkali. Ebenso wie Jod. Bei Anwesenheit grösserer Mengen wird das Chloroform gelb; bei geringen Mengen führt diese Probe nicht zum Ziel. Dann macht man 10 ccm Harn mit kohlensaurem Natron alkalisch, setzt etwa 3 g Kalisalpeter hinzu; bringt das Ganze in Platinschale, wo man erst abdampft, dann den Trockenrückstand schmilzt; die erkaltete Schmelze wird in Wasser gelöst, mit Salzsäure stark angesäuert, hierauf mit Chloroform geschüttelt; war der Harn auch nur wenig bromhaltig, so wird das Chloroform gelb.

Eisen. Der Harn färbt sich bei starkem Eisengehalt auf Zusatz von Schwefelammonium grünlichschwarz. Für den Nachweis geringen Eisengehaltes werden 50 ccm Harn in der Platinschale eingedampft, der Trockenrückstand verascht, die Asche mit verdünnter Salzsäure extrahirt. Bei Anwesenheit von Eisen entsteht nach Zusatz von Ferrocyankalium blauer Niederschlag.

Arsen. Zum Nachweis der Arsen muss zuerst die organische Substanz zerstört werden. Dies geschieht folgendermassen: 1—2 Liter Harn werden in einer Porzellanschale auf $1/8$ des ursprünglichen Volums eingedampft, hierzu das gleiche Volum conc. Salzsäure gesetzt und unterm Abzug auf dem Wasserbade digerirt. Hierzu wird unter dauerndem Erwärmen chlorsaures Kali in einzelnen Portionen zu 2—3 g gesetzt, bis die Flüssigkeit hellgelb geworden ist. Dann wird stark eingedampft, bis der Chlorgeruch gänzlich verschwindet, und nun stark mit Wasser verdünnt. — Hierauf wird Schwefelwasserstoff mehrere Stunden lang durchgeleitet, der Niederschlag von Schwefelarsen abfiltrirt, getrocknet, im Schälchen in einigen Tropfen Salpetersäure und Schwefelsäure gelöst, erwärmt, bis zum Verschwinden des Säuregeruchs, stark verdünnt und diese Flüssigkeit im Marsh'schen Apparat auf den Arsenspiegel geprüft.

Man stellt sich diesen am einfachsten her, indem man ein Reagensglas mit durchbohrtem Stopfen schliesst, in die Stopfenöffnung eine gebogene Glasröhre steckt, dessen nach aussen führendes Ende zur Capillare ausgezogen ist. Das Reagensglas wird mit Zink und dünner Schwefelsäure beschickt, ausserdem mit der zu prüfenden Lösung. So wie starke Gasentwickelung stattfindet, wird das aus der Capillare strömende Gas entzündet; bei Anwesenheit von Arsen entsteht eine bleiche Flamme, hält man über diese eine kalte Porzellanschale, so entsteht ein metallisch glänzender Beschlag, welcher in Natriumhypochloridlösung löslich ist.

Blei. Die organische Substanz wird durch Salzsäure und Kaliumchlorat zerstört (s. Arsen) und durch die verdünnte, zu schwach saurer Reaction abgestumpfte Flüssigkeit Schwefelwasserstoff geleitet; bei Anwesenheit von Blei entsteht braunschwarzer Niederschlag von Bleisulfid.

Quecksilber. Etwa 1 Liter Urin wird auf $60-80°$ erwärmt, mit Salzsäure angesäuert und nun kurze Zeit mit $1/2$ g gut aufgefaserter Messingwolle digerirt. Nach einer Stunde wird der Harn abgegossen, die Messingwolle erst mit heissem Wasser, dann mit Alkohol, schliesslich mit Aether gewaschen und zwischen Fliesspapier abgetrocknet. Die Messingwolle wird nun in eine enge Glasröhre gestopft, welche danach auf beiden Seiten in Capillaren ausgezogen wird. Erhitzt man das Glas mit der Messingwolle in der Flamme, so sublimirt das Quecksilber und in den Capillaren erscheinen silberglänzende Ringe. Hat man vorher ein Körnchen Jod in die Capillare geschoben, so bildet sich rothes Quecksilberjodid.

Carbol. Ist viel Carbol zur Resorption gelangt, so ist der Urin grünlichbraun; beim Stehen an der Luft wird die Farbe noch dunkler Dieselbe Farbenerscheinung bei Resorption von Hydrochinon und nach Fol. Uvae ursi. Der Nachweis des Carbols erfolgt durch Bromzusatz zum Destillat (S. 144), bezw. durch die Bestimmung der Aetherschwefelsäure (S. 140).

Chinin. Der Nachweis erfolgt durch Ausschütteln einer grösseren Quantität des mit Ammoniak versetzten Harns mit Aether, in welchen das Chinin übergeht Der nach dem Verdunsten des Aethers bleibende Rückstand wird in angesäuertem

Wasser aufgenommen. Die Lösung wird erst mit Chlorwasser, dann mit Ammoniak versetzt; bei Anwesenheit von Chinin entsteht Grünfärbung.

Salicylsäure. ($C_6H_4OH.COOH$). Der Harn giebt, mit Eisenchlorid versetzt, blauviolette Farbe. Ist die Reaction negativ, so säuert man 30 ccm Harn im Messcylinder mit Schwefelsäure an und versetzt sie mit 30 ccm Aether, schüttelt kräftig durch, giesst den Aether ab und tropft zu diesem Eisenchloridlösung, so tritt bei sehr geringem Salicylgehalt Blaufärbung ein.

Antipyrin. Der Harn giebt, mit Eisenchlorid versetzt, Rothfärbung.

Antifebrin. Der Harn giebt, mit Salzsäure gekocht, nach dem Abkühlen mit 3 proc. Carbollösung und Eisenchlorid versetzt, Rothfärbung, auf Ammoniakzusatz Blaufärbung.

Phenacetin. Der Harn färbt sich, mit Eisenchlorid versetzt, braunroth.

Tannin. Der Harn färbt sich, mit Eisenchlorid versetzt, schwarzblau.

Naphtalin. Nach Gebrauch grösserer Dosen färbt sich der Harn, wenn er mit conc. Schwefelsäure geschichtet wird, grün.

Terpentin. Der Harn riecht nach Veilchen.

Rheum und Senna (Chrysophansäure). Der Harn wird bei Zusatz von Natronlauge purpurroth; kohlensaures Natron bringt dieselbe Farbe hervor.

Santonin. Der (strohgelbe) Harn wird bei Zusatz von Natronlauge roth; kohlensaures Natron färbt **nicht** roth.

IX. Diagnostik der Nierenkrankheiten.

I. Diffuse Nierenerkrankungen (Morbus Brightii).

Man erkennt die diffusen Nierenerkrankungen im Allgemeinen an dem gleichzeitigen Vorhandensein von **Hydrops und Albuminurie**; sie werden unter der Bezeichnung Morbus Brightii zusammengefasst. Die specielle Diagnose der vorliegenden Form des Morbus Brightii ergiebt sich hauptsächlich aus der Untersuchung des Urins (Cap. VIII.), ausserdem aus der Anamnese, dem Krankheitsverlauf und der Untersuchung der andern Organe (Herz, Gefässe, Milz, Augen).

In Bezug auf die **Anamnese** sind folgende Momente besonders wichtig: Alkoholismus führt oft zu chronischer Nephritis, chronische Bleivergiftung sowie Gicht oft zu primärer Schrumpfniere. Heftige Erkältungen, häufige Durchnässungen, Einwirkung toxischer Stoffe, besonders acute Infectionskrankheiten (Scharlach etc.) führen zu acuter Nephritis. **Alte Syphilis, Eiterungen, Phthisis, Malaria** können zu **Amyloidentartung** führen. — Die Dauer und der Verlauf der Krankheit ist genau zu erfragen; besonders aber nach früher vorhanden gewesenen event. nephritischen Symptomen zu forschen (Oedeme, Harnveränderungen, Kopfschmerzen, Erbrechen, Asthma, Sehstörungen.)

Ueber das Symptom des Hydrops vergl. S. 8.
Die Untersuchung auf Eiweiss vergl. S. 129.

In manchen Stadien und Formen des Morbus Brightii kann entweder Hydrops oder Albuminurie, ja in seltenen Einzelfällen zeitweise beides fehlen. Dann führt wohl die Betrachtung des Verlaufs, die Untersuchung des Herzens (Hypertrophie bei Schrumpfniere), oft die Menge des Urins zur Diagnose. — Trotz solcher Ausnahmen thut man gut, daran festzuhalten, dass Hydrops und Albuminurie die Hauptzeichen diffuser Nierenkrankheiten sind.

Um die vorliegende Form des Morbus Brightii diagnosticiren zu können, prägt man sich am besten ein wohlgeordnetes Schema der verschiedenen Erkrankungsformen ein.

Morbus Brightii.
Hydrops mit Albuminurie.

	Entzündliche Form.	Nichtentzündliche Form.
1. Stadium.	Acute hämorrhagische Nephritis.	Stauungshydrops. (Stauungsniere.)
2. Stadium.	Chronische Nephritis. Fettige Degeneration.	Amyloiddegeneration.
3. Stadium.	Secundäre Schrumpfung. (Weisse Schrumpfniere.)	Primäre Schrumpfung. (Rothe Schrumpfniere: Bleiniere, Gichtniere.)

Ganz allein steht Hydrops und Albuminurie der Schwangeren = Schwangerschaftsniere.

In der ersten Columne dieses Schemas sind die Formen der Nephritis aufgeführt, wie sie sich oft der Reihe nach auseinander entwickeln; doch kann auch die chronische Form sich primär ohne vorhergegangene acute Entzündung einstellen.

Auf die Scheidung zwischen interstitieller und parenchymatöser Entzündung muss die klinische Diagnose meist verzichten, da sich die Symptome mit den anatomischen Processen vielfach nicht decken.

In der zweiten Columne sind die untereinander nicht zusammenhängenden, nichtentzündlichen Formen aufgeführt, welche in ihrem klinischen Verlauf den daneben stehenden entzündlichen Formen sehr ähnlich sind.

Die Stauungsniere ist streng genommen nicht hierher gehörig, giebt jedoch klinisch oft ein dem wirklichen Morbus Brightii so ähnliches Krankheitsbild, dass ihre Aufführung im Schema gerechtfertigt erscheint.

Hauptsymptome der Formen des Morbus Brightii.

Acute hämorrhagische Nephritis. Starkes Anasarka, besonders oft im Gesicht. Urin sehr eiweissreich, stark bluthaltig. Die Menge sehr vermindert. Hohes specifisches Gewicht. Sediment besteht aus rothen Blutkörperchen, hyalinen und granulirten Cylindern mit Blutkörperchen und Epithelien.

Die Diagnose erstreckt sich auf die Aetiologie: Infectiöse, toxische oder Erkältungsnephritis, oder Exacerbation einer chronischen Form. — Die Prognose ist wesentlich bedingt durch die Menge des Urins, bezw. die urämischen Symptome (Kopfschmerzen, Erbrechen, Coma, Convulsionen).

Chronische Nephritis, fettige Degeneration. Starker Hydrops. Albumengehalt meist hoch. Die Urinmenge sehr wechselnd. Oft Herzhypertrophie. Pathognostisches Sediment: Fettkörnchenkugeln, Wachscylinder, daneben viel Epithelien und Leucocyten.

Secundäre Schrumpfniere. Entwicklung aus der vorigen Form. Meist Fehlen der Oedeme. Sehr reichlicher, klarer, grünlich gelber Harn von niedrigem specifischem Gewicht, mit wenig oder gar keinem Sediment. Hypertrophie des Herzens, gespannter Puls. Retinitis albuminurica.

Primäre Schrumpfniere. Dieselben Symptome wie die secundäre Schrumpfniere, doch ohne voraufgegangene fettige Degeneration. Meist schleichende, oft lange latente Entwicklung. Bei allgemeiner Arteriosclerose (Arterio-capillary fibrosis), Gicht und Bleiintoxication (Harnsäureniere).

Stauungsniere. Hydrops besonders der Beine. Cyanose und Dyspnoe. Bestehende Herz- oder Lungenkrankheit. Urin spärlich, dunkel, von hohem specifischem Gewicht. Sedimentum lateritium. Wenig Albumen.

Amyloiddegeneration. Verläuft meist unter den Symptomen der chronischen Nephritis. Massgebend für die Diagnose der Nachweis der Aetiologie (s. unter Anamnese), sowie gleichzeitige Milz- und Leberschwellung.

II. Die anderweitigen Erkrankungen der Niere verlaufen ohne Hydrops, oft mit Veränderungen des Urins, und werden theils durch diese, theils durch die Klagen der Patienten über Schmerzen in der Nierengegend, theils durch Palpation und Percussion des Abdomens bezw. der Nierengegend erkannt.

Es sind hauptsächlich zu berücksichtigen: Hämorrhagischer Infarct der Niere, Pyelonephritis, Nierencalculose, Nierentuberculose, Geschwülste der Niere, Ren mobilis.

Schmerzen in der Nierengegend (im Kreuz) finden sich so häufig bei ganz verschiedenen Krankheiten, dass dies Symptom für die Diagnose einer Nierenaffection nur mit Reserve zu verwerthen ist. Anfallsweise heftige Schmerzen (Nierenkolik) sind das Zeichen von Nierensteinen.

Lage und Percussion der Nieren.

Die Nieren reichen vom 12. Dorsalwirbel bis zum 3. Lumbarwirbel. Die rechte Niere grenzt oben an die Leber, die linke an die Milz.

Die Nierenpercussion sucht die untere und äussere Grenze dieses Organs zu bestimmen; doch sind die Resultate dieser Methode oft wenig zuverlässig wegen des oft starken Fettwulstes der Nierenkapsel und des wechselnden Füllungszustandes der Därme.

Deutliche Vergrösserung der Nierendämpfung findet sich bei Nierengeschwülsten (s. u.), das gänzliche Fehlen der Nierendämpfung gestattet den Schluss auf Wanderniere, die rechts weit häufiger ist als links.

Hauptsymptome einiger nichtdiffuser Nierenerkrankungen.

Hämorrhagischer Infarct der Niere. Plötzliches Auftreten von Hämaturie, ohne Cylinder im Sediment; Nachweis der Ursache der Embolie (Herzfehler und Herzerweiterung). und schnelles Verschwinden der Hämaturie.

Suppurative Nephritis (Pyelonephritis). Unregelmässig remittirendes Fieber mit Frösten. Rein eitriges Harnsediment meist ohne Cylinder; Blut im Urin nur, wenn Trauma oder Nierenstein die Pyelonephritis hervorgerufen haben. Oft starke Schmerzen in der Nierengegend.

Nierengeschwulst. Durch Palpation, oft erst bimanuell constatirt; der Nachweis des renalen Ursprungs des Tumors ist oft sehr schwierig und stützt sich besonders auf die Unbeweglichkeit bei der Respiration, die Verdrängung des Colons, in Einzelfällen das Uebertreten des aufgeblähten Dickdarms über den Tumor, die vergrösserte Percussionsfigur der Niere.

Zu unterscheiden ist zwischen Echinococcus (erst sicher, wenn in der Punctionsflüssigkeit Haken oder Membran nachgewiesen ist), Hydronephrose (intermittirende Füllung und Leerung des fluctuirenden Sackes, Harnstoffgehalt der durch Punction erhaltenen Flüssigkeit), Carcinom und Sarcom (solider Tumor, schnelle Kachexie).

Nierensteine (Nephrolithiasis): Nierenkolikanfälle,

welche mit dem Abgange von Concrementen enden; auch unabhängig von den Anfällen oft Ausscheidung von Sedimenten, meist phosphorsaurer oder harnsaurer Salze, in Form von Nierengries. Oft Blutbeimischung im Urin; Reaction desselben meist sauer.

Wanderniere. Palpation eines beweglichen Unterleibstumors von Nierenform. Fehlen der Nierendämpfung. Vage Klagen über Zerrung und Schwere im Abdomen.

Unter den **Blasen**-Krankheiten kommen für die innere Diagnostik vorwiegend in Frage:

Cystitis, diagnosticirt aus der Entleerung trüben ammoniakalisch gährenden Harns (S. 127). Es ist die Ursache der Cystitis festzustellen: Gonorrhoe, Strictur der Urethra, Prostatahypertrophie, Blasenlähmung meist infolge Rückenmarkskrankheit. Bei acuter Cystitis (durch Erkältung, meist durch Tripper) ist der Harn blutig, es besteht grosse locale Schmerzhaftigkeit.

Blasenstein, diagnosticirt aus häufiger Hämaturie ohne charakteristisches Sediment, in vielen Fällen bestehende Cystitis, Schmerzen, die nach der Glans penis ausstrahlen. Die Diagnose ist erst durch die Sondenuntersuchung gesichert.

Blasenkrebs. Häufige Hämaturie, oft der Urin jauchig. Kachexie. Die Diagnose ist erst gesichert durch den Nachweis von Krebspartikeln bezw. die Endoskopie der Blase.

Anhang.

Untersuchung von Nieren- und Blasensteinen.

Man unterscheidet: 1. harnsaure Concremente, dies sind die häufigsten; sie sind hart; Oberfläche glatt oder wenig höckerig; Farbe gelb bis rothbraun; Steine aus harnsaurem Ammon sind von bröckeliger Beschaffenheit, schmutzig graugelblich. 2. Oxalatsteine (Maulbeersteine, oxalsaurer Kalk) sehr hart, Oberfläche rauh, warzig, Farbe braun bis schwarz. 3. Phosphatsteine (phorphorsaure Kalk- hezw. Ammoniakmagnesia) weich und zerreiblich, Oberfläche sandig rauh, oft glänzend, Farbe meist weiss.

4. **Carbonatsteine** hart wie Kreide, Oberfläche glatt, Farbe weiss. 5. **Cystinsteine** meist klein, mässig hart, glatt, gelblich. 6. **Xanthinsteine** mässig hart, zimmtbraun, beim Reiben wird die Oberfläche wachsglänzend.

Oft besteht das Concrement nicht nur aus einem Material, sondern ist in Kern und Schale aus verschiedenen Substanzen zusammengesetzt. Ueber die Zusammensetzung unterrichtet man sich durch die chemische Analyse, deren Gang im folgenden nach Salkowski angegeben ist.

Für den Gang der Analyse ist massgebend, ob der Stein aus organischem oder zum Theil anorganischem Material besteht. Im ersten Fall verbrennt der fein gepulverte Stein vollständig oder mit Hinterlassung von ganz wenig Asche auf erhitztem Platinblech. Er besteht dann aus Harnsäure, harnsaurem Ammon, Cystin oder Xanthin. Hinterlässt er beim Verbrennen Asche, so kann der Stein harnsaure, phosphorsaure oder oxalsaure Salze enthalten.

I. **Der Harnstein verbrennt vollständig:**
Man digerirt das Pulver mit verdünnter Salzsäure unter gelindem Erwärmen.

   a) Das Pulver löst sich vollständig oder zum allergrössten Theil; der Stein besteht aus Cystin oder Xanthin. Cystin löst sich in Ammoniak und bleibt in sechsseitigen Krystallen beim Verdunsten zurück.

     Auf Xanthin wird geprüft, indem man auf dem Porzellandeckel eine Probe in Salpetersäure löst und langsam verdampft. Bei Anwesenheit von Xanthin bleibt ein citronengelber Rückstand, welcher sich bei Zusatz von wenig Ammoniak nicht ändert, mit Kalilauge rothgelb wird.

   b) Das Pulver löst sich nicht vollständig, dann filtrirt man, der Rückstand kann Harnsäure enthalten, Prüfung durch die Murexidprobe; das Filtrat kann Chlorammonium enthalten; man erwärmt die Lösung mit kohlensaurem Natron, Ammoniak wird durch Geruch, Reaction auf darüber gehaltenes feuchtes Lakmuspapier, salzsäurebefeuchteten Glasstab (Nebel) erkannt.

II. **Der Harnstein schwärzt sich, verbrennt aber nicht.**
Man digerirt eine Probe des feinen Pulvers mit verdünnter Salzsäure in der Wärme. (Braust der Stein auf, so enthielt er Kohlensäure.)

   a) **Vollständige Lösung** bedeutet Fehlen von Harnsäure.

   b) **Unvollständige Lösung:** Der Rückstand kann Harnsäure oder eiweisshaltige Substanz sein (Murexidprobe).

Das Filtrat wird mit Ammoniak schwach alkalisch gemacht, hierauf mit Essigsäure wieder schwach sauer. Ein hierbei entstehender weisser pulveriger Niederschlag ist oxalsaurer Kalk. Von demselben wird abfiltrirt. Das Filtrat ist zu prüfen auf Phosphorsäure, Calcium, Magnesia. Eine Probe vom Filtrat wird mit Eisenchlorid versetzt; dasselbe giebt bei Anwesenheit von Phosphorsäure grauweissen Niederschlag. Die Hauptmenge des Filtrats versetzt man mit oxalsaurem Ammon; ein Niederschlag beweist Kalk. Man filtrirt davon unter Erwärmen und setzt zum Filtrat wenig Natriumphosphatlösung und macht mit Ammoniak alkalisch. Krystallinischer, oft langsam sich bildender Niederschlag ist Magnesia.

X. Diagnostik der Stoffwechselanomalien.

Gesetze des normalen Stoffwechsels.

Der menschliche Körper bedarf, um einestheils die Lebensfunctionen ungestört zu verrichten, anderntheils von seinem Bestande an Eiweiss, Fett, anorganischem Material und Wasser nichts einzubüssen, der Zufuhr von Nahrungsmitteln. Diese bestehen aus Eiweisskörpern, Fetten, Kohlehydraten, Wasser und Salzen.

Die Zersetzungsproducte der Eiweisskörper verlassen den Körper durch den Harn als Harnstoff, Harnsäure etc.; Fette und Kohlehydrate werden zu Kohlensäure verbrannt und in der Athmung ausgeschieden. Wasser und Salze werden unverändert ausgeschieden, sind aber ebenfalls für die Erhaltung des Körpers von grosser Wichtigkeit.

Die Eiweisskörper sind sehr complicirte Stoffe, deren chemische Constitution noch nicht genügend erforscht ist; nur so viel weiss man, dass bei der Zersetzung des Eiweisses im Körper verschiedene chemische Gruppen entstehen: 1. eine stickstoffhaltige, harnstoffartige Gruppe; diese wird durch den Urin ausgeschieden; 2. eine aromatische C_6H_5haltige Gruppe; diese geht ebenfalls in den Urin über; 3. eine fettkörperähnliche Gruppe, welche sich wie **Fett und Kohlehydrat weiter zersetzt und durch die Athmung als CO_2 den Körper verlässt.** — Auf diese Weise erklären wir uns die sicher feststehende Thatsache, dass **aus Eiweiss sich Fett und Zucker im Körper bilden kann** und dass Eiweiss, in genügender Menge zugeführt, die anderen Nährstoffe ersetzen kann. Dagegen vermögen Fette und Kohlehydrate, welchen die N-haltige und die aromatische Gruppe fehlt, nur in beschränktem Maasse das Eiweiss zu ersetzen.

Die erforderliche Menge der Nahrungsstoffe. Damit durch die zugeführte Nahrung der Körper auf seinem Bestande erhalten werde, bedarf es einer gewissen Menge von

Nahrungsstoffen. Um bei der Berechnung der Nahrungsmenge ein einheitliches Maass für die verschiedenen Nahrungsstoffe zu besitzen, bedient man sich der Wärmemengen, welche bei der Zersetzung der Stoffe entwickelt werden, und welche von verschiedenen Forschern in Versuchen festgestellt wurden. Als Einheitszahl wendet man an die Calorie, d. i. diejenige Wärmemenge, durch welche ein Kilogramm Wasser um einen Grad erwärmt wird.

Man kann nun für die Menge des Nahrungsstoffes den entsprechenden Calorienwerth setzen:

1 g Eiweiss . . . = 4,1 Calorien,
1 g Fett . . . . = 9,3 Calorien.
1 g Kohlehydrat . = 4,1 Calorien.
1 g Alkohol . . . = 7,0 Calorien.

Anstatt zu sagen, ein **kräftiger Mann braucht in der Nahrung 118 g Eiweiss, 56 g Fett, 500 g Kohlehydrat, kann man sagen, er braucht 3054,6 Calorien.**

Die Calorienmenge, welche dem Gesunden in der Nahrung zugeführt werden muss, hängt von seinem Körpergewicht, von seiner Arbeitsleistung und der vorhergegangenen Ernährung ab. Der gesunde kräftige Arbeiter von ca. 70 kg braucht täglich ungefähr 3000 Calorien; bei sehr angestrengter Arbeit steigt der Bedarf auf 4—5000 Calorien; ein schwächlicher Arbeiter von 50 kg braucht ca. 2400 Calorien. Der Bedarf beträgt also bei Gesunden pro Kilogramm Körpergewicht ungefähr 45 Calorien. Indess ist es durchaus unstatthaft, wenn man die für einen Menschen erforderliche Nahrungsmenge feststellen will, einfach sein Körpergewicht mit einer bestimmten Calorienzahl zu multipliciren. Es hängt vielmehr die zur Erhaltung nothwendige Calorienmenge wesentlich von den Umsetzungsverhältnissen der letzt vorhergegangenen Tage ab. Ist ein Gesunder z. B. infolge narbiger Oesophagusstrictur lange Zeit sehr schlecht genährt und ist er dadurch sehr herabgekommen, so vermag er seinen Bestand schon mit 1000—1500 Calorien, ja mit noch weniger zu erhalten. Zur Festsetzung der nothwendigen Calorienmenge muss man in jedem einzelnen Falle die Ernährung und den Umsatz der letzten Tage studiren.

Verhältniss der Nahrungsstoffe zu einander. Für die Ernährung ist es sehr wesentlich, zu beachten, dass die Vertretung der verschiedenen Nahrungsstoffe ihrem Calorienwerth entsprechend, nur bis zu gewissen Grenzen möglich ist. Es ist vielmehr nothwendig, dass dem Körper stets eine gewisse Menge Eiweiss zugeführt wird, welche durch Fett und Kohlehydrat nicht ersetzt werden kann. Die Grösse dieser absolut nothwendigen Eiweissmenge (Erhaltungseiweiss) hängt von dem Ernährungszustand bezw. dem Eiweissreichthum des Menschen, andererseits von der Menge der gleichzeitig gereichten Kohlehydrate und Fette ab.

Die Erhaltungsmenge des Eiweisses für kräftige, gut genährte Menschen beträgt 80—100 g Eiweiss; bei schlecht genährten, nicht arbeitenden kann sie weniger betragen.

Erst wenn die Erhaltungsmenge an Eiweiss gereicht ist, können sich die Nahrungsstoffe ganz nach ihrem Calorienwerth vertreten und es ist mehr von Rücksichten auf Magen und Verdauung abhängig, ob man Fett und Kohlehydrat oder noch mehr Eiweiss reicht.

Bevor die Vertretbarkeit der einzelnen Stoffe untereinander nach Massgabe der Calorien scharf erkannt war, wusste man, dass die Stoffe sich in bestimmten Verhältnissen ersetzen könnten; man bezeichnete als isodynam: 100 g Fett = 211 g Eiweiss = 232 g Stärke = 234 g Rohrzucker = 256 g Traubenzucker.

Umsatz der Nahrungsstoffe. Der Eiweissumsatz hängt ab von der Nahrungszufuhr, und zwar sowohl von der Calorienmenge derselben, als auch von dem Eiweissgehalt. Wird bei ausreichender Gesammt-Calorienmenge weniger Eiweiss als das Erhaltungseiweiss gereicht, so wird mehr Stickstoff durch den Urin ausgeschieden, als in der Nahrung enthalten ist. (1 g Eiweiss = 6,25 g N.) Ist das Erhaltungseiweiss in der Nahrung enthalten, so ist Stickstoffgleichgewicht vorhanden, d. h. der ausgeschiedene N ist gleich dem gereichten. Wird bei ausreichender Gesammt-Calorienmenge mehr Eiweiss gereicht als nothwendig ist, so wird auch bald mehr ausgeschieden, es wird bald das Stickstoffgleichgewicht wieder hergestellt.

Ist die Gesammt-Calorienmenge der Nahrung nicht ausreichend, so tritt auch bei genügender Eiweissnahrung eine Mehrausscheidung von Stickstoff ein.

Um einen Ansatz von Eiweiss zu erzielen, ist es deshalb nicht rathsam, nur mehr Eiweiss in der Nahrung zu geben, sondern hauptsächlich die Gesammtcalorienmenge, besonders die Fette und Kohlehydrate, zu vermehren.

In zweiter Linie hängt der Eiweissumsatz von der vorhergegangenen Ernährung und dem dadurch bedingten Körperzustand ab; eiweissreiche musculöse Individuen zersetzen mehr Eiweiss als fette Menschen, welche meist geringeren Eiweissumsatz haben.

Die Arbeit hat auf die Eiweisszersetzung im Allgemeinen keinen Einfluss. Durch die Arbeit werden Kohlehydrate und Fette zersetzt. Werden in der Nahrung nicht genügend Fett und Kohlehydrate gereicht, so zersetzt der Körper das eigene Fett, um die nöthige Arbeit zu leisten.

Doch kommt hier Alles auf die Gesammtcalorienmenge der Nahrung an; ist diese sehr gross, so wird bei fehlenden Kohlehydraten und Fetten die Arbeitsleistung zum Theil aus den fettartigen Spaltungsgruppen des Eiweisses gedeckt; und ist die Calorienmenge ungenügend, so wird neben dem Körperfett auch Körpereiweiss zersetzt.

Wenn man also einen fetten Körper mager machen will, ohne ihn viel vom eigenen Eiweiss verlieren zu lassen, so wird man bei ausreichender Calorienzahl reichlich Eiweiss mit wenig Fett und Kohlehydraten darreichen und viel Körperarbeit leisten lassen. Es gelingt kaum, nur Körperfett ganz ohne Körpereiweiss in Verlust zu bringen.

Anomalien des Stoffwechsels.

Die bisher bekannten Anomalien des Stoffwechsels bestehen:

1. in qualitativen Veränderungen: in dem Urin finden sich Stoffe, welche im gesunden Zustande nicht zur Ausscheidung kommen.

Die wichtigste qualitative Veränderung findet sich bei Diabetes mellitus: es tritt Traubenzucker im Urin auf, während vom Gesunden alle Kohlehydrate im Organismus zu CO_2 zerstört werden.

In selteneren, noch nicht genügend erkannten Stoffwechselstörungen werden ganz besondere Stoffe durch den Urin ausgeschieden, z. B. Cystin und Diamine bei Cystinurie.

2. In quantitativen Veränderungen. Diese zeigen sich hauptsächlich im Eiweissstoffwechsel. Die im vorigen Abschnitt entwickelten Gesetze des N-Gleichgewichts bei genügender Zufuhr erleiden in einigen Krankheiten eine Abänderung im Sinne stärkeren Umsatzes: es findet eine gesteigerte Eiweisszersetzung, eine unter gleichen Bedingungen beim Gesunden nicht so bedeutende Zersetzung von Körper- (Organ-)Eiweiss statt. (Bei Fieber, in manchen Fällen von Carcinom, Anämie, Leukämie.)

Nicht eigentlich zu den Stoffwechselstörungen rechnen die Zustände verminderter Ausscheidungen infolge Erkrankung der secernirenden Organe, z B. die verminderte Harnstoffausscheidung bei Nephritis; auch nicht die verminderte Resorption infolge Pankreas- oder Darmerkrankung oder Icterus: in diesen Zuständen wird weniger Fett und Eiweiss als normal vom Darm resorbirt.

Bei der Gicht combinirt sich wahrscheinlich vermehrte Bildung von Harnsäure mit verminderter Ausscheidung; die Verminderung findet sich im acuten Gichtanfall.

Um eine Stoffwechselerkrankung mit Sicherheit diagnosticiren zu können, ist es nothwendig, die Einnahmen und Ausgaben des Stoffwechsels einander rechnungsmässig gegenüber zu stellen. In der Klinik begnügt man sich mit folgender Feststellung:

1. der Gehalt der Nahrung;
2. die Bestandtheile des Harns (N, manchmal Harnsäure etc., event. Zucker);
3. die im Koth enthaltene unresorbirte Nahrungsmenge, berechnet aus dem Gehalt an N und Fett.

Aus diesen Feststellungen kann man den Eiweissstoffwechsel genau controliren; der Stoffwechsel der Kohlehydrate und Fette entzieht sich der quantitativen Controle, wenn nicht die Kohlensäure der Athmung bestimmt wird.

1. Der Gehalt der Nahrung.

Um diesen genau festzustellen, ist es nöthig, dass Alles, was der Patient isst, ihm mit der Wage zugewogen wird, bezw. was er übrig lässt, zurückgewogen wird. Der Gehalt der verschiedenen Nahrungsmittel an Nahrungsstoffen erhellt aus folgender Zusammenstellung:

Nahrungsmittel.	Eiweiss pCt.	N pCt.	Fett pCt.	Kohlehydrat pCt.	Analyse von
Rohes Rindfleisch von von sichtbarem Fett befreit	18,36	3,4	0,9	—	Voit.
Mittelfettes, rohes ⎫	20,91	3,3	5,19	0,48	König.
Fettes, rohes ⎬ Rind-	17,19	2,8	26,38	—	König.
Gebratenes ⎭ fleisch	30,56	4,89	6,78	—	Rubner.
Gekochtes	21,8	3,5	4,52	—	Renk.
Rohes ⎫ Kalbfleisch	18,88	3,02	7,41	0,07	König.
Gebratenes ⎭	15,3	2,84	5,2	—	Renk.
Ein Ei (45 g ohne Schale)	6,25 g	1 g N	4,9 g	—	Voit.

Diagnostik der Stoffwechselanomalien.

Nahrungsmittel.	Eiweiss pCt.	N pCt.	Fett pCt.	Kohlehydrat pCt.	Analyse von
Gute Milch	4,13	0,64	3,9	4,2	Voit.
Kindermilch (Charité)	3,88	0,62	3,1	4,5	Verf.
Entsahnte Milch	3,25	0,52	1,1	4,1	Verf.
Butter	0,5	0,08	87,0	0,5	König.
Käse (mittelfett)	32,2	4,75	26,6	2,97	Renk.
Speck (Charité)			94,7		Verf.
Weissbrod (Semmel)	9,6	1,5	1,0	60,0	Renk.
Schrippe, frisch	5,63	0,9		44,0	Verf.
Brod (Charité)	8,22	1,315	0,64	58,3	Verf.
Gekochte Kartoffeln ohne Schalen	2,18	0,35	—	23,0	Rubner.
Gemüse (Charité) aus 3 Bestimmungen	3,45	0,55	4,2	20,3	Verf.
Suppe (Charité) aus drei Bestimmungen	1,7	0,272	1,8	8,3	Verf.
Bier (helles)	0,56	0,09	—	5,5	Verf.
Wein	0,19	0,03		2,0	König.
Kaffee (dünner Aufguss)	0,25	0,04			Verf.

2. Die Bestandtheile des Harns.

Es ist vor allen Dingen nothwendig, den auf 24 Stunden fallenden Urin ohne jeden Verlust zu sammeln. Dann wird nach den angegebenen Regeln (S. 142) der Gesammtstickstoff bestimmt. — Bei Diabetes muss quantitative Zuckerbestimmung gemacht werden (S. 136).

3. Die im Koth enthaltenen Stickstoff- und Fettreste.

Der auf den Tag fallende Koth wird durch Darreichung einer schwarzfärbenden Kohleemulsion abgegrenzt. Der Koth wird getrocknet; der Stickstoff nach Kjeldahl, das Fett durch Aethererschöpfung in demselben bestimmt.

Man pflegt gewöhnlich den Koth-N zu dem Harn-N zu addiren und beides zusammen als Ausgabe dem Nahrungs-N gegenüber zusetzen.

Die Kothbestimmungen sind mühsam und belästigend; in principiellen Fällen kann man ihrer nicht entrathen. Für den klinischen Gebrauch bedient man sich mit Vortheil der Werthe, welche Rubner für die Ausnutzung der Nahrungsmittel im Darm gefunden hat.

Im Koth werden wiedergefunden:

Nahrungsmittel.	N. pCt.	Fett. pCt.	Kohlehydrat. pCt.
Fleisch	2,65	19,2	
Eier	2,9	5,0	
Milch	8,9	5,7	
Weissbrod	20,7		1,1
Schwarzbrod	32,0		19,9
Kartoffeln	32,2		7,6
Gemüse	18,5	6,1	15,4

Diese Werthe sind indess nur bei gutem, regelmässigem Stuhlgang einzusetzen, in vielen Krankheiten, die mit Diarrhoen einhergehen, leidet die Ausnutzung sehr. Die Fettausnutzung ist sehr geschädigt bei Icterus und Pankreasatrophie, in schweren Anämien und in den meisten diarrhoischen Zuständen.

Aus den berechneten und bestimmten Werthen stellt man die sog. **Stoffwechselbilanz** zusammen, ungefähr nach folgendem Muster:

Krankheit: Carcinoma ventriculi.
Alter: 49 J.

Einnahme.

Datum	Körpergew. Pfd.	Nahrung.	N.	Fett.	Kohlehydrat.	Calorien.
12. I.	115	1500 g Milch	7,8	16,5	61,5	
		85 g Brod	1,1	0,54	49,5	
		40 g Butter		34,8		
		4 Eier	4,0	19,6		
Summa			12,9	71,4	111,0	1474
13. I.	115	2000 g Milch	12,4	22,0	82,0	
		110 g Brod	1,4	0,7	64,0	
		40 g Butter		34,8		
		4 Eier	4,0	19,6		
Summa			17,8	77,1	146,0	1763
Durchschnitt			15,35			1618,5

Ausgabe.

Datum.	Urin			Stuhl		N.	Ge-sammt-N.
	Menge.	spec. Gew.	N.	feucht	trocken		
12. I.	1350	1022	21,6	317	87,2	2,66	22,6
13 I.	1750	1015	23,4				24,4
Summa							47,0
Durchschnitt							23,5

Also im täglichen Durchschnitt:
N eingenommen . . . = 15,35.
N ausgegeben . . . = 23,5.
Also tägliche Abgabe vom Körper von 8,2 N = 241,1 g Muskelfleisch.

Es ist bei diesen Bilanzen nothwendig, oft N zu Harnstoff oder Eiweiss oder Muskelfleisch und umgekehrt in Beziehung zu setzen. Zur Erleichterung dieser Berechnung seien die constanten Verhältnisse hier angeführt:
Stickstoff : Harnstoff = 1 : 2,143.
Stickstoff : Eiweiss = 1 : 6,25.
Stickstoff : Muskelfleisch = 1 : 29,4.
Harnstoff : Stickstoff = 1 : 0,466.
Harnstoff : Eiweiss = 1 : 2.9.
Harnstoff : Muskelfleisch = 1 : 13,71.

Die Diagnostik des Eiweissstoffwechsels wird differentielle Verwerthung nur in principiellen, seltenen Fällen finden, z. B. bei der Unterscheidung gutartiger und carcinomatöser Geschwülste.

Die Bedeutung dieser Stoffwechselbilanzen liegt hauptsächlich in der durch sie gegebenen Möglichkeit, **die Ernährung der Patienten auf's Sorgfältigste zu controliren** und stets die Diät dem jedesmaligen Ernährungs- und Umsetzungszustand anzupassen.

Bei **Diabetes mellitus** ist die stetige Ueberwachung des Stoffwechsels von unmittelbarer Bedeutung für Diagnose und Behandlung. Man unterscheidet zwei Formen des Diabetes, welche in einander übergehen:

1. Die leichte Form, bei der nur Zucker im Urin erscheint, wenn Kohlehydrate in der Nah-

rung genossen werden: je nach der Intensität des Krankheitsfalles ist die Zuckerausscheidung im Verhältniss zur Kohlehydratmenge der Nahrung grösser oder kleiner.
2. Die schwere Form, bei der Zucker im Urin enthalten ist, nachdem mehrere Tage die Nahrung gänzlich frei von Kohlehydraten gewesen ist.

Nur eine sorgfältige Stoffwechselbilanz ermöglicht die genauere Diagnose und die Behandlung des Diabetikers.

Als Beispiel gebe ich eine Bilanz von einem leichten Falle von Diabetes mellitus.

Einnahme.

Datum.	Körpergew. Pfd.	Nahrung.	N.	Fett.	Kohlehydrat.	Calorien.
	115	1 Liter Milch	6,2	31,0	45,0	
		10 Eier	10,0	49,0		
		120 g Butter		104,4		
		125 g Fleisch	4,2	1,1		
		60 g Brod	0,8	0,4	35,0	
	Summa		21,2	185,9	80,0	2600

Ausgabe.

Datum.	Urin				Stuhl.		N.	Gesammt-N.
	Menge.	spec. Gew.	N.	Zucker	feucht	trocken		
	2800	1022	18,8	43,6 (1,2 %)	238	47,6	1,7	20,5

Also werden von 80 g Kohlehydrat 36,4 g regelmässig zersetzt, 43,6 g unzersetzt ausgeschieden. — Die Stickstoffausscheidung ist etwas geringer als die Stickstoffaufnahme

Zeichen des Diabetes, durch welche der Arzt dazu veranlasst wird, die entscheidende Harnprobe vorzunehmen, sind: Langsam vorschreitende Kachexie, gesteigerter Durst (Polydipsie), sehr grosse Urinmengen (Polyurie).

XI. Diagnostik der Krankheiten des Blutes.

Für die Anamnese ist das Eingehen auf die hygienischen Verhältnisse, die Lebensweise und Beschäftigung event. psychische Erregungen, Kummer, Sorge von Werth. Doch entwickeln sich die Blutkrankheiten oft ohne nachweisbare Aetiologie und die Anamnese muss sich auf die genaue Erforschung der zum Theil undeutlichen Anfangssymptome beschränken (Mattigkeit, Unlust, gestörter Schlaf, Kopfschmerz, Herzklopfen, oft Dyspepsie etc.).

Die Diagnose wird auf Krankheiten des Blutes geleitet durch grosse Blässe der Haut und der Schleimhäute (cf. S. 8), verbunden mit Körperschwäche.

Wie bereits bei den allgemeinen Zeichen erwähnt, kann die Blutkrankheit secundär sein, d. h. bedingt durch schwere zum Schwinden des Organismus führende Organerkrankung: Tuberculose, Carcinom, amyloide Degeneration etc. Erst nach dem Ausschluss solcher Erkrankungen darf man die Diagnose eigentlicher Blutkrankheit stellen, welche durch die Untersuchung des Blutes gesichert wird.

Oft kann man aus dem eigenthümlichen Colorit der Haut essentielle (nicht secundäre) Blutkrankheit diagnosticiren. Die Haut bei perniciöser Anämie ist wachsgelb, oft mit einem Stich in's Grünliche, diese Färbung ist ganz charakteristisch.

Die Untersuchung des Blutes berücksichtigt:
1. Die makroskopische Betrachtung des Bluts.
2. Die einfache mikroskopische Betrachtung.
3. Die Zählung der Blutkörperchen.
4. Die Messung der Blutkörperchen.
5. Die Herstellung von gefärbten Blutpräparaten.
6. Die Bestimmung des Hämoglobingehalts.

Die wissenschaftliche Analyse der Blutkrankheiten erstreckt sich ausserdem auf Reaction und Kohlensäuregehalt des Blutes und die Untersuchung des Stoffwechsels (voriges Capitel). Die spectroskopische Untersuchung ist in vielen Vergiftungen für die Diagnose nothwendig.

Das Blut wird zu Untersuchungszwecken aus der vorher mit Wasser gereinigten und getrockneten Fingerkuppe oder dem Ohrläppchen entnommen. Der Einstich geschieht mit scharfer Nadel, besser mit einer Impflancette; er muss tief genug sein, dass grosse Blutstropfen von selbst hervortreten; Druck darf nicht ausgeübt werden; der erste Tropfen wird fortgewischt, erst der zweite ist zu untersuchen.

1. Die makroskopische Betrachtung des Blutes

giebt Aufschluss über seine Farbe, die normal ein frisches Roth zeigt, in allen Krankheiten matter wird und dem Weisslichen sich nähert. Auch die Schnelligkeit, mit der das Blut quillt, ist zu beachten. Gewöhnt man sich, die Einstiche möglichst gleich tief zu machen, so wird das reichlichere oder spärlichere Hervortreten der Tropfen einen gewissen Rückschluss auf die Blutmenge gestatten. Differentialdiagnostisch ist dies kaum zu verwerthen.

2. Die Betrachtung des frischen Blutstropfens unter dem Mikroskop.

Ein Blutstropfen wird mit dem Objectträger abgetupft, das Deckglas vorsichtig aufgelegt, am besten zur Verhütung des Eintrocknens mit erwärmtem Wachs zu umziehen. Man mikroskopirt gewöhnlich gleich mit starker Vergrösserung. Bei der Betrachtung sind folgende Punkte zu beachten:

a) Die Form der rothen Blutkörperchen; normale Scheibenform mit mittler Delle. Bei Chlorose und Leukämie unverändert. In allen schweren Anämien treten veränderte Formen auf: Poikilocyten (Fig. 36) keulenförmig, birn-, bisquit- oder nierenförmige Blutkörperchen, Mikrocyten, viel kleiner als die rothen Blutkörperchen, Makrocyten, bedeutend grösser als diese.

b) Die Anordnung in Geldrollenform, dieselbe fehlt in allen Zuständen von starker Verminderung der rothen Blutkörperchen, d. h. allen schweren Anämien.

c) Die Zahl der rothen Blutkörperchen; obwohl man diese erst sicher durch den Zählapparat erfährt, gewinnt man doch, bei einiger Uebung in der gleichmässigen

Diagnostik der Krankheiten des Blutes. 171

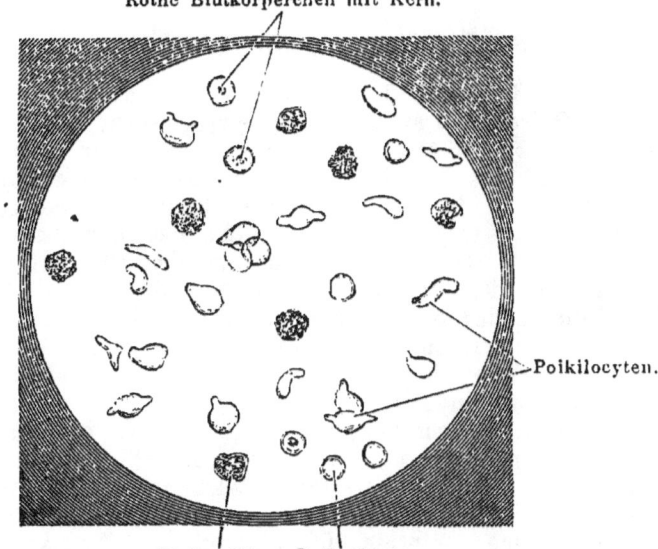

Fig. 37.

Blut bei perniciöser Anämie.

Herstellung des Präparats, schon aus der einfachen Betrachtung ein Urtheil, ob die Zahl wesentlich vermindert ist.

d) **Die Farbe der rothen Blutkörperchen**, normal gelbröthlich, ist in vielen Krankheiten, besonders Chlorose, mehr oder weniger blass.

e) **Die Zahl der weissen Blutkörperchen und ihr Verhältniss zu den rothen.** Normal kommen auf 300 rothe ein weisses Blutkörperchen, oder bei den gebräuchlichen Blendenöffnungen und starken Linsen (Leitz 7) 3—5 weisse Blutkörperchen auf ein Gesichtsfeld.

Das zahlreiche Vorhandensein von Leukocyten in einem Gesichtsfeld (über 10), ist ein wichtiges Krankheitszeichen. Mässige Vermehrung der Leukocyten (1 weisses bis auf 100 rothe) wird als **Leukocytose** bezeichnet (s. u.). Sehr starke Vermehrung der Leukocyten ist das Zeichen der Leukämie (1 : 50 und darüber bis 1 : 2). Auch diese Wahrnehmungen werden durch den Zählapparat controlirt.

Bei grosser Uebung wird es gelingen, noch mehr bei der blossen Mikroskopie zu erkennen, z. B. kernhaltige rothe Blutkörperchen, auch die Verschiedenheiten der weissen Elemente. Doch bleibt dies am besten der Betrachtung der Färbepräparate aufgespart.

3. Die Zählung der Blutkörperchen.

Man zählt mittelst des Thoma-Zeiss'schen Zählapparates. Derselbe besteht aus einem gläsernen Capillarröhrchen, das eine grössere Ausbuchtung trägt, und zur Aufsaugung und Verdünnung des Blutstropfens dient, und aus einer Zählkammer. Das Blut wird in dem graduirten Röhrchen bis zur Marke 0,5 (resp. 1,0) gesaugt. dann die Spitze des Röhrchens abgewischt und von der 3proc. Kochsalzlösung bis 101 aufgesaugt. Die Flüssigkeit wird durch Schütteln gut durchgemischt (befördert durch die in der Ausbuchtung befindliche kleine Glaskugel) Die Mischung kommt in die Zählkammer, die genau 0,1 mm tief ist und deren Boden in mikroskopische Quadrate getheilt ist: Der Raum über jedem Quadrat beträgt $1/4000$ cmm. Es ist beim Auflegen des Deckglases Sorge zu tragen, dass keine Luftbläschen entstehen. Man zählt eine grössere Anzahl der Quadrate, von denen je 16 durch stärkere Linien zusammengefasst sind. und gewinnt so die Durchschnittszahl der in einem Quadrat liegenden Blutkörperchen. Mit 800,000 multiplicirt (war das Blut bis 1,0 gesaugt, nur mit 400,000; denn die Verdünnung ist 1:100, der Raum über dem Quadrat $1/4000$ cmm), giebt dies die Zahl der rothen Blutkörperchen im Cubikmillimeter Blut.

Die Zählung der weissen Blutkörperchen geschieht in ganz derselben Weise, zweckmässig ist ein Zusatz von Methylviolet zur Verdünnungsflüssigkeit; die Leucocyten nehmen die Farbe an und treten dadurch sichtbarer hervor. Die Zerstörung der rothen Blutkörperchen (durch Verdünnung des Blutes mit Wasser, das $1/3$ pCt. Eisessig enthält), ist zur Zählung der weissen nur selten nothwendig.

Beim gesunden Menschen beträgt die Zahl der rothen Blutkörperchen 5 Millionen, beim Weibe 4—5 Millionen im Cubikmillimeter Blut. Bei Chlorose ist die Zahl gar nicht oder wenig verändert, bei allen Anämien ist sie sehr vermindert, bis auf $1/2$ Million, auch bei schweren Leukämien findet sich Verminderung der rothen Blutkörperchen.

Die Zahl der weissen Blutkörperchen ist beim Gesunden 5000—8000 im cbmm. Eine Vermehrung derselben (Leucocytose) findet sich physiologisch während der Verdauung (10,000—20,000) und in vielen infectiösen und Organerkrankungen (z. B. Pneumonie, Carcinom, s. S. 176). Erst eine Vermehrung über über 50.000 im cbmm gestattet die Diagnose Leukämie; dieselbe wird wahrscheinlich, wenn bei bestehender Leucocytose die Zahl der Leucocyten in kurzer Zeit sehr zunimmt.

4. Die Messung der Blutkörperchen.

Die Grösse der rothen Blutkörperchen kann man gut abschätzen und Makro- bezw. Mikrocyten genügend deutlich erkennen. Für sorgfältige Untersuchungen bedient man sich eines in das Okular eingeschraubten Massstabs (Mikrometer). Die rothen Blutkörperchen des Gesunden sind 6,5—9,4 μ gross, im Mittel 7,9 μ, sie sind bei demselben Individuum untereinander gleich gross. Makrocyten nennt man Grössen von 10—12 μ, Gigantocyten 12—15 μ. Ihr Auftreten beweist schwere Anämie. — Die Grösse der Leucocyten ist sehr schwankend.

5. Herstellung und Mikroskopie von Färbepräparaten (Ehrlich).

Der Blutstropfen wird von der Fingerkuppe mit einem gereinigten Deckgläschen abgetupft, dieses leicht auf ein zweites Deckgläschen aufgelegt, so dass die Ecken beider einander nicht decken, und darauf beide sogleich von einander abgezogen. Ein Druck darf dabei nicht ausgeübt werden, Berührung mit dem Finger ist zu vermeiden, weil schon die Wärme und Feuchtigkeit der Haut die sehr sensiblen Blutkörperchen verändert. Das Blut ist so auf beiden Gläschen in dünnster Schicht frei vertheilt ausgebreitet. Die Präparate müssen an der Luft trocknen und dann durch Erhitzen fixirt werden. Die Erwärmung muss eine allmälige sein: die Präparate kommen in einen Trockenofen oder auf eine Kupferblechbank, die durch eine an einem Ende untergestellte Flamme auf 120° erhitzt und 2 Stunden bei dieser Temperatur erhalten wird. Nach dem Abkühlen sind die Präparate zur Färbung fertig.

Die am häufigsten gebrauchte Färbung ist die in Eosin-Hämatoxylinlösung (Hämatoxylin 2,0, Alkohol, Glycerin, Aqua destill. ana 100,0, Eisessig 10,0, dazu überschüssigen Alaun; die Lösung muss mehrere Wochen lang stehen, dann werden einige Körnchen Eosin hinzugefügt). Die Präparate bleiben 30 Minuten in der Farbe und werden mit Wasser abgespült: es sind gefärbt die rothen Blutkörperchen roth, die Kerne der weissen wie event. der rothen intensiv blauschwarz, ferner die eosinophilen Körner (s. u.) roth; das Protoplasma der weissen Blutzellen ist fast ungefärbt mit schwach rothem Ton.

Schöne Bilder giebt auch die Färbung mit Eosin-Nigrosin-Aurantia-Glycerin. (Zu 1 Vol. mit Aurantia gesättigten Glycerins kommen 1—2 Vol. Glycerin; unter Umschütteln wird Eosin und Anilinschwarz im Ueberschuss zugesetzt; Sättigung erfolgt unter langem Schütteln.) Es nimmt das Hämoglobin den gelbrothen Ton des Aurantia an, alle Kerne sind grau bis schwarz, die eosinophilen Körnungen roth gefärbt.

Die gefärbten Präparate betrachtet man am besten mit Oelimmersion und offener Blende.

Im gefärbten Präparate erkennt man:

1. Die kernhaltigen rothen Blutkörperchen; stets ein Zeichen schwerer Blutkrankheit, sie finden sich bei allen Anämien, seltener bei Leukämie, kernhaltige Megalocyten und Gigantocyten beweisen progressive perniciöse Anämie.

2. Die verschiedenen Formen der weissen Blutkörperchen:

Fig. 38.

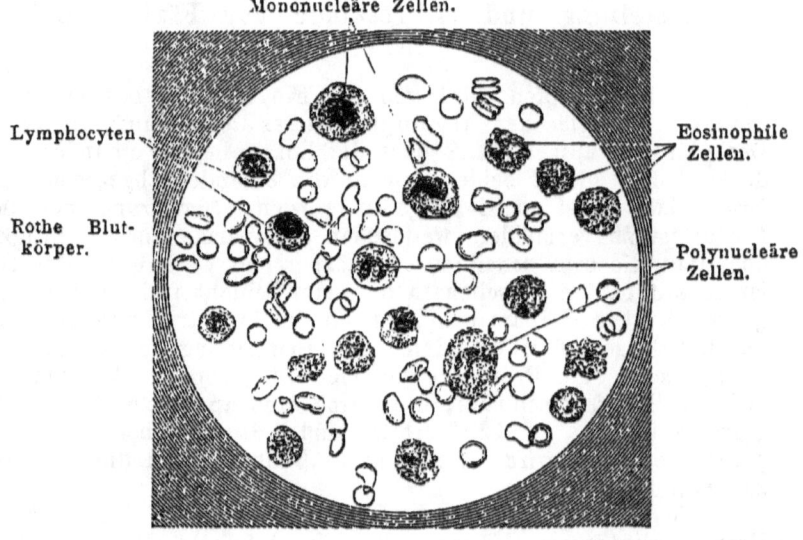

a) **Lymphocyten**, von wechselnder Grösse, meist etwas grösser als ein rothes Blutkörperchen, mit rundem Kern und meist schmalem Protoplasmaleib, sie stammen aus den Lymphdrüsen und ihre starke Vermehrung beweist **lymphogene Leukämie**.

b) **Mononucleäre Leukocyten**, bedeutend grösser als die rothen Körperchen, mit grossem ovoiden Kern und grossem Protoplasmaleib; aus ihnen entwickeln sich die

c) **Polynucleären Leukocyten**, mit polymorphem Kern, sie bilden das Gros der Leucocyten und sind auch am meisten im Eiter enthalten. Mono- und polynucleäre Zellen sind vermehrt bei der **lienalen** wie der **myelogenen Leukämie**.

d) **Eosinophile Zellen**, gross, rundlich, kernhaltig, ausgezeichnet durch glänzende Körnung des Zellleibs, der sich stark mit Eosin färbt, sie entstammen dem Knochenmark, sind normal höchst selten und ihr reichliches Vorhandensein gestattet die Diagnose myelogene Leukämie.

6. Die Bestimmung des Hämoglobingehalts.

Der Hämoglobingehalt wird hinlänglich genau bestimmt mittelst **Fleischl's Hämometer**. Es wird die Farbe des in Wasser gelösten Blutes mit einem purpurroth gefärbten Glaskeil verglichen. Das Blut wird in einer Capillare von bestimmter Grösse entnommen, in der einen Hälfte eines getheilten Glaskästchens in Wasser gelöst; unter der anderen Hälfte, die nur mit Wasser gefüllt ist, bewegt sich der Glaskeil vorbei, dessen Roth je nach der Dcke von einem zum andern Ende an Intensität zunimmt und der mit einer empirisch festgestellten Scala versehen ist, so dass 100 der Farbe des normal hämoglobinhaltigen Blutes entspricht.

Auf die untere Glaswand des Metallkästchens wird das Licht einer Flamme durch eine Gypsplatte reflectirt; ist die Farbe beider Hälften gleich, so liest man den Hämoglobingehalt direct von der Scaia ab. — Die Fehlergrenzen dieser Bestimmungsmethode betragen bis 15 pCt.; ganz genaue Resultate giebt die photometrische Spectralanalyse nach **Vierordt**, deren Handhabung indess ziemlich schwierig ist.

Der Hämoglobingehalt ist wesentlich vermindert bei Chlorose, weniger bei secundärer Anämie und bei vorgeschrittener Leukämie.

Der absolute Hämoglobingehalt beträgt 13—15 g auf 100 ccm Blut, bei Frauen meist etwas weniger als bei Männern. — Hämoglobin zersetzt sich in Eiweiss und braunes Hämatin. Salzsaures Hämatin (= Hämin) bildet schöne Krystalle (**Teichmann**'sche), an deren Bildung man die kleinsten Spuren Blut erkennt.

Teichmann'sche Blutprobe. Man erwärmt wenig eingetrocknetes Blut mit 1—2 Tropfen Eisessig und einem ganz kleinen Körnchen Kochsalz auf dem Objectträger über freier Flamme zum Sieden and lässt langsam verdampfen; es bilden sich zahlreiche braungelbe Häminnadeln und Krystalle.

Die Reaction des Blutes ist alkalisch; die Alkalescenz nimmt in schweren Anämien und Leukämien ab, ebenso im Fieber und bei herabgekommenen Carcinomatösen.

Die Reaction des Blutes ist nicht einfach durch Lakmus etc. zu bestimmen, einmal wegen der störenden Eigenfarbe, besonders aber, weil im Blut verschiedene Säuren und Basen in wechselndem Sättigungsverhältniss enthalten sind. Am besten kann man die Alkalescenz beurtheilen nach dem Kohlensäuregehalt des Blutes, zu welchem die Alkalescenz in annähernd festem Verhältniss steht.

Die Bestimmung des specifischen Gewichts hat keinen diagnostischen Werth; es schwankt bei Gesunden zwischen 1045 und 1075.

Die spectroskopische Untersuchung des Blutes ist von Wichtigkeit für die Diagnose der Kohlenoxydvergiftung.

Normales Blut, stark mit Wasser verdünnt, zeigt die Absorptionsssreifen des Oxyhämoglobins in Gelb und Grün (zwischen den Frauenhofer'schen Linien D und E). Beim Zusetzen von verdünnter Schwefelammonlösung verschwinden die beiden Streifen und es entsteht (zwischen D und E) ein einziger Streifen von reducirtem Hämoglobin.

Das hellrothe Kohlenoxydblut zeigt, spectroskopisch betrachtet, ebenfalls zwei Streifen zwischen D und E, doch liegen dieselben etwas näher aneinander, als die Oxyhämoglobinstreifen. Beim Versetzen mit Schwefelammoniumlösung verschwinden die Streifen des CO-Hämoglobins nicht.

Bei Vergiftung mit chlorsaurem Kali, Anilin, Antifebrin (= Acetanilid) ist die Farbe des Blutes chocoladenartig, und bei der Spectroskopie sieht man ausser den beiden Oxyhämoglobinstreifen einen Absorptionsstreifen in Roth, welcher dem Methämoglobin angehört. Beim Zusatz von Schwefelammon verschwinden alle drei Streifen und es erscheint der eine Streifen des reducirten Hämoglobins.

Hauptsymptome der wichtigsten Blutkrankheiten.

Chlorose: Bei jugendlichen Personen, besonders Mädchen, doch auch bei Frauen, besonders nach Puerperien. Hautblässe, grosse Mattigkeit, oft Dyspepsie, Herzklopfen etc. Die wesentliche Veränderung des Blutes ist die starke Abnahme des Hämoglobingehalts ohne wesentliche Verminderung der rothen, und ohne Vermehrung der weissen Blutkörperchen. Prognose meist gut.

Leukocytose, die vorübergehende Vermehrung der weissen Blutkörperchen, ist ein Symptom vieler entzündlicher Krankheiten (besonders bei Pneumonie, Erysipel, Meningitis, und in chronischen Krankheiten besonders Carcinom. Bei Typhus fehlt Leucocytose. Physiologisch kommt sie während der Verdauung vor. Leucocytose kann bis zu einer Vermehrung auf 100,000 Leucocyten im cbmm Blut gehen. Der charakteristische Unterschied gegen Leukämie liegt in dem Nachweis der primären Krankheit und in dem ausschliesslichen Vermehrtsein der polynucleären Leucocyten. Prognose abhängig von der Grundkrankheit.

Leukämie. Starke Vermehrung der weissen Blutkörperchen, Verhältniss zu den rothen 1 : 60 bis 1 : 2. In den Anfangsstadien von Leucocytose dadurch zu scheiden, dass die Vermehrung der Leucocyten bei der Leukämie schnelle Fortschritte macht. Die rothen Blutkörperchen meist an Zahl vermindert, öfters kernhaltig, der Hämoglobingehalt verringert. Man unterscheidet folgende Formen, die jedoch vielfach in einander übergehen:

1. Lymphatische Leukämie: Schwellung vieler Lymphdrüsen. Vermehrt sind die Lymphocyten.

2. Myelogene Leukämie. Im Blute zahlreiche, eosinophile sowie mononucleäre Zellen, kernhaltige rothe Blutkörperchen.

3. Lienale Leukämie. Starker Milztumor. Auch hier viel eosinophile und mononucleäre Zellen. Alle drei Formen verlaufen in fortschreitender Kachexie und enden meist letal.

Pseudoleukämie nennt man ein unter dem klinischen Bilde der Leukämie (Kachexie, Drüsen- und Milzschwellung) verlaufendes Siechthum ohne den charakteristischen Blutbefund der Leukämie. Die Zahl der Leucocyten ist normal, die der rothen und der Hämoglobingehalt wenig vermindert.

Pseudoleukämie mit grossen Tumoren der Lymphdrüsen wird als Hodgkin'sche Krankheit bezeichnet.

Perniciöse Anämie. Die Zahl der rothen Blutkörperchen sehr vermindert bis 400,000 im cbmm. Poikilocyten, Makrocyten und Mikrocyten. Kernhaltige rothe Blutkörperchen und kernhaltige Gigantocyten. Der Hämoglobingehalt ist relativ vermehrt, die Leucocytenzahl normal oder sogar vermindert. Die Prognose meist infausta.

Secundäre Anämie. Bei schweren Dyspepsien, Anchylostomiasis, Carcinom, Phthisis, alter Syphilis, Malaria, amyloider Degeneration, chronischer Intoxication etc. Starke Verminderung der rothen Blutkörperchen, Makro- und Mikrocyten; selten kernhaltige Blutkörperchen; verminderter Hämoglobingehalt. Die Zahl der polynucleären Leucocyten ist vermehrt (Leucocytose). Die Prognose der secundären Anämie ist von der Grundkrankheit abhängig; gelingt es, diese zu beseitigen, so kann auch die Anämie heilen. — Secundäre Anämie kann in perniciöse übergehen; in einzelnen Fällen kann deswegen die Differentialdiagnose äusserst schwierig sein.

XII. Thierische und pflanzliche Parasiten.

I. Thierische Parasiten.

Die thierischen Parasiten, welche im Innern des menschlichen Körpers vorkommen, sind zum Theil unschädliche Haut- oder Darmschmarotzer und ohne diagnostische Bedeutung; zum Theil aber erzeugen sie durch ihre Lebensthätigkeit mehr oder weniger intensive Krankheiten, deren Behandlung vielfach unmittelbar von der richtigen Diagnose abhängig ist.

In der folgenden systematischen Uebersicht sind die hauptsächlichsten thierischen Parasiten enthalten:

I. **Protozoen** (Urthiere).
   a) Rhizopoden: Monadinen und Amoeba coli.
   b) Sporozoen: Coccidien.
   c) Infusorien: Cercomonas intestinalis, Trichomonas intestinalis, Paramecium coli.

II. **Vermes** (Würmer).
   a) Bandwürmer (Cestoden).
      1. Taenia solium.
      2. Taenia mediocanellata oder saginata.
      3. Botriocephalus latus.
      4. Taenia nana.
      5. Taenia flavopunctata.
      6. Taenia cucumerina.
      7. Taenia echinococcus.
   b) Saugwürmer (Trematodes).
      1. Distoma hepaticum.
      2. Distoma lanceolatum.
      3. Distoma haematobium.
   c) Spulwürmer (Nematodes).
      1. Ascaris lumbricoides.
      2. Ascaris mystax.

3. Oxyuris vermicularis.
4. Anchylostoma duodenale.
5. Trichocephalus dispar.
6. Trichina spiralis.
7. Anguillula intestinalis.
8. Filaria sanguinis.

III. **Arthrozoen** (Gliederthiere).
1. Acarus scabiei.
2. Acarus folliculorum.
3. Pediculi.
4. Pulex irritans.

Die oben genannten **Protozoen** sind ohne diagnostische Bedeutung; es sind kugelige, körnige Gebilde, ca. 10 μ lang, die Infusorien zum Theil grösser, mit Wimperhaaren oder Geisseln versehen, die sich theils in gesunden Faeces, theils bei chronischen Diarrhoen, auch im Scheidensecret vorfinden.

Bandwürmer.

Die Bandwürmer sind grösstentheils Darmschmarotzer; sie verursachen als solche eine Reihe dyspeptischer, dysenterischer und nervöser Symptome, die zum Theil äusserst quälend sind und nach der Abtreibung des Bandwurms verschwinden (Bandwurmkrankheit). Die Diagnose des Vorhandenseins eines Bandwurms ist nur durch den Nachweis abgegangener Proglottiden zu stellen.

Die Bandwürmer bestehen aus Kopf (Scolex) und Gliedern (Proglottiden); sie vermehren sich mittelst Generationswechsel. Aus dem Kopf sprossen die doppeltgeschlechtlichen Glieder hervor; die befruchteten Eier derselben kommen in den Magen eines anderen Thieres, des Zwischenwirths. Hier werden die Eihüllen verdaut, der Embryo wird frei; er gelangt in die Gewebe des Zwischenwirths und wird zur Finne (Cysticercus); kehrt die Finne mit der Nahrung in den Darm des Menschen zurück, so entsteht aus ihr ein neuer Bandwurm.

Taenia solium (Zwischenwirth: das Schwein), wird 2—3 m lang. Proglottiden 9—10 mm lang, 6—7 mm breit. Die Anfangsproglottiden kurz, allmälich an Grösse zunehmend. Der Kopf stecknadelkopfgross, unter dem Mikroskop sieht man vier vorspringende, meist pigmentirte Saugnäpfe und ein Rostellum mit 20—30 verschieden grossen Haken (Fig. 39). — Proglottiden haben seitliche Geschlechtsöffnung, wenig verzweigten Uterus. Die Eier oval, circa 0,036 mm lang, 0,03 mm breit, dicke Schale mit radiärer Streifung. Im Innern des Eies die Haken des Embryo sichtbar. — Die Finne (Cysticercus cellulosa) erbsengross,

Fig. 39.

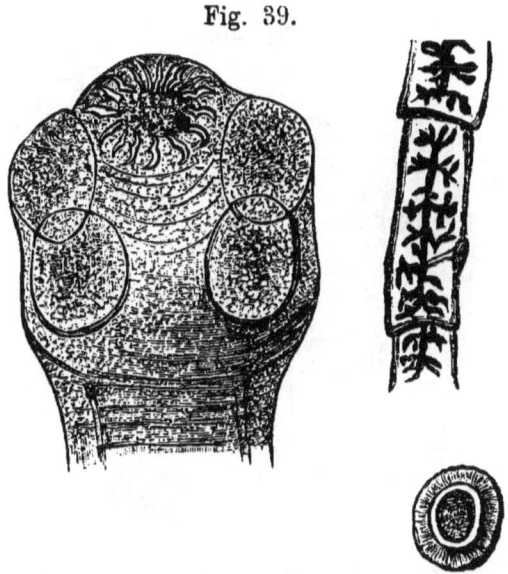

Mikroskopisches Bild von Taenia solium (Kopf, Proglottide, Ei).

kann in die Organe des Körpers gelangen (Haut, Muskeln, Gehirn, Auge), wenn durch Selbstinfection Eier in den Magen gekommen sind.

Taenia solium ist der im Darm am häufigsten vorkommende Bandwurm; an der Zartheit und Durchsichtigkeit der Glieder und den geringen (7—12) Verzweigungen des Uterus ist Taenia solium meist schon mit blossem Auge bezw. der Lupe von anderen Bandwürmern zu unterscheiden.

Cysticercus cellulosae der Haut meist leicht zu diagnosticiren: multiple, erbsen- bis bohnengrosse, verschiebliche Geschwülste; die Diagnose gesichert durch die Excision. Cysticercus im Auge wird ophthalmoskopisch erkannt. Cysticercus im Gehirn ist mit einiger Wahrscheinlichkeit zu diagnosticiren, wenn cerebrale Herdsymptome eintreten, ohne nachweisbare Aetiologie, und gleichzeitig Haut- oder Augencysticerken vorhanden sind.

Taenia saginata oder **mediocanellata** (Zwischenwirth das Rind), wird 4—5 m lang. Kopf ohne Rostellum und Hakenkranz, mit 4 sehr kräftigen Saugnäpfen (Fig. 40). Proglottiden, länger als T. solium, nach dem Kopf zu weniger an Grösse abnehmend. Seitliche Geschlechtsöffnung, Uterus sehr verzweigt. Eier etwas ovaler als T. solium, aber sehr ähnlich, die Haken des Embryo sind nicht sichtbar. In den Geweben des menschlichen Körpers entwickelt sich die Finne nicht.

Fig. 40.

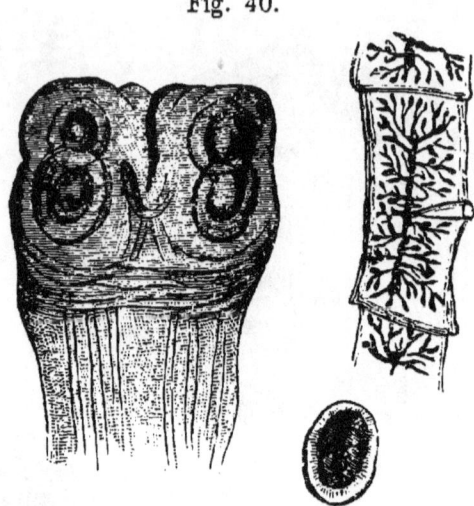

Mikroskopisches Bild von Taenia saginata (Kopf, Proglottide, Ei).

Die Glieder von Taenia mediocanellata sind bei der blossen Betrachtung daran zu erkennen, dass sie dicker und weniger zart sind, als die Glieder von T. solium, und dass der Uterus bedeutend mehr (15—20) Verzweigungen hat.

Botriocephalus latus (Zwischenwirth sind verschiedene Fische, Hecht, Lachs etc., geographische Verbreitung beschränkt, hauptsächlich Ostseeufer und Schweiz), 4—5 m lang (Fig. 41).

Fig. 41.

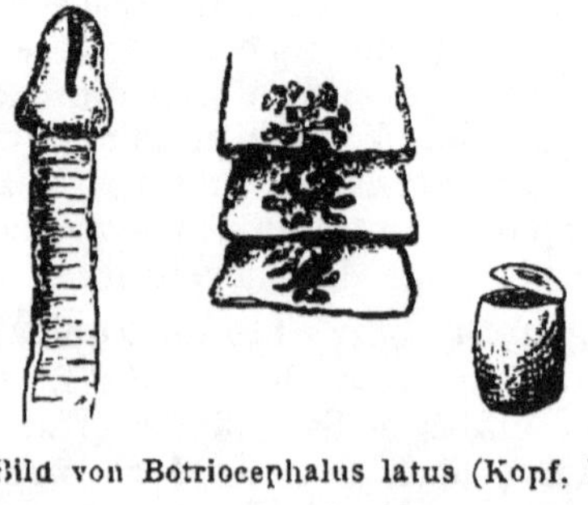

Mikroskopisches Bild von Botriocephalus latus (Kopf, Proglottide, Ei).

Kopf 2 mm lang, 1 mm breit, keulenförmig, in der Medianlinie desselben flächenständige Saugnäpfe. Anfangsglieder kurz und schmal, die Endglieder fast quadratisch; der eiergefüllte Uterus ist bräunlich, zeigt eine sternförmige Verzweigung. Eier oval, 0,07 mm lang, 0,045 mm breit, mit brauner Schale und kleinem Deckelchen.

Die Diagnose des Vorhandenseins von **Botriocephalus** ist von grosser Wichtigkeit, weil derselbe öfters schwere **Anämie** verursacht, welche nach der Abtreibung des Bandwurms zur Heilung kommt. Die Proglottiden von Botriocephalus sind an der Braunfärbung und Rosettenform des Uterus leicht zu erkennen.

Taenia nana, im Ganzen 10—15 mm lang, 0,5 mm breit, Kopf im Durchmesser 0,3 mm, mit Saugnäpfen und Rostellum; Glieder kurz, 4 mal so breit als lang. Uterus oblong. Eier im Durchschnitt 0,03—0,04 mm, mit doppeltmembranöser, nicht gestreifter Schale, im Innern der hakenbesetzte Embryo zu sehen. Im Darm können gleichzeitig 4—5000 dieser Taenien wohnen. Taenia nana ist bisher nur in südlichen Ländern gefunden (Italien, Aegypten), soll schwere psychische und nervöse Störungen verursachen.

Taenia flavopunctata und **Taenia cucumerina** sind ausserordentliche Seltenheiten.

Taenia echinococcus findet sich nur als Finne im menschlichen Organismus.

Der Bandwurm selbst lebt im Hundedarm, ist 4 mm lang. Der Kopf hat einen Hakenkranz mit 30—40 Haken; der Embryo kommt in den menschlichen Magen und Darm und wird in den Organen zur Blase, die aus einer äusseren geschichteten Lage (Cuticula, aus chitinartiger Substanz) und aus Parenchymschicht besteht, die Muskelfasern und ein Gefässsystem enthält; in der Parenchymschicht entwickelt sich der neue Kopf (Scolex), welcher mit Haken und Saugnäpfchen versehen ist. Die Echinococcusblase ist entweder einfach (**uniloculär**), kann aber als solche in der Cuticula viel Tochterblasen entwickeln, oder sie besteht aus einer Menge kleiner, mit gallertiger Flüssigkeit gefüllter Hohlräume, deren Wandung concentrische Schichtung zeigen (**multiloculär**).

Echinococcusblasen finden sich hauptsächlich in der Leber, seltener in Lunge, Gehirn, Herzen etc.

Die Symptome sind die einer grossen Cyste. Die Echinococcennatur derselben wird erkannt durch die Probepunction. In der gewonnenen Flüssigkeit gelingt es bisweilen die charakteristischen Bestandtheile: Membran und Haken (Fig. 42) mikroskopisch nachzuweisen, oder durch die chemische Untersuchung einige besondere Eigenschaften der Echinococcenflüssigkeit zu erkennen.

Fig. 42.

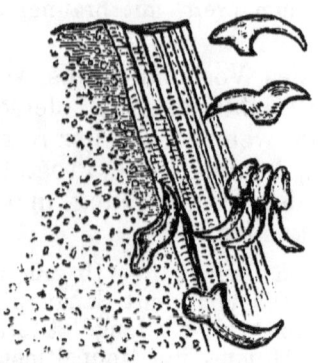

Echinococcusmembran und -Haken.

Die Echinococcenflüssigkeit ist meist klar, spec. Gewicht 1008—1013, enthält gar kein Eiweiss oder nur Spuren davon, dagegen reichlich Kochsalz, häufig Traubenzucker und Bernsteinsäure.

Der Nachweis der Bernsteinsäure wird folgendermassen geführt: Man dampft die Flüssigkeit ein, macht sie durch Zusatz von Salzsäure sauer und schüttelt sie mit Aether aus; der Aether wird verjagt, beim Vorhandensein von Bernsteinsäure bleibt ein Krystallbrei zurück, den man zu weiteren Reactionen mit Wasser aufnimmt. Mit Eisenchlorid giebt Bernsteinsäure rostfarbigen, gallertigen Niederschlag, im Reagensrohr stark erhitzt, entwickelt sie zum Husten reizende Dämpfe.

Saugwürmer (Trematoden).

Distoma hepaticum, von blattartiger Gestalt, mit stumpf kegelförmigem Kopf, bis 28 mm lang. Die Eier oval, 0,13 mm lang, 0,08 mm breit, mit Deckel versehen (Fig. 43). — Der Parasit ist beim Menschen sehr selten in den Gallengängen enthalten, die Eier sind selten im Darm gefunden worden; die diagnostische Bedeutung ist gering, nur ist die Möglichkeit von Verwechselungen mit diagnostisch wichtigen Eiern zu erwähnen.

Fig. 43.

Ei von Distoma hepaticum.

Distoma haematobium, nur in den Tropen vorkommend, im Pfortadervenensystem und in den Venen der Blase und des Rectums wohnend, verursacht Diarrhoen, Hämaturie und Schleimhautulcerationen.

Der männliche Wurm 12—14 mm lang, der weibliche 16 bis 19 mm lang, die Bauchseite des Männchens hat einen rinnen-

Thierische und pflanzliche Parasiten. 185

förmigen, nach unten offenen Canal, in welchem das Weibchen getragen wird. Eier (Fig. 44) finden sich in Lunge, Leber, Harnblase etc., sind 0,12 mm lang, 0,04 mm breit, am Ende oder an der Seite mit einem Stachel versehen.

Fig. 44.

Ei von Distoma haematobium.

Distoma lanceolatum, lancettförmiger Wurm, 7—8 mm lang, 2—3,5 mm breit, dem Distoma hepaticum sehr ähnlich, nur kleiner, die Eier 0,04 mm lang, 0,03 mm breit. Der Wurm selten in Gallenblase und Gallengängen, die Eier seltenerweise im Stuhl, ohne diagnostischen Werth.

Nematoden (Spulwürmer).

Ascaris lumbricoides, gemeiner Spulwurm; das Männchen wird 25 cm, das Weibchen bis 40 cm lang. Finden sich sehr zahlreich im Dünndarm des Menschen, sind im Ganzen unschädlich (nur selten werden Reflexkrämpfe etc. bei Kindern auf sie zurückgeführt). Die Eier sind im Stuhl reichlich enthalten, fast rund, gelbbraun, Durchmesser 0,06 mm, im frischen Zustand von einer gebuckelten Eiweisshülle umgeben (Fig. 45), auf diese folgt nach innen eine dicke, concentrisch gestreifte Schale und stark gekörnter Inhalt.

Oxyuris vermicularis, Madenwurm; das Männchen 4 mm, das Weibchen 10 mm lang, in grosser Menge im Darm enthalten; die Eier 0,05 mm lang und 0,02 mm breit, haben einen Rand mit doppelter und dreifacher Contur (Fig. 46). Der fadenförmige

Fig. 45. Fig. 46.

Ei von Ascaris lumbricoides.   Ei von Oxyuris vermicularis.

Wurm verlässt oft den Darm und ruft im und neben dem Anus sehr lästiges Jucken hervor.

Anchylostoma duodenale. Dieser Wurm hat die grösste diagnostische Wichtigkeit, weil er durch Ansaugen der Darmwand schwere Anämie erzeugt, die unter dem klinischen Bilde der perniciösen Anämie verlaufen kann.

Anchylostoma findet sich bei Ziegelbrennern, Berg- und Tunnelarbeitern, und wenn bei solchen Personen Anämie eintritt, ist stets der Stuhlgang auf Anchylostoma zu untersuchen. So lange kein Anthelminticum (Extr. filicis maris) gegeben ist, sind bloss die Eier im Stuhl enthalten.

Das Männchen ist 8—12 mm, das Weibchen 10—18 mm lang, das Männchen hat ein dreilappiges, das Weibchen ein konisch zugespitztes Schwanzende; das Kopfende hat eine mit 4 klauenförmigen Zähnen versehene Mundkapsel. Die Eier (Fig. 47) sind 0,05 mm lang, 0,03 mm breit, oval, mit glatter Oberfläche, im Innern mehrere Furchungskugeln sichtbar. Sind die Eier nicht sicher zu erkennen, so lässt man die Fäcalienprobe 2 bis 3 Tage warm stehen und mikroskopirt nochmals, in Eiern von Anchylostoma hat die Furchung dann bedeutend zugenommen; oder man reiche Extr. filic. maris, um durch den Abgang von Anchylostoma-Würmern die Diagnose zu sichern.

Trichocephalus dispar, Peitschenwurm (Fig. 48), kommt im Dickdarm vor, ohne diagnostische Bedeutung. Männchen 4 cm, Weibchen 5 cm lang. Die Eier im Stuhl ziemlich häufig, bräunlich, 0,06 mm lang, 0,02 mm breit, mit doppelt conturirter Schale, an den Polen von zwei glänzenden Deckelchen verschlossen.

Trichina spiralis. Findet sich im menschlichen Körper als Muskeltrichine und Darmtrichine. Mit dem trichinösen Schweinefleisch gelangen Muskeltrichinen in den Magen und Darm, hier wird die Kapsel gelöst und es werden Männchen (1,3 mm lang) und Weibchen (3 mm lang) frei, welche sich befruchten; die nach 5—7 Tagen geborenen jungen Trichinen durchbohren den Darm und gelangen mit dem Blutstrom in die Muskeln, wo sie sich einkapseln können (Fig. 49). Die Diagnose der Trichinen wird gesichert, entweder durch den auf Darreichung von Anthelminticis erfolgenden Abgang von Darmtrichinen oder durch

Fig. 47.

Ei von Anchylostoma duodenale.

Fig. 48.

Ei von Trichocephalus dispar.

Fig. 49.

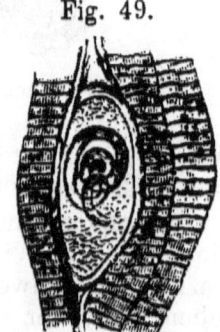

Trichine im Muskel.

den Nachweis von Muskeltrichinen. Die Symptome der Trichinenkrankheit bestehen in der Zeit des Darmaufenthalts der Trichinen in den Zeichen der Gastroenteritis, nachher in den Zeichen multipler Muskelabscesse.

Anguillula intestinalis (Rhabdonema strongyloides, Leuckart), 2,25 mm lang mit abgerundetem, undeutlich quergestreiftem Körper, im Dünndarm reichlich enthalten. Die Eier haben eine ausserordentliche Aehnlichkeit mit Anchylostoma duodenale, und in einzelnen Fällen kann die Scheidung dieser Eier von grosser Wichtigkeit sein. Eine schädliche Wirksamkeit ist nicht bekannt.

Filaria sanguinis kommt nur in den Tropen vor, bewirkt Hämaturie und Chylurie. Im Blut kreisen ausserordentlich viel Embryonen: von dünner Membran umgebene, zarte Würmer, mit lebhafter Eigenbewegung, 0.35 mm lang, ungefähr so breit wie ein rothes Blutkörperchen. Auch im Urinsediment sind sehr reichlich Embryonen enthalten.

Filaria medinensis, ebenfalls nur in den Tropen, sehr langer (bis 80 cm), ganz schmaler Wurm (circa 1 mm breit); durch denselben werden schwere Furunkel veranlasst.

Arthrozoen (Gliederthiere).

Kopflaus (pediculus capitis), **Kleiderlaus** (pediculus vestimenti s. corporis humani), **Filzlaus** (pediculus pubis) sind diagnostisch zu berücksichtigen, weil durch ihre Bisse **Ekzeme** und **Excoriationen** gesetzt werden, welche leicht mit anderen Hautaffectionen verwechselt und eventuell falsch behandelt werden können.

Menschenfloh (pulex irritans) und **Wanze** (acanthia lecticularia) sind hier zu erwähnen, weil Flohstiche eine gewisse Aehnlichkeit mit Petechien haben und hin und wieder zu der Diagnose Purpura verführen können, während die nach Wanzenstichen auftretenden Quaddeln eine entfernte Aehnlichkeit mit Roseolaflecken haben.

II. Pflanzliche Parasiten.

1. Schimmel- und Sprosspilze.

Schimmelpilze sind blüthenlose Pflanzen (Kryptogamen), ohne Stamm und Blätter, mit einfachem Laub (Thallophyten). Das Laub (Thallus) besteht aus (chlorophyllosen) Zellen ohne Kern. Sie vermehren sich **niemals durch Spaltung**, sondern durch Spitzenwachsthum, indem sie lange Fäden (Hyphen) bilden. Durch die Verzweigung der Fäden entsteht ein dichtes Flechtwerk (Mycelium). Einzelne Hyphen zeichnen sich durch besondere Wachsthumsverhältnisse aus, die Fruchthyphen; auf ihnen entwickeln sich die Früchte (Sporen oder Conidien genannt). Nach der Art, wie sich aus dem Mycel die Fruchthyphen und aus diesen die Conidien bilden, werden die Schimmelpilze in verschiedene Gruppen eingetheilt (Mucorineen, Aspergillen, Penicillien etc.).

Spross- oder Hefepilze bilden weder Hyphen noch Mycel; sie bestehen nur aus einzelnen, chlorophyll- und kernlosen Zellen, welche sich durch Sprossung vermehren: an der Oberfläche der Mutterzelle entsteht eine Ausbuchtung, welche wächst und sich schliesslich abschnürt; oft bleiben grosse Zellencolonien vereinigt und bilden einen Spross- oder Hefeverband.

Es giebt **Uebergangsformen** zwischen Schimmel- und Sprosspilzen, welche unter gewissen Ernährungsbedingungen Hyphen bilden, unter anderen Bedingungen nur in Sprossverbänden wachsen. Zu ihnen gehört hauptsächlich der Soorpilz.

Achorion Schönleinii, der Pilz des Favus, der erste sicher erkannte pflanzliche Parasit des Menschen.

Trichophyton tonsurans, der Pilz des Herpes tonsurans und der Sycosis parasitaria.

Beide Pilze haben reich verzweigtes Mycel mit deutlich gegliederten Hyphen, beim Favus meist rechtwinklig verästelt.

Diese Pilze lassen sich in charakteristischen Culturen rein züchten; durch die Reinculturen lässt sich auf der Haut typischer Favus bezw. Herpes erzeugen.

Mikrosporon furfur, der Pilz der Pityriasis versicolor. Der Nachweis dieses Pilzes ist von diagnostischer Wichtigkeit, weil die gelb gefärbten Epidermisschuppen der Pityriasis (meist bei kachektischen Krankheiten, besonders Phthise) leicht mit wirklichen Pigmentirungen verwechselt werden können; die Schuppen der Pityriasis sind leicht abzuschaben und zeigen unterm Mikroskop, besonders scharf nach dem Zusatz von einigen Tropfen Kalilauge, ein durcheinander gewirrtes Mycel mit Haufen glänzender Conidien.

Aspergillus- und Mucorarten finden sich bisweilen im äusseren Gehörgang, den Nasenhöhlen, im Nasenrachenraum; doch sind die dadurch hervorgerufenen Krankheitserscheinungen wesentlich mechanischer Natur. Schimmelpilzwucherungen in der Lunge (Pneumonomycosis aspergillina) sind meist secundäre Ansiedelungen in schon bestehenden Gewebsnecrosen oder Höhlungen.

Thierische und pflanzliche Parasiten. 189

Sprosspilze finden sich oft im gährenden Mageninhalt, hauptsächlich bei Dilatationen, chronischem Katarrh, Carcinom. Durch diese Pilze wird Zucker in Alkohol und Kohlensäure zerlegt.

. Soorpilz (Sacharomyces oder Oidium albicans) (Fig. 50)

Fig. 50.

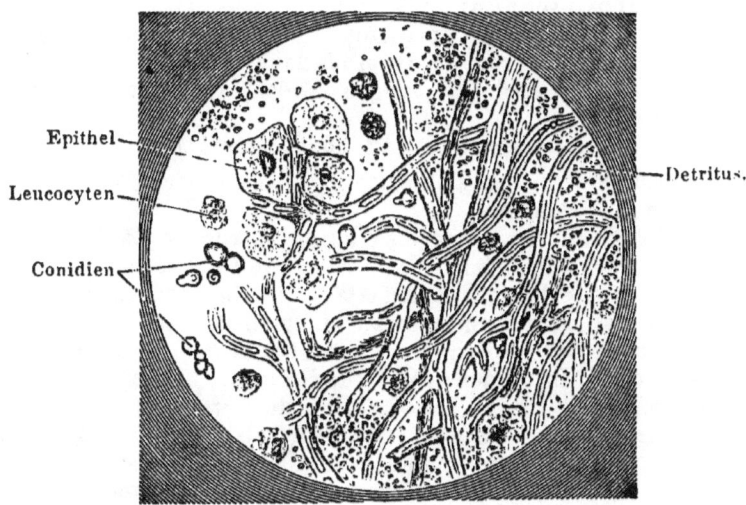

Soorpilz.

vermag Plattenepithel zu necrotisiren und ist so die Ursache der grauweissen membranösen Plaques in der Mundhöhle schlecht genährter Kinder und schwerer Kranker. Auch in anderen mit Plattenepithelien versehenen Organen können Soormembranen entstehen (Oesophagus, Vagina). Der Soorpilz gedeiht auf zuckerreichem und saurem Nährboden als reiner Sprosspilz (so im Magen), auf alkalischem mit reichlicher Hyphenbildung und Conidien (so meist im Munde).

2. Spaltpilze (Schizomyceten = Bakterien).

In diese Kategorie der kleinsten Lebewesen (Mikroorganismen) gehören die Erreger der Infectionskrankheiten; der Nachweis der specifischen Mikroorganismen ist für einzelne Infectionskrankeiten in der Klinik unentbehrlich.

Biologisches über die Bakterien.

Die Bakterien sind die am tiefsten stehenden Glieder des Pflanzenreichs. Sie treten in folgenden Formen auf:
1. **Kugelbakterien** oder **Micrococcen**; diese sind in Ketten angeordnet (**Streptococcen**), oder in traubenartigen Häufchen (**Staphylococcen**), oder zu zweien (**Diplococcen**).
2. **Stäbchenbakterien** oder **Bacillen**; diese kommen gekrümmt vor (**Kommaformen** oder **Vibrionen**), wachsen auch zu langen Fäden aus (**Leptothrixformen**).
3. **Schraubenbakterien** oder **Spirillen**.

Dichtes Gewirr von Bakterien, Stäbchen oder Coccen wird als **Zooglaea** bezeichnet.

Die Bakterien vermehren sich durch successive Zweitheilung; ausserdem existirt bei vielen Bakterien **Sporenbildung**, indem sich in dem Mutterbacterium ein stark lichtbrechendes Körnchen differencirt, frei wird und nun zu einem neuen Bacterium auswächst. Die Sporen stellen die **Dauerform** der Bakterien dar; die eigentlichen Bakterien (**Wuchsformen**) gehen bei Einwirkung mässiger Hitze (50—60⁰) oder wenig concentrirter antiseptischer Lösung (3 proc. Carbolsäure) in kurzer Zeit zu Grunde; dagegen sind die Sporen äusserst widerstandsfähig gegen jeden äusseren Einfluss und werden mit Sicherheit getödtet nur durch halbstündige Einwirkung strömenden Wasserdampfes von 100⁰ oder dreistündige Einwirkung trockener Hitze von 110⁰. Durch die gewöhnlichen Verdünnungen antiseptischer Mittel werden die Sporen nicht mit Sicherheit vernichtet. Man unterscheidet **pathogene** und **nicht pathogene** Bakterien; die letzteren vermögen sich im lebenden Organismus nicht zu entwickeln, sie vegetiren auf abgestorbenem Material (als **Saprophyten**), indem sie **Fäulniss** und **Gährung** erregen.

Die pathogenen Parasiten gedeihen im lebenden Organismus der Menschen und Thiere, indem sie die **Infectionskrankheiten** erzeugen; doch vegetiren auch einige parasitäre Bakterien auf todtem Material, z. B. Milzbrandbacillen; man bezeichnet diese als **facultative Parasiten**.

Die Stoffwechselproducte der Bakterien werden als **Ptomaine**, wenn sie giftig sind, als **Toxine** bezeichnet (**Brieger**). Ptomaine der Saprophyten sind Ammoniak, verschiedene Amine: Methylamin, Aethylamin, Tetramethylendiamin (Putrescin), Pentamethylendiamin (Cadaverin). Daneben Cholin, Neurin etc.

Die Ptomaine der parasitären Bacterien sind als das eigentliche krankmachende Agens zu betrachten; man kennt bisher das Product des Typhusbacillus, Typhotoxin, des Tetanusbacillus,

Tetanin, Tetanotoxin und Spasmotoxin, und einige andere Toxine; einige Toxine sind eiweissartige Stoffe (Toxalbumine, C. Fränkel und Brieger).

Nachweis der Bakterien.

Für klinische Zwecke handelt es sich meist um Untersuchung von Eiter, Sputum, Blut; man begnügt sich mit der Herstellung und Färbung von Trockenpräparaten. In manchen Fällen ist dies jedoch nicht ausreichend und man muss sich des Koch'schen Culturverfahrens bezw. der Ueberimpfung auf Thiere bedienen.

Herstellung des Trockenpräparates. Man tupft ein kleines Partikelchen des zu untersuchenden Saftes etc. auf ein ganz sauberes Deckglas, legt vorsichtig ein anderes Deckglas darauf und zieht die beiden Deckgläser mehrere Male an einander vorüber, um die auf dem Deckglas befindliche Schicht so fein als möglich zu vertheilen. Hierauf lässt man es ruhig liegen, die präparirte Fläche nach oben, bis es lufttrocken geworden ist; dann fasst man es mit der Pincette und zieht es mit der Bewegung des Brodschneidens 2—3 mal durch die Flamme; hierdurch wird das Eiweiss coagulirt und man kann das Deckglas nun der Färbeflüssigkeit übergeben.

Färbung des Trockenpräparates. Man hält sich concentrirte alkoholische Lösungen der basischen Anilinfarben vorräthig (Bismarckbraun, Methylenblau, Methylviolet oder Gentianaviolet, Fuchsin[roth], Malachit[grün]). Dieselben werden bereitet, indem man das krystallinische Pulver der Farbstoffe im Ueberschuss in Alkohol löst, nach dem Durchschütteln mehrere Stunden stehen lässt und dann filtrirt. Von der concentrirten alkoholischen Lösung thut man 4—5 Tropfen in ein Schälchen voll destillirten Wassers und auf dieser Farblösung lässt man das Trockenpräparat 2—4 Minuten, die präparirte Seite natürlich nach unten, schwimmen; dann spült man es mit Wasser ab, drückt es zwischen Filtrirpapier trocken, legt es auf den Objectträger in Nelkenöl oder Canadabalsam und betrachtet es mit Oelimmersion, bei offener Blende, mit Abbé'schem Lichtsammel-Linsensystem.

Um schnell zu färben, kann man auf das Trockenpräparat direct einige Tropfen concentrirter wässeriger Lösung auftropfen.

Das beschriebene Verfahren ist für klinische Zwecke durchaus ausreichend.

Die Anilinfarben färben intensiv die Mikroorganismen und die Zellkerne; das Zellprotoplasma ist ganz schwach gefärbt.

Eine ganz isolirte Färbung der Bakterien wird durch das Gram'sche Verfahren bewirkt, indem die Trockenpräparate zuerst in Anilinwasser-Gentianalösung (s u. Tuberkelbacillen) 3 Minuten belassen werden, alsdann eine Minute in Jodjodkalilösung verbleiben (Jod 1,0, Kali jodati 2,0, Aq. dest. 300,0) und nun bis zur gänzlichen Entfärbung in Alkohol abgespült werden. Die Bakterien erscheinen danach auf farblosem Grunde blauschwarz gefärbt; man kann dann die Kerne mit einer anderen Anilinfarbe, z. B. Bismarckbraun, nachfärben.

Färbung der Tuberkelbacillen.

1. Ehrlich'sche Methode. Aus dem Sputum werden, wie oben vorgeschrieben, Trockenpräparate gefertigt; das dazu verwandte Sputumpartikelchen muss aus einer rein eitrigen Partie, am besten einem käsigen Pfropf stammen; man giesst am besten das Sputum auf einen schwarzen Teller und sucht mit gekrümmter Pincette.

Die Farbeflüssigkeit ist Anilinwasser-Gentianaviolet, sie wird folgendermassen bereitet: Anilinöl wird mit dem zehnfachen Volum Wasser durchgeschüttelt, nach dem Absetzen filtrirt; zu einem Glasschälchen voll klaren Anilinwassers tropfenweise alkoholische Gentianavioletlösung, bis ein schillerndes Häutchen sichtbar wird.

Das Glasschälchen wird auf einem Drahtnetz über der Flamme erhitzt; in der heissen Lösung bleibt das Trockenpräparat zehn Minuten. Danach wird das Präparat mit der Pincette herausgenommen, einmal in Wasser getaucht, mehrere Male in einer verdünnten Salpetersäure (1:3) umgeschwenkt und nun gut in Wasser abgespült, bis es farblos ist; nun sind nur noch die Tuberkelbacillen gefärbt, denn kein anderes Bacterium hält die Farbe gegen Säure fest: jetzt noch 2—3 Minuten in Bismarckbraunlösung nachgefärbt, in Wasser abgespült und getrocknet.

Die Tuberkelbacillen sind violet, die Kerne braun gefärbt.

Man kann auch in das Anilinwasser alkoholische Fuchsinlösung tropfen und mit Malachit oder Methylenblau nachfärben, dann sind die Tuberkelbacillen roth, die Kerne grün bezw. blau gefärbt.

2. Gabbet'sche Schnellfärbemethode. Man halte folgende Lösungen vorräthig:

   A. Fuchsin 1,0
     Spirit. 10,0
     Ac. carbolic. 5,0
     Aq. destill. 100,0
   B. Methylenblau 2,0
     Acid. sulf. 25,0
     Aq. destill. 100,0

Das Trockenpräparat bleibt 10 Minuten in einem Uhrschälchen mit der Lösung A, wird in Wasser abgespült, getrocknet, kommt auf 3 Minuten in ein Uhrschälchen mit Lösung B, wird wieder in Wasser gespült und getrocknet, in Nelkenöl oder Canadabalsam besichtigt. Die Tuberkelbacillen sind roth, alles Uebrige blau gefärbt. Das Verfahren giebt absolut sichere und sehr saubere Resultate.

Die für die innere Diagnostik wichtigen Bakterien.

Eiterbakterien. a) **Staphylococcus**; in Häufchen angeordnet; färbt sich mit allen Anilinfarben; je nachdem er in der Cultur gelbe oder weisse Colonien bildet, als Sta-

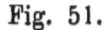

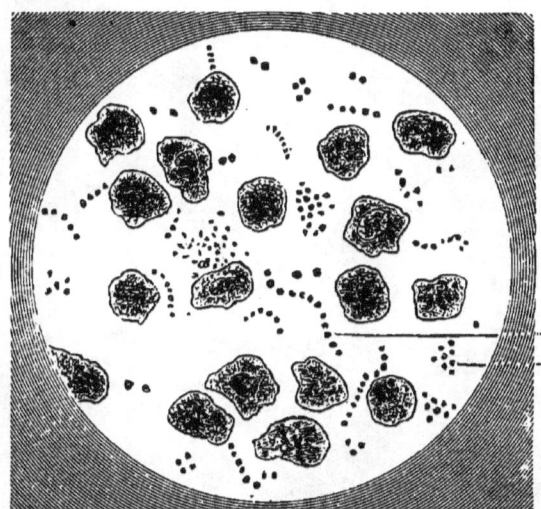

Trockenpräparat von frischem Abscesseiter.

phylococcus pyogenes aureus oder albus bezeichnet. Kann bei allen Eiterungen vorkommen (Abscessen, Phlegmonen, eitrigen Entzündungen seröser Häute, Osteomyelitis, Eiterungen nach Typhus etc.). b) **Streptococcus**, in Kettenform, ebenfalls in vielen Eiterungen; die Streptococceneiterung ist maligner und hat die Tendenz weiteren Fortschreitens als die mehr gutartige Staphylococceneiterung.

Eine besondere Art von Streptococcus ist der Erreger des Erysipels, eine andere macht Puerperalfieber, andere Endocarditis. Die verschiedenen Arten Streptococcen sind nur durch sehr feine Culturdifferenzen zu scheiden.

Gonococcen (Neisser), „semmelförmig" angeordnete Diplococcen, die meist das Protoplasma der Eiterzellen ganz ausfüllen und nur den Kern freilassen. Finden sich nur im Eiter des Trippers oder der gonorrhoischen Infection (Blennorhoe, Cystitis, Gonitis), der Nachweis sicherer Gonococcen entscheidet die oft schwankende Diagnose.

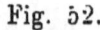

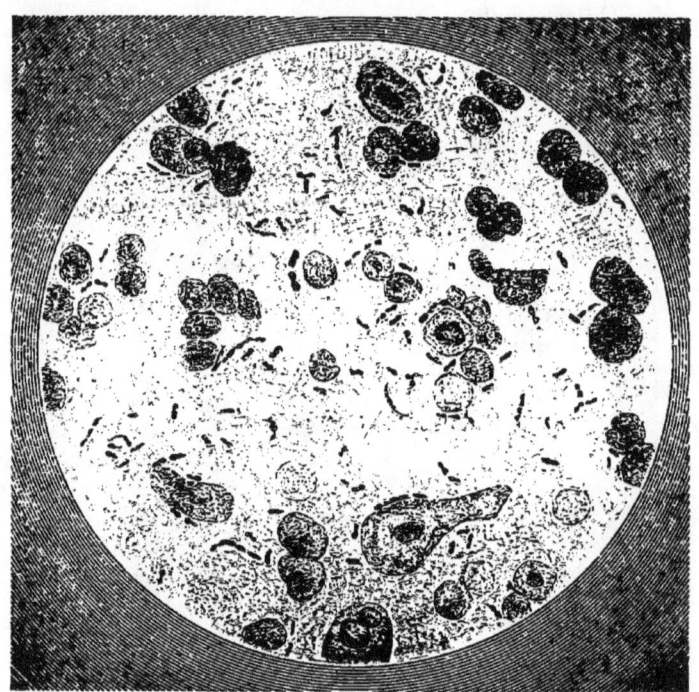

Trockenpräparat von pneumonischem Sputum.

Pneumonie-Diplococcen (A. Fränkel) (Fig. 52) lancettförmige Diplococcen, die sich regelmässig im fibrinösen Exsudat pneumonischer Lungen wie im rubiginösen Sputum finden. Schon die mikroskopische Betrachtung lässt den Pneumococcus mit grosser Wahrscheinlichkeit erkennen; gesichert ist seine Diagnose erst durch die Cultur, sowie die Uebertragung auf Kaninchen, Meerschweinchen oder Mäusen, welche danach an typischer Septicämie zu Grunde gehen. Das Fehlen der Pneumococcen im Sputum spricht gegen Pneumonie, das Vorkommen nicht absolut sicher für Pneumonie, da der Pneumococcus auch im Sputum von Gesunden vorkommt. Das Vorkommen des Pneumococcus im Empyemeiter lässt dessen pneumonische Aetiologie erkennen. Ausserdem kann der Pneumococcus Meningitis hervorrufen.

Thierische und pflanzliche Parasiten. 195

Typhusbacillen (Fig. 53), kurze Stäbchen mit abgerundeten Enden; finden sich in allen Localisationen des Ty-

Fig. 53.

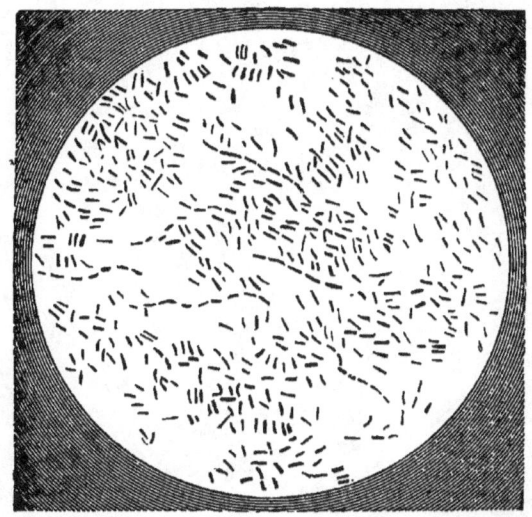

Reincultur von Typhusbacillen.

Fig. 54.

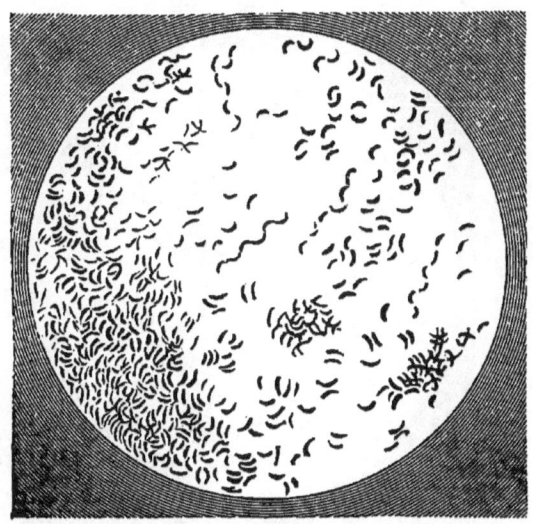

Reincultur von Cholerabacillen.

196 Thierische und pflanzliche Parasiten.

Fig. 55.

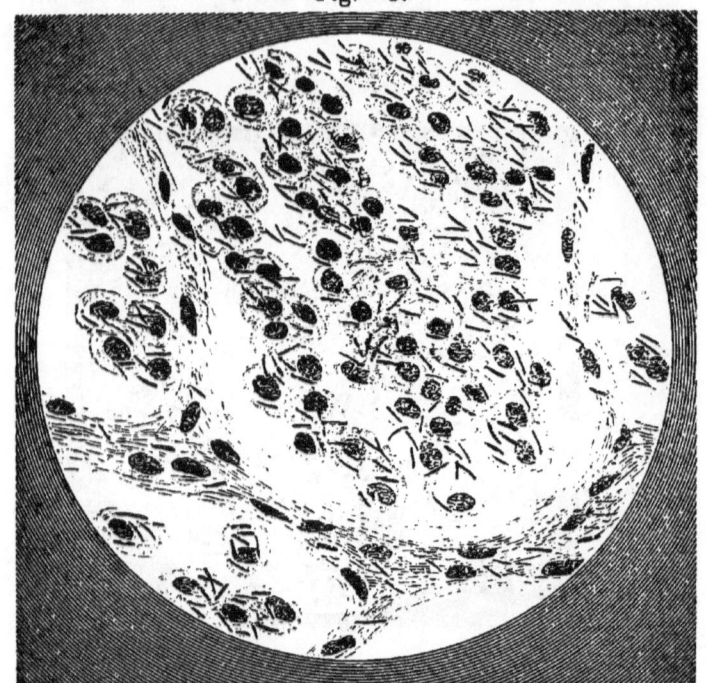

Sputum eines Tuberculösen.

Fig. 56.

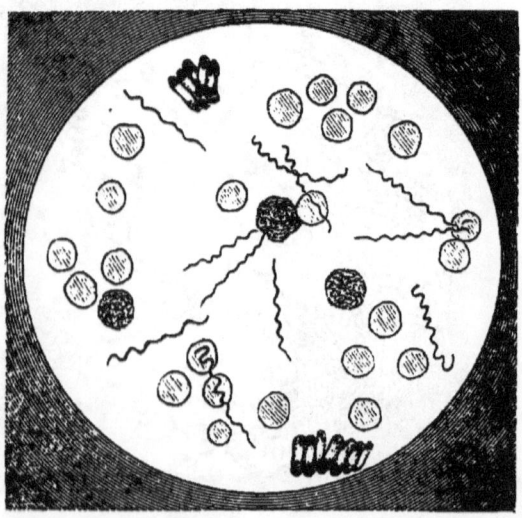

Blut eines Recurrenskranken im Fieberanfall.

phusprocesses (Darm, Milz, Lunge, Roseola, auch in späten Abscessen), doch ist das mikroskopische Bild wenig charakteristisch und erst das Culturverfahren beweisend; namentlich die Kartoffelcultur (für das blosse Auge schwer sichtbarer Rasen) ist charakteristisch.

Cholerabacillen (Koch) (Fig. 54), kurze, gekrümmte Stäbchen (Kommabacillen), die sich in den Cholerastühlen in grösster Menge finden; doch ist für die Diagnose das Culturverfahren unerlässlich, da sich in den Faeces saprophytische Kommaformen finden wie die Finkler-Prior'schen Bacillen, deren Cultur sich von der der Cholerabacillen durchaus unterscheidet.

Tuberkelbacillen (Koch) (Fig 55), schlanke Stäbchen, ca. $^3/_4$ eines rothen Blutkörperchen gross, von durchaus charakteristischen Farbenreactionen (s. o.). Das Vorkommen des Tuberkelbacillus in einem Organ ist der absolut sichere Beweis daselbst bestehender Tuberculose; findet sich im Sputum (Lungentuberculose), Harn (Urogenitaltuberculose), Blut (Miliartuberculose), Faeces (Darmtuberculose), Eiter (Knochentuberculose, Empyem etc.), Haut (Lupus).

Recurrensspirillen (Obermeier) (Fig. 56) finden sich im Blut bei Febris recurrens, nur im Anfall, sind ungefärbt bei starker Vergrösserung in lebhafter Bewegung zu erkennen, färben sich im Trockenpräparat mit allen Anilinfarben.

Milzbrandbacillen, dicke grosse Stäbchen, schon im Trockenpräparat ziemlich deutlich zu erkennen; sichergestellt durch die Uebertragung auf Mäuse, welche 1—2 Tage nach der Impfung zu Grunde gehen; das Blut der Mäuse ist dann vollgestopft von Milzbrandbacillen. Diagnostisch sehr wichtig, weil Milzbrand beim Menschen grosse Carbunkel bildet, welche nur durch den Nachweis der Bacillen als specifisch erkannt werden.

Die **Diphtheriebacillen** (Löffler) und die **Tetanusbacillen** haben bisher keine diagnostische Wichtigkeit gewonnen.

Actinomyces, der Strahlenpilz, ist als Ursache der Actinomycose, einer mit chronischen Eiterungen verlaufenden Infectionskrankheit, von diagnostischer Bedeutung. In dichten Haufen bildet der Strahlenpilz mohngrosse gelbliche Körnchen, die bei mikroskopischer Betrachtung sich auflösen in eine Reihe traubenförmig angeordneter Fadenpilze mit peripherischen keulenförmigen Anschwellungen.

Sachregister.

A.

Abdomen 68.
Abdominalathmung 78.
Abdominaltumoren 70.
Abdominaltyphus 20.
Abducenslähmung 33.
Accidentelle Geräusche 117.
Aceton und Acetessigsäure im Harn 137.
Achillessehnenreflex 39.
Achorion Schönleinii 188.
Actinomyces 197.
Acuter Gelenkrheumatismus 25.
Acute Miliartuberculose 25.
Acute hämorrhagische Nephritis 154.
Aegophonie 92.
Aetherschwefelsäuren 139.
Agitatio 6.
Agone 12.
Albuminimeter 130.
Alkalische Harnreaction 127.
Alveolarepithelien 96.
Ammoniak im Urin 140.
Amphorisches Athmen 89.
Amyloidleber 73.
Amyloidniere 155.
Anämie 177.
Anästhesie 41.
Analgesie 41.
Anamnese 1, 4.
Anarthrie 35.
Anatomie d. Gehirns u. Rückenmarks 28.
Anchylostomum duodenale 185.
Aneurysma der Brustaorta 124.
Angina follicularis 25.
Angina pectoris 110.
Anguillula intestinalis 187.
Angulus Ludovici 77.
Antifebrin im Urin 152.
Antipyrin im Urin 152.
Aortenaneurysma 108, 124.
Aorteninsufficienz 123.
Aortenstenose 123.
Apathie 26.
Aphasie 35.
Aphonie 104.
Appetit 50.
Arsennachweis im Urin 150.
Arterientöne 118.
Arteriosklerose 124.
Arthrozoen 187.
Ascaris lumbricoides 185.
Ascites 69.
Aspergillen 188.
Asthma 79.
Asthmakrystalle 98.
Asthmaspiralen 98.
Ataxie 35.
Athetose 38.
Athmungsgeräusche 88.
Atonie des Stimmbandes 109.

Atrophie bei Lähmungen 31.
Aufblähung des Magens 51.
Auffällige Symptome 11.
Aufstossen 57.
Auscultation der Gefässe 118.
— des Herzens 116.
— des Thorax 88.
— der Stimme 92.
Ausnutzung der Nahrungsmittel 166.
Auswurf 92.
Axillarlinie 81.

B.

Bacillen 190.
Bakterien 189.
Bandwürmer 180.
Bernsteinsäure 184.
Biermer'scher Schallwechsel 87.
Bilirubin im Urin 132.
Biliverdin 132.
Biuretreaction 140.
Blässe 6.
Blasenepithelien 149.
Blasenkrebs 157.
Blasensteine 157.
Bleinachweis im Urin 151.
Blick 6.
Blut 170.
— Hämoglobingehalt dess. 175.
— Menge 177.
— Reaction 176.
— specifisches Gewicht 176.
— spektroskopische Untersuchung dess. 176.
— im Stuhl 66.
— im Urin 131.
Blutbrechen 59.
Blutfarbstoff im Harn 132.
Blutkrankheiten 169.
Blutkörperchen, kernhaltige rothe 174.
— rothe 170.
— weisse 174.
— Färbung ders. 173.
— Messung ders. 173.

Blutkörperchen, Zählung ders. 172.
Blutkörperchencylinder 149.
Blutproben 131.
Blutspeien 93.
Blutuntersuchung 169.
Böttcher'sche Zuckerprobe 134.
Bothriocephalus latus 182.
Bradycardie 119.
Braune Harncylinder 149.
Briefcouvertkrystalle 146.
Bright'sche Krankheit 153.
Bromnachweis im Harn 150.
Broncefärbung 7.
Bronchialabgüsse 94.
Bronchialathmen 89.
Bronchitis 101.
Bronchophonie 92.
Bruit de pot fêlé 86.
Brustschmerzen 75.
Bulbärparalyse 50.
Bulimie 56.
Burdach'sche Stränge 30.

C.

Cadaverin 190.
Cadaverstellung der Stimmbänder 107.
Calorienbedürfniss des Gesunden 161.
Calorienwerth der Nahrungsstoffe 161.
Capillarpuls 123.
Caput Medusae 70.
Carbolnachweis im Harn 151.
Carbonate im Harn 140.
Carcinoma hepatis 73.
— ventriculi 65.
Cardiales Asthma 111.
Carotidentöne 118.
Cavernen 85.
Celerität des Pulses 120.
Cestoden 180.
Charcot-Leyden'sche Krystalle 93.
Cheyne-Stokes'sches Athemphänomen 79.

Chinin im Harn 151.
Chloride im Harn 139.
Chlorose 176.
Cholerabacillen 197.
Cholesterinkrystalle 99.
Choreatische Bewegungen 37.
Chronische Nephritis 155.
Chylurie 139
Circulationskrankheiten 110.
Cirrhosis hepatis 73.
Coccen 190.
Collaps 11.
Coma 26.
Complementärluft 80.
Conidien 187.
Constanter Strom 43.
Constitution 5.
Costalathmung 78.
Cremasterreflex 38.
Crupöse Pneumonie 19.
Cruralarteriendoppelton 119.
Curschmann'sche Spiralen 98.
Cyanose 7.
Cyclische Albuminurie 129
Cylinder im Harn 149.
Cysticercus 181.
Cystin im Harn 146.
Cystinsteine 158
Cystitis 127, 157.

D.

Damoiseau'sche Curve 100.
Dämpfung über den Lungen 84.
Darmtrichine 176.
Delirien 27.
Diabetes mellitus 135.
— Stoffwechsel bei dems. 167.
Diarrhoe 67.
Diastolische Geräusche 117, 119.
Diazoreaction 138
Dicrotie des Pulses 122.
Dilatatio ventriculi 65.
Diphtherie 25.
Diphthriebacillen 197.
Diphthonie 105.
Diplococcen 190.

Distoma haematobium 184.
— hepaticum 184.
— lanceolatum 185.
Dreitheiligkeit der Stimme 105.
Druckpunkte 40.
Drucksinn 42.
Durchpressgeräusch 55.
Dyspepsie 56.
Dyspnoe 8, 78.

E.

Echinococcus 183.
— der Leber 73.
— im Sputum 99.
Ehrlich's Diazoreaction 138.
Einhorn's Saccharimeter 136.
Eisen im Harn 150.
Eiterbakterien 193.
Eiterfieber 22.
Eiweiss im Harn 128.
Eiweissbestimmung, quantitativ 130.
Eiweissproben 129.
Eiweissumsatz 162.
Eklampsie 36.
Elasticitätselevation des Pulses 122.
Elastische Fasern 97.
Elektrische Erregbarkeit 42.
Elektrocutane Sensibilität 42.
Empfindungsqualitäten 41.
Emphysem 101.
Entartungsreaction 35, 48.
Eosinophile Zellen 175.
Epidemische Meningitis 25.
Epilepsie 36.
Epithelialcylinder 149.
Erbrechen 57.
Erb'sche Lähmung 34.
Erhaltungseiweiss 162.
Ernährungs- u. Kräftezustand 4.
Eruptionsstadium 15.
Erysipel 18.
Erysipelcoccen 193.
Euthanasie 12.
Exantheme 9, 15.

Exspiratorische Dyspnoe 79.
Extrapericardiale Reibegeräusche 118

F.

Facialislähmung 33.
Facies composita 6.
— decomposita 6.
Fadenpilze 187.
Faeces 66.
Färbung d. Blutkörperchen 173.
— der Tuberkelbacillen 192.
Faradischer Strom 43.
Favuspilz 188.
Fassförmiger Thorax 77.
Febris continua 14.
— intermittens 23.
— recurrens 21.
— stupida 15.
— variolosa 22.
— versatilis 15.
Fehling'sche Lösung 136.
Fett im Urin 138.
Fettgehalt des Koths 165.
Fettniere 155.
Fettsäurekrystalle 98.
Fibringerinnsel 98.
Fiebersymptome 13.
Fiebertypus 14.
Filaria sanguinis 187.
— medinensis 187.
Finne 181.
Fistelstimme 104.
Fleischl's Hämometer 175.
Frémissement cataire 113.
Fuligo 52.
Functionelle Lähmung 31.
Fussclonus 39.

G.

Gabbet'sche Färbemethode 192.
Gährungsprobe 134.
Gallenfarbstoff im Urin 132.
Gallensteine 73.
Gallensteinkolik 73.

Galvanische Untersuchung 46.
Gang 35.
Gangraena pulmonum 102.
Gastrische Krisen 58.
Gastritis chronica 65.
Gehalt der Nahrung 164.
Gehirnabscess 49.
Gehirnsyphilis 50.
Gehirntumoren 50.
Geisteskrankheit 26.
Gekreuzte Lähmung 32.
Geräusche am Herzen 117.
Gesammtacidität des Magensaftes 64.
Gesichtsausdruck und -Farbe 6.
Gibbus 76.
Gigantocyten 173.
Glossitis 53.
Gmelin'sche Probe 132.
Goll'sche Stränge 30.
Gonococcen 193.
Gram'sche Färbung 191.
Granulirte Cylinder 149.
Grasgrünes Sputum 95.
Guajacprobe 131.

H.

Habitus 5.
Hämatemesis 59.
Hämatoidinkrystalle 99.
Hämaturie 131.
Hämoglobingehalt d. Blutes 175.
Hämoglobinurie 131.
Hämoptoe 93.
Hämorrhagischer Lungeninfarkt 103.
Härte des Pulses 121.
Halbmondförmiger Raum 61.
Harncylinder 149.
— Farbe 126.
— Menge 125.
— Reaction 127.
— Säure 142, 145.
Harnsaures Ammoniak 146.
Harnsediment 144.
— im sauren Harn 144.
— im alkalischen Harn 146.

Harnstoff 140.
— Nachweis dess. 141.
— quantitative Bestimmung dess. 141.
Harrison'sche Furche 81.
Hefepilze 188.
Heiserkeit 104.
Heller'sche Probe 129.
Heller'sche Blutprobe 131.
Hemiopie 33.
Hemiplegie 31.
— des Larynx 107.
Herpes 16.
Herzdämpfung 114.
Herzgeräusche 117.
Herztöne 116.
Heuasthma 79.
Hippursäure im Harn 143.
Hirnnervenlähmung 33.
Höhe des Pulses 120.
Hühnerbrust 77.
Hühnefeld'sche Mischung 131.
Husten 75.
Hyaline Cylinder 149.
Hydrobilirubin im Harn 132.
Hydrops 8.
Hypertrophie des Herzens 115.
Hypochondrium 81.
Hypoxanthin 143

I. J.

Icterus 7.
— simplex 71.
— gravis 71.
Idiopatische Herzkrankheit 123.
Ileus 68.
Indican 143.
— Nachweis dess. 143.
Indigrothnachweis 144.
Inspection des Herzens 60.
— des Herzens 111.
— des Thorax 76.
Insufficienz der Aorta 123.
— der Mitralis 123.
Intentionskrämpfe 37.
Jod im Urin 150.

K.

Katarrh der Gallenweg 73.
Kehlbass 105.
Kehlkopfmuskeln und -Nerven 106.
Kielbrust 77.
Klonisch-tonische Krämpfe 36.
Kniephänomen 39.
Knisterrasseln 91.
Kohlenoxydblut 176.
Kohlensaurer Kalk 146.
Kopfschmerz 27.
Kothbestimmung 165.
Kothbrechen 60.
Krämpfe 36.
Kreatinin im Harn 143.
Kyphose 76.

L.

Labferment 65.
Lähmungen 30.
— der Hirnnerven 33.
— der Stimmbänder 107.
— Intensität ders. 34.
Lage des Patienten 5.
Laryngitis acuta 106
— chronica 107.
Laryngoskopische Untersuchung 105.
Larynxtuberculose 107.
Leberabscess 73.
Lebercirrhose 72.
Leberdämpfung 72.
Leucin 146.
Leukämie 177.
Leukocyten 174.
— im Harn 146.
Leukocytose 176
Lienale Leukämie 176.
Localisirte Krämpfe 37.
Lippen 52.
Lordose 76.
Lungenabscess 103.
— Fetzen 97.
— Gangrän 102.

Lungengrenzen 82.
Lungenschwarz 96.
Lymphocyten 174.

M.

Mageninhalt 63.
— Krankheiten 56.
— Schmerzen 57.
Makrocyten 170, 173.
Malaria 23.
Mamillarlinie 81.
Masern 17.
Medianuslähmung 34.
Melanin im Harn 139.
Menière'scher Schwindel 27.
Meningitis cerebrospinalis 25, 50.
Metallklang 86.
Metamorphosirendes Athmen 89.
Meteorismus 68.
Methämoglobin 176.
Micrococcen 190.
Microcyten 170.
Microorganismen 189.
— im Harn 149.
Microsporon furfur 188.
Milchsäurenachweis 64.
Milz 74.
Milzdämpfung 74.
Milzschwellung bei Pneumonie 19, 74.
— bei Typhus 20.
Miserere 60
Mitralinsufficienz 123.
Mitralstenose 123.
Moore'sche Probe 133.
Morbus Brightii 153.
Motorische Bahnen 28.
— Reizerscheinungen 36.
— Thätigkeit des Magens 65.
Mucorineen 188.
Multiple Sclerose 61.
Mund 53.
Mundepithelien 96.
Murexidprobe 143.
Muskeltrichine 186.
Myelitis 50.
Myelogene Leukämie 174.

N.

Nahrungsstoffe 160.
Naphthalin im Harn 152.
Nasenstimme 105.
Nematoden 185.
Nephritis 154.
Nephrolithiasis 156.
Nervöse Dyspepsie 66.
Neuralgie 40.
Neuritis 32.
Niere 156.
Nierenbeckenepithelien 149.
Nierenepithelien im Urin 149.
Nierengeschwulst 156.
Nierensteine 156, 157.

O.

Ockergelbes Sputum 95.
Oculomoriuslähmung 33.
Oedem 8, 9.
Oesophagusstrictur 54.
Oidium albicans 53, 189.
Olfactoriuslähmung 33.
Opticuslähmung 33.
Organisirte Harnsedimente 146.
Oxalsäure im Urin 143.
Oxalsaurer Kalk 145.
Oxyuris vermicularis 185.

P.

Pallor eximius 6.
Palpation des Herzens 111.
— des Magens 60.
Paralyse 30.
Paralytischer Thorax 77.
Paraplegien 32.
Parasiten 179,
Parasternallinie 81.
Parese 30.
Paroxysmale Tachycardie 110.
Partielle Entartungsreaction 49.
Pectoralfremitus 92.
Pediculi 187.

Penicillium 188.
Pepsin 65.
Pepton 130.
Peptonnachweis 64.
— im Urin 131.
Percussion des Herzens 114.
— des Magens 61.
— der Niere 156.
— des Thorax 82.
Perforationsperitonitis 71.
Pericarditis 124.
Peritonitis 68.
Perniciöse Anämie 177.
Peroneuslähmung 34.
Phenacetin im Harn 152.
Phenole im Urin 144.
Phosphate im Urin 139.
Phosphorsaure Ammoniakmagnesia 146.
Phosphorsaurer Kalk 146.
Phthisis pulmonum 101.
Physiologische Albuminurie 128.
Pleuritis exsudativa 100.
Pneumococcen 99, 194.
Pneumonie 19, 99.
Pneumothorax 102.
Poikilocyten 170.
Polarisationsverfahren 137.
Posticuslähmung 108.
Probemahlzeit 63.
Proglottiden 180
Progressive Bulbärparalyse 50
Propepton 130.
Propeptonurie 130.
Protozoën 179.
Pseudoleukämie 177.
Psychosen 27:
Ptomaine 190.
Pulmonalfehler 124
Puls 10, 119.
Pulscurve 121.
Pulsfrequenz bei Fieber 16
Putride Bronchitis 156.
Pyelonephritis 156.

Q.

Quecksilber im Urin 151.

R.

Rachen 53.
Radialislähmung 34.
Rasselgeräusche 90.
Reaction des Butes 176.
Recurrenslähmung 107.
Recurrensspirillen 197.
Reflectorische Pupillenstarre 40.
Reflexe 38.
Reibegeräsche 91, 113.
Reserveluft 80.
Residualuft 80
Respiration 78.
Respirationsluft 78.
Rheumnachweis im Harn 152.
Rhythmus des Pulses 120.
Romberg'sches Symptom 35.
Rosenbach'sche Reaction 144.
Rothe Blutkörperchen 170.
— im Urin 146.
Rubiginöses Sputum 95.
Rückenlage 5.
Rückenmarksnerven, Lähmung ders. 33.

S.

Saccharimeter 136.
Salicylsäure im Urin 152.
Salzsäurebestimmung 64.
Santonin 152.
Saprophyten 190.
Sarcina pulmonum 96.
Saugewürmer 184.
Saures harnsaures Natron 145.
Scapularlinle 81.
Schallwechsel 87.
Scharlach 17.
Schimmelpilze 187.
Schnürleber 73.
Schrumpfniere 155.
Schusterbrust 77
Schwefelwasserstoff im Harn 139
Schweiss 10.
Schwindel 27.
Scolex 180.

Secundäre Anämie 177.
Sedimentum lateritium 145.
Seitenlage 5.
Seitenstechen 75.
Senna im Urin 152.
Sensibilitätsprüfung 40.
Sensorium 16, 26.
Skoliose 76.
Sodbrennen 87.
Soorpilz 188, 189.
Soorplaques 53.
Spaltpilze 189.
Speichel 54
Spektroskopische Untersuchung des Blutes 176.
Specifisches Gewicht des Urins 126.
Sphygmographie 121.
Spirillen 190.
Spirometrie 79.
Spitzenstoss 111.
Sporenbildung 190.
Sprachstörungen 35.
Sprosspilze 188.
Spulwürmer 185.
Sputum 92.
Staphylococcen 190, 193.
Status praesens 2.
Stauungsleber 74
Stauungsniere 155.
Sternallinie 81.
Stertor 12
Stickstoffgleichgewicht 162.
Stickstoffreste im Koth 165.
Stimmbandlähmungen 107.
Stimme 106.
Stoffwechsel im normalen Zustande 160.
Stoffwechselanomalien 163.
Stoffwechselbilanz 166.
Streptococcen 190, 193.
Stridor 105.
Stuhlgang 66.
Succussio Hippocratis 91.
Sulfate im Harn 139.
Syphilis des Larynx 107.

T.

Tabes dorsalis 51.
Tachycardie 110, 119.
Taenia echinococcus 183.
— mediocanellata 181.
— nana 183
— solium 180.
Tanninnachweis im Harn 152.
Teichmann'sche Blutkrystalle 175
Temperatur der Haut 10.
Temperaturmessung 13.
Terpentin im Urin 152.
Tetanus 36, 197.
Thermometer 14.
Thoma-Zeiss'scher Zählapparat 172.
Thoraxmaasse 78.
Tibialislähmung 34.
Tonsillen 53.
Tonus des Gesichts 6.
Tonische Krämpfe 36.
Topographie der Lungenlappen 81.
Transitorische Glycosurie 135.
Traubenzucker im Harn 133.
Trematoden 184.
Trichina spiralis 186.
Trichocephalus dispar 186.
Trichophyton tonsurans 188.
Trichterbrust 77.
Tricuspidalinsufficienz 124.
Trigeminuslähmung 33.
Tripelphosphate 146.
Trochlearislähmung 33.
Trockenheit der Haut 10.
Trommer'sche Probe 133.
Tuberculöse Meningitis 25, 50.
Tuberkelbacillen 97, 197.
Tympanitischer Schall über den Lungen 85.
Typhus abdominalis 20.
Typhus exanthematicus 21.
Typhusbacillen 194.
Tyrosinkrystalle 99.

U.

Ulcus ventriculi 65.
Ulnarislähmung 34.
Umsatz der Nahrungsstoffe 162.
Unbestimmtes Athmen 90.
Unorganisirte Harnsedimente 145.
Untersuchung des Mageninhalts 64.
Urämie 36
Urin bei Herzkranken 122.
Urinuntersuchung 125.
Urobilinprobe 132.

V.

Vaguslähmung 33.
Varicellen 22.
Variola 21.
Variolois 22.
Venenpulsationen 113, 122.
Verstopfung 67.
Vesiculäres Athmen 88.
Vitale Lungencapacität 79.
Volumen pulmonum auctum 101.
Vomitus matutinus 60.

W.

Wachscylinder 149.
Wanderleber 73.
Wandermilz 74.
Wanderniere 157.
Wechselfieber 23.
Weisse Blutkörperchen 172, 174.
Windpocken 22.
Wintrich'scher Schallwechsel 87.

X.

Xanthinsteine 158
Xanthinkörper 143.

Z.

Zähne 52.
Ziegelmehlsediment 145.
Zitterbewegungen 37.
Zoogloea 190
Zuckernachweis, qualitativ. 133.
— quantitativ. 135.
Zunge 53.
Zwangsbewewegungen 38.
Zwerchfelllähmung 34.